Gonglu Shuiyun Gongcheng Anquan Shengchan Guanli Renyuan

公路水运工程安全生产管理人员

Jixu Jiaoyu Jiaocai

继续教育教材

交通运输部基本建设质量监督总站 **组织编写**

人民交通出版社

内 容 提 要

本教材由交通运输部基本建设质量监督总站组织行业内的专家、学者编写。本教材突出对近年来新的安全法规的阐述，引入了安全管理的新理念的内容，对危险性较大工程的专项施工方案的编制、新的安全技术以及典型案例进行了较为详细的分析。全书共分六章，内容包括安全生产法律法规及安全生产管理人员的法律责任、安全生产监管新理念、公路水运工程安全生产风险管理、公路工程安全生产技术、水运工程安全生产技术、公路水运工程安全生产案例剖析。

本教材内容丰富，资料翔实，有较强的实用性，既可作为公路水运工程施工企业主要负责人、项目负责人和专职安全生产管理人员安全生产继续教育用书，也可以作为公路水运工程建设相关人员的学习参考书。

图书在版编目(CIP)数据

公路水运工程安全生产管理人员继续教育教材 / 交通运输部基本建设质量监督总站组织编写. --北京：人民交通出版社，2009. 5

ISBN 978-7-114-07694-7

Ⅰ. 公… Ⅱ. 交… Ⅲ. ①道路工程 - 工程施工 - 安全生产 - 管理人员 - 终生教育 - 教材②航道工程 - 工程施工 - 安全生产 - 管理人员 - 终生教育 - 教材 Ⅳ. U415.12 U615.1

中国版本图书馆 CIP 数据核字(2009)第 048736 号

书　　名：公路水运工程安全生产管理人员继续教育教材
著 作 者：交通运输部基本建设质量监督总站
责任编辑：沈鸿雁　刘永超
出版发行：人民交通出版社股份有限公司
地　　址：(100011) 北京市朝阳区安定门外外馆斜街 3 号
网　　址：http://www.ccpress.com.cn
销售电话：(010) 59757973
总 经 销：人民交通出版社股份有限公司发行部
经　　销：各地新华书店
印　　刷：北京虎彩文化传播有限公司
开　　本：787×1092　1/16
印　　张：12.5
字　　数：300 千
版　　次：2009 年 5 月　第 1 版
印　　次：2024 年 9 月　第 19 次印刷
书　　号：ISBN 978-7-114-07694-7
定　　价：26.00 元
(有印刷、装订质量问题的图书由本社负责调换)

《公路水运工程安全生产管理人员继续教育教材》

编审委员会

主 任 委 员：李彦武

副主任委员：成　平　袁秋红　周传琦

编　　　委：彭思义　陈　萍　刘　鹏　桂志敬　张　宇
周　勇　许建盛　赵丕友　张维全　罗　红
葛钢锁　张　湘　何　祎　喻小明　蒋中明
刘蓓华　刘建生　颜东煌　李传习　黄生文
陈文胜　侯贵欣　刘长发

统　　　稿：刘　辉　陈万求　王学军　范智杰

审 查 人 员：孙荣山　王　静　郑京杰　马玉臣　金宏松
傅渊文　黄淞文　张　涛　李庆伟　夏佑平
刘长剑

序

人是安全生产中最活跃的因素之一，在历年事故统计中，与人的不安全行为有关的事故占80%以上。为此，加强交通建设领域从业人员的安全生产教育培训，特别是施工现场专职安全生产管理人员的教育培训显得十分必要。《中华人民共和国安全生产法》、《建设工程安全生产管理条例》和《公路水运工程安全生产监督管理办法》（交通部令2007年第1号）都对施工企业主要负责人、项目负责人和专职安全生产管理人员（简称为“安全生产三类人员”）的教育培训及考核工作进行了规定。做好施工企业安全生产三类人员的安全教育培训及考核工作具有重要意义。

从2004年开展对公路水运工程一级及以上施工资质企业的安全生产三类人员进行了教育培训及考核以来，截至2009年4月底，共考核4.8万余人次。各省级交通运输主管部门也陆续开展了对二级及以下施工资质企业安全生产三类人员的教育培训及考核工作。按照施工企业安全生产三类人员教育培训及考核的有关规定，经考核上岗的安全生产三类人员须参加主管部门组织的继续教育，并每三年进行一次证书延期审核工作。为此，部质监总站组织中国公路建设行业协会、中国水运建设行业协会、长沙理工大学、重庆交通大学和中国交通建设股份集团有限公司等有关专家学者，针对公路水运工程施工安全特点，在《交通建设工程安全生产管理人员培训教材》的基础上，编写了《公路水运工程安全生产管理人员继续教育教材》。

本书作为继续教育教材，在原有教材的基础上，对近期新出台或修订的有关安全生产的法律法规进行了补充，引入了安全管理的新理念和危险性较大工程专项施工方案的编制要点，对施工安全新技术及典型案例进行了较为详细的分析。本书内容既可作为公路水运工程施工企业安全生产三类人员继续教育用书，也可以作为公路水运工程建设相关人员安全生产方面的学习参考书。

在此，对本书编审人员的辛勤工作和有关单位的大力支持表示感谢。

交通运输部基本建设质量监督总站站长 李彦武

2009年4月

前　言

根据原交通部《关于做好公路水运工程施工企业安全生产管理人员2004年证书延期工作的通知》(质监字[2007]225号)的要求,"三类人员"安全生产考核合格证书(以下简称为《证书》)有效期为3年,"三类人员"在《证书》有效期内至少参加一次安全生产继续教育。

为推动和规范公路水运工程施工企业安全生产管理人员的继续教育工作,交通运输部基本建设质量监督总站组织中国公路建设行业协会、中国水运建设行业协会以及长沙理工大学、重庆交通大学、中国交通建设集团的相关专家学者,针对公路与水运工程施工的专业特点,历时一年多,编写了《公路水运工程安全生产管理人员继续教育教材》(以下简称"教材")。

2007年7月,中国公路建设行业协会按照交通运输部基本建设质量监督总站的要求,在长沙召开了"教材"编写大纲的研讨会。并于同年9月,中国公路建设行业协会在长沙组织了相关专家对"教材"大纲进行了修改和完善。2008年10月,交通运输部基本建设质量监督总站在北京组织了专家审查会,对"教材"的初审稿提出了具体的修改意见。2009年1月,交通运输部基本建设质量监督总站在长沙组织了专家对"教材"进行了审定。

本"教材"是在2005年出版的《交通建设工程安全生产管理人员培训教材》和2007年的《补充教材》的基础上编写的,因此,本"教材"突出对近年来的新的安全法规的阐述;引入了安全管理的新理念的内容;对危险性较大工程的专项施工方案的编制、新的安全技术以及有典型意义的案例进行了较为详细的分析。本"教材"内容丰富,资料翔实,针对性强,有较强的实用性。本"教材"既可作为公路水运工程施工企业主要负责人、项目负责人和专职安全生产管理人员安全生产继续教育用书,也可以作为公路水运工程建设相关人员的学习参考书。

参加本"教材"编写的人员有:长沙理工大学的刘辉、陈万球、张湘、刘蓓华、何祎、喻小明、刘建生、蒋中明,重庆交通大学的王学军、范志杰、罗红,中交集团的侯贵欣、刘长发。具体分工如下:第一章由陈万求、张湘 、范志杰编写;第二章由刘辉、刘蓓华、刘建生编写;第三章由王学军编写;第四章由刘辉、罗红编写;第五章由侯贵欣、刘长发编写;第六章由刘辉、王学军、范志杰、陈万球、张湘、何祎、喻小明、刘建生、蒋中明、侯贵欣、刘长发编写;附录由刘辉、陈万球编写。根据质监安函[2009]3号文,本"教材"由长沙理工大学刘辉担任主统稿人。长沙理工大学颜东煌、李传习、黄生文、陈文胜等对本书的编写进行了指导,在此一并致谢。

本书在编写时参考引用了相关规范、论著、文章、网页等文献资料,且尽量将它们在书末集中列明,这里,对所列参考文献以及可能遗漏的资料作者一并表示感谢!

由于公路水运行业队伍庞大,基础不同,加上受主客观条件所限,教材的内容可能不尽完善,难免存在不足之处,切望各位同仁批评、指正。

编者

2009年2月

目　　录

第一章　安全生产法律法规及安全生产管理人员的法律责任

第一节　安全生产法律法规

本节主要汇总了2006年以来新增加的安全生产法律法规。与公路水运工程密切相关的主要有:《中华人民共和国突发事件应对法》、《中华人们共和国刑法修正案》(六)、《中华人民共和国劳动合同法》、《生产安全事故报告和调查处理条例》、《公路水运工程安全生产监督管理办法》、《生产经营单位安全培训规定》、《安全生产领域违法违纪行为政纪处分暂行规定》、《安全生产违法行为行政处罚办法》、《〈生产安全事故报告和调查处理条例〉罚款处罚暂行规定》、《安全生产事故隐患排查治理暂行规定》、《高危行业企业安全生产费用财务管理暂行办法》、《安全生产行政复议规定》、《劳动防护用品监督管理规定》等。

一、《中华人民共和国突发事件应对法》

《中华人民共和国突发事件应对法》于2007年8月30日由第十届全国人民代表大会常务委员会第二十九次会议通过,自2007年11月1日起施行。该法作为开展突发事件应对工作的重要法律依据,明确了应急管理主体、原则、体制、机制、程序、责任等内容,全面、系统地规范了突发事件预防与应急准备、监测与预警、应急处置与救援、事后恢复与重建等应对活动。与公路水运工程安全生产相关的内容主要有:

(1)公民、法人和其他组织有义务参与突发事件应对工作。

(2)所有单位应当建立健全安全管理制度,定期检查本单位各项安全防范措施的落实情况,及时消除事故隐患;掌握并及时处理本单位存在的可能引发社会安全事件的问题,防止矛盾激化和事态扩大;对本单位可能发生的突发事件和采取安全防范措施的情况,应当按照规定及时向所在地人民政府或者人民政府有关部门报告。

(3)矿山、建筑施工单位和易燃易爆物品、危险化学品、放射性物品等危险物品的生产、经营、储运、使用单位,应当制定具体应急预案,并对生产经营场所、有危险物品的建筑物、构筑物及周边环境开展隐患排查,及时采取措施消除隐患,防止发生突发事件。

(4)公共交通工具、公共场所和其他人员密集场所的经营单位或者管理单位应当制定具体应急预案,为交通工具和有关场所配备报警装置和必要的应急救援设备、设施,注明其使用方法,并显著标明安全撤离的通道、路线,保证安全通道、出口的畅通。

有关单位应当定期检测、维护其报警装置和应急救援设备、设施，使其处于良好状态，确保正常使用。

(5)有关单位和人员报送、报告突发事件信息，应当做到及时、客观、真实，不得迟报、谎报、瞒报、漏报。

(6)受到自然灾害危害或者发生事故灾难、公共卫生事件的单位，应当立即组织本单位应急救援队伍和工作人员营救受害人员，疏散、撤离、安置受到威胁的人员，控制危险源，标明危险区域，封锁危险场所，并采取其他防止危害扩大的必要措施，同时向所在地县级人民政府报告；对因本单位的问题引发的或者主体是本单位人员的社会安全事件，有关单位应当按照规定上报情况，并迅速派出负责人赶赴现场开展劝解、疏导工作。

突发事件发生地的其他单位应当服从人民政府发布的决定、命令，配合人民政府采取的应急处置措施，做好本单位的应急救援工作，并积极组织人员参加所在地的应急救援和处置工作。

(7)公民参加应急救援工作或者协助维护社会秩序期间，其在本单位的工资待遇和福利不变；表现突出、成绩显著的，由县级以上人民政府给予表彰或者奖励。

二、《中华人民共和国刑法修正案》(六)

2006年6月29日第十届全国人民代表大会常务委员会第二十二次会议通过了《中华人民共和国刑法修正案》(六)。与安全生产相关的内容主要有：

(1)将《中华人民共和国刑法》(以下简称《刑法》)第一百三十四条修改为："在生产、作业中违反有关安全管理的规定，因而发生重大伤亡事故或者造成其他严重后果的，处三年以下有期徒刑或者拘役；情节特别恶劣的，处三年以上七年以下有期徒刑。"

"强令他人违章冒险作业，因而发生重大伤亡事故或者造成其他严重后果的，处五年以下有期徒刑或者拘役；情节特别恶劣的，处五年以上有期徒刑。"

(2)将《刑法》第一百三十五条修改为："安全生产设施或者安全生产条件不符合国家规定，因而发生重大伤亡事故或者造成其他严重后果的，对直接负责的主管人员和其他直接责任人员，处三年以下有期徒刑或者拘役；情节特别恶劣的，处三年以上七年以下有期徒刑。"

(3)在《刑法》第一百三十五条后增加一条，作为第一百三十五条之一："举办大型群众性活动违反安全管理规定，因而发生重大伤亡事故或者造成其他严重后果的，对直接负责的主管人员和其他直接责任人员，处三年以下有期徒刑或者拘役；情节特别恶劣的，处三年以上七年以下有期徒刑。"

(4)在《刑法》第一百三十九条后增加一条，作为第一百三十九条之一："在安全事故发生后，负有报告职责的人员不报或者谎报事故情况，贻误事故抢救，情节严重的，处三年以下有期徒刑或者拘役；情节特别严重的，处三年以上七年以下有期徒刑。"

三、《中华人民共和国劳动合同法》

2007年6月29日第十届全国人民代表大会常务委员会第二十八次会议通过了《中华人民共和国劳动合同法》(以下简称《劳动合同法》)，自2008年1月1日起施行。其立法目的是为了保护劳动者的合法权益，调整劳动关系，建立和维护适应社会主义市场经济的劳动制度，促进经济发展和社会进步。《劳动合同法》中有关安全生产的规定主要有：

(1)用人单位在制定、修改或者决定有关劳动报酬、工作时间、休息休假、劳动安全卫生、保险福利、职工培训、劳动纪律以及劳动定额管理等直接涉及劳动者切身利益的规章制度或者重大事项时，应当经职工代表大会或者全体职工讨论，提出方案和意见，与工会或者职工代表平等协商确定。

(2)用人单位招用劳动者时，应当如实告知劳动者工作内容、工作条件、工作地点、职业危害、安全生产状况、劳动报酬，以及劳动者要求了解的其他情况；用人单位有权了解劳动者与劳动合同直接相关的基本情况，劳动者应当如实说明。

(3)劳动者拒绝用人单位管理人员违章指挥、强令冒险作业的，不视为违反劳动合同。劳动者对危害生命安全和身体健康的劳动条件，有权对用人单位提出批评、检举和控告。

(4)用人单位违章指挥、强令冒险作业危及劳动者人身安全的，劳动者可以立即解除劳动合同，不需事先告知用人单位。

(5)违章指挥或者强令冒险作业危及劳动者人身安全的或劳动条件恶劣、环境污染严重，给劳动者身心健康造成严重损害的，依法给予行政处罚；构成犯罪的，依法追究刑事责任；给劳动者造成损害的，应当承担赔偿责任。

四、《生产安全事故报告和调查处理条例》

《生产安全事故报告和调查处理条例》(以下简称《条例》)于2007年3月28日国务院第172次常务会议通过，自2007年6月1日起施行。

生产安全事故的报告和调查处理，是安全生产工作的重要环节。《条例》的颁布既是贯彻落实"三个代表"重要思想、科学发展观，坚持安全发展指导原则的法律体现，又是落实依法治国基本方略和依法治安、重典治乱的重大举措。《条例》涵盖了生产安全事故报告和调查处理工作的原则、制度、机制、程序和法律责任等重大问题并作出了相应的法律规定，实现了事故报告和处理工作的法律化、制度化、规范化。《条例》的实施对于打击安全生产领域违法行为，保障人民群众生命财产安全发挥了重大作用。

1. 立法目的

根据《条例》第一条规定，本条例立法目的是为了规范生产安全事故的报告和调查处理，落实生产安全事故责任追究制度，防止和减少生产安全事故。

2. 适用范围

生产经营活动中发生的造成人身伤亡或者直接经济损失的生产安全事故的报告和调查处理，适用本条例；环境污染事故、核设施事故、国防科研生产事故的报告和调查处理不适用本条例。

3. 事故等级的划分

根据生产安全事故造成的人员伤亡或者直接经济损失，事故一般分为以下等级：

(1)特别重大事故，是指造成30人以上死亡，或者100人以上重伤(包括急性工业中毒，下同)，或者1亿元以上直接经济损失的事故。

(2)重大事故，是指造成10人以上30人以下死亡，或者50人以上100人以下重伤，或者5 000万元以上1亿元以下直接经济损失的事故。

(3)较大事故,是指造成3人以上10人以下死亡,或者10人以上50人以下重伤,或者1 000万元以上5 000万元以下直接经济损失的事故。

(4)一般事故,是指造成3人以下死亡,或者10人以下重伤,或者1 000万元以下直接经济损失的事故。

上述所称的“以上”包括本数,所称的“以下”不包括本数。

4. 事故报告、事故调查和事故处理的原则

(1)事故报告应当及时、准确、完整,任何单位和个人对事故不得迟报、漏报、谎报或者瞒报。

(2)事故调查处理应当坚持实事求是、尊重科学的原则,及时、准确地查清事故经过、事故原因和事故损失,查明事故性质,认定事故责任,总结事故教训,提出整改措施,并对事故责任者依法追究责任。

(3)县级以上人民政府应当依照本条例的规定,严格履行职责,及时、准确地完成事故调查处理工作。

事故发生地有关地方人民政府应当支持、配合上级人民政府或者有关部门的事故调查处理工作,并提供必要的便利条件。

参加事故调查处理的部门和单位应当互相配合,提高事故调查处理工作的效率。

5. 事故报告

(1)事故发生后,事故现场有关人员应当立即向本单位负责人报告;单位负责人接到报告后,应当于1小时内向事故发生地县级以上人民政府安全生产监督管理部门和负有安全生产监督管理职责的有关部门报告。

情况紧急时,事故现场有关人员可以直接向事故发生地县级以上人民政府安全生产监督管理部门和负有安全生产监督管理职责的有关部门报告。

(2)安全生产监督管理部门和负有安全生产监督管理职责的有关部门接到事故报告后,应当依照下列规定上报事故情况,并通知公安机关、劳动保障行政部门、工会和人民检察院;特别重大事故、重大事故逐级上报至国务院安全生产监督管理部门和负有安全生产监督管理职责的有关部门;较大事故逐级上报至省、自治区、直辖市人民政府安全生产监督管理部门和负有安全生产监督管理职责的有关部门;一般事故上报至设区的市级人民政府安全生产监督管理部门和负有安全生产监督管理职责的有关部门。

安全生产监督管理部门和负有安全生产监督管理职责的有关部门上报事故情况,应当同时报告本级人民政府。国务院安全生产监督管理部门和负有安全生产监督管理职责的有关部门以及省级人民政府接到发生特别重大事故、重大事故的报告后,应当立即报告国务院。

必要时,安全生产监督管理部门和负有安全生产监督管理职责的有关部门可以越级上报事故情况。

(3)安全生产监督管理部门和负有安全生产监督管理职责的有关部门逐级上报事故情况,每级上报的时间不得超过2小时。

(4)报告事故应当包括下列内容:

事故发生单位概况;事故发生的时间、地点以及事故现场情况;事故的简要经过;事故已经造成或者可能造成的伤亡人数(包括下落不明的人数)和初步估计的直接经济损失;已经采取

的措施;其他应当报告的情况。

(5)事故报告后出现新情况的,应当及时补报。

自事故发生之日起30日内,事故造成的伤亡人数发生变化的,应当及时补报。道路交通事故、火灾事故自发生之日起7日内,事故造成的伤亡人数发生变化的,应当及时补报。

(6)事故发生单位负责人接到事故报告后,应当立即启动事故相应应急预案,或者采取有效措施,组织抢救,防止事故扩大,减少人员伤亡和财产损失。

(7)事故发生地有关地方人民政府、安全生产监督管理部门和负有安全生产监督管理职责的有关部门接到事故报告后,其负责人应当立即赶赴事故现场,组织事故救援。

(8)事故发生后,有关单位和人员应当妥善保护事故现场以及相关证据,任何单位和个人不得破坏事故现场、毁灭相关证据。

因抢救人员、防止事故扩大以及疏通交通等原因,需要移动事故现场物件的,应当做出标志,绘制现场简图并做出书面记录,妥善保存现场重要痕迹、物证。

(9)事故发生地公安机关根据事故的情况,对涉嫌犯罪的,应当依法立案侦查,采取强制措施和侦查措施。犯罪嫌疑人逃匿的,公安机关应当迅速追捕归案。

(10)安全生产监督管理部门和负有安全生产监督管理职责的有关部门应当建立值班制度,并向社会公布值班电话,受理事故报告和举报。

6. 事故调查

(1)特别重大事故由国务院或者国务院授权有关部门组织事故调查组进行调查。

重大事故、较大事故、一般事故分别由事故发生地省级人民政府、设区的市级人民政府、县级人民政府负责调查。省级人民政府、设区的市级人民政府、县级人民政府可以直接组织事故调查组进行调查,也可以授权或者委托有关部门组织事故调查组进行调查。

未造成人员伤亡的一般事故,县级人民政府也可以委托事故发生单位组织事故调查组进行调查。

(2)上级人民政府认为必要时,可以调查由下级人民政府负责调查的事故。

自事故发生之日起30日内(道路交通事故、火灾事故自发生之日起7日内),因事故伤亡人数变化导致事故等级发生变化,依照本条例规定应当由上级人民政府负责调查的,上级人民政府可以另行组织事故调查组进行调查。

(3)特别重大事故以下等级事故,事故发生地与事故发生单位不在同一个县级以上行政区域的,由事故发生地人民政府负责调查,事故发生单位所在地人民政府应当派人参加。

(4)事故调查组的组成应当遵循精简、效能的原则。

根据事故的具体情况,事故调查组由有关人民政府、安全生产监督管理部门、负有安全生产监督管理职责的有关部门、监察机关、公安机关以及工会派人组成,并应当邀请人民检察院派人参加。

事故调查组可以聘请有关专家参与调查。

(5)事故调查组成员应当具有事故调查所需要的知识和专长,并与所调查的事故没有直接利害关系。

(6)事故调查组组长由负责事故调查的人民政府指定。事故调查组组长主持事故调查组的工作。

(7)事故调查组应履行下列职责:

查明事故发生的经过、原因、人员伤亡情况及直接经济损失;认定事故的性质和事故责任;提出对事故责任者的处理建议;总结事故教训,提出防范和整改措施;提交事故调查报告。

(8)事故调查组有权向有关单位和个人了解与事故有关的情况,并要求其提供相关文件、资料,有关单位和个人不得拒绝。

事故发生单位的负责人和有关人员在事故调查期间不得擅离职守,并应当随时接受事故调查组的询问,如实提供有关情况。

事故调查中发现涉嫌犯罪的,事故调查组应当及时将有关材料或者其复印件移交司法机关处理。

(9)事故调查中需要进行技术鉴定的,事故调查组应当委托具有国家规定资质的单位进行技术鉴定。必要时,事故调查组可以直接组织专家进行技术鉴定。技术鉴定所需时间不计入事故调查期限。

(10)事故调查组成员在事故调查工作中应当诚信公正、恪尽职守,遵守事故调查组的纪律,保守事故调查的秘密。

未经事故调查组组长允许,事故调查组成员不得擅自发布有关事故的信息。

(11)事故调查组应当自事故发生之日起60日内提交事故调查报告;特殊情况下,经负责事故调查的人民政府批准,提交事故调查报告的期限可以适当延长,但延长的期限最长不超过60日。

(12)事故调查报告应当包括下列内容:

事故发生单位概况;事故发生经过和事故救援情况;事故造成的人员伤亡和直接经济损失;事故发生的原因和事故性质;事故责任的认定以及对事故责任者的处理建议;事故防范和整改措施。

事故调查报告应当附具有关证据材料。事故调查组成员应当在事故调查报告上签名。

(13)事故调查报告报送负责事故调查的人民政府后,事故调查工作即告结束。事故调查的有关资料应当归档保存。

7. 事故处理

(1)重大事故、较大事故、一般事故,负责事故调查的人民政府应当自收到事故调查报告之日起15日内做出批复;特别重大事故,30日内做出批复,特殊情况下,批复时间可以适当延长,但延长的时间最长不超过30日。

有关机关应当按照人民政府的批复,依照法律、行政法规规定的权限和程序,对事故发生单位和有关人员进行行政处罚,对负有事故责任的国家工作人员进行处分。

事故发生单位应当按照负责事故调查的人民政府的批复,对本单位负有事故责任的人员进行处理。

负有事故责任的人员涉嫌犯罪的,依法追究刑事责任。

(2)事故发生单位应当认真吸取事故教训,落实防范和整改措施,防止事故再次发生。防范和整改措施的落实情况应当接受工会和职工的监督。

安全生产监督管理部门和负有安全生产监督管理职责的有关部门应当对事故发生单位落实防范和整改措施的情况进行监督检查。

（3）事故处理的情况由负责事故调查的人民政府或者其授权的有关部门、机构向社会公布，依法应当保密的除外。

8. 法律责任

（1）事故发生单位主要负责人有下列行为之一的，处上一年年收入 40% ~80% 的罚款；属于国家工作人员的，并依法给予处分；构成犯罪的，依法追究刑事责任：

①不立即组织事故抢救的；

②迟报或者漏报事故的；

③在事故调查处理期间擅离职守的。

（2）事故发生单位及其有关人员有下列行为之一的，对事故发生单位处 100 万元以上 500 万元以下的罚款；对主要负责人、直接负责的主管人员和其他直接责任人员处上一年年收入 60% ~100% 的罚款；属于国家工作人员的，并依法给予处分；构成违反治安管理行为的，由公安机关依法给予治安管理处罚；构成犯罪的，依法追究刑事责任：

①谎报或者瞒报事故的；

②伪造或者故意破坏事故现场的；

③转移、隐匿资金、财产，或者销毁有关证据、资料的；

④拒绝接受调查或者拒绝提供有关情况和资料的；

⑤在事故调查中作伪证或者指使他人作伪证的；

⑥事故发生后逃匿的。

（3）事故发生单位对事故发生负有责任的，依照下列规定处以罚款：

①发生一般事故的，处 10 万元以上 20 万元以下的罚款；

②发生较大事故的，处 20 万元以上 50 万元以下的罚款；

③发生重大事故的，处 50 万元以上 200 万元以下的罚款；

④发生特别重大事故的，处 200 万元以上 500 万元以下的罚款。

（4）事故发生单位主要负责人未依法履行安全生产管理职责，导致事故发生的，依照下列规定处以罚款；属于国家工作人员的，并依法给予处分；构成犯罪的，依法追究刑事责任：

①发生一般事故的，处上一年年收入 30% 的罚款；

②发生较大事故的，处上一年年收入 40% 的罚款；

③发生重大事故的，处上一年年收入 60% 的罚款；

④发生特别重大事故的，处上一年年收入 80% 的罚款。

（5）有关地方人民政府、安全生产监督管理部门和负有安全生产监督管理职责的有关部门有下列行为之一的，对直接负责的主管人员和其他直接责任人员依法给予处分；构成犯罪的，依法追究刑事责任：

①不立即组织事故抢救的；

②迟报、漏报、谎报或者瞒报事故的；

③阻碍、干涉事故调查工作的；

④在事故调查中作伪证或者指使他人作伪证的。

（6）事故发生单位对事故发生负有责任的，由有关部门依法暂扣或者吊销其有关证照；对事故发生单位负有事故责任的有关人员，依法暂停或者撤销其与安全生产有关的执业资格、岗位证书；事故发生单位主要负责人受到刑事处罚或者撤职处分的，自刑罚执行完毕或者受处分之日起，5年内不得担任任何生产经营单位的主要负责人。

为发生事故的单位提供虚假证明的中介机构，由有关部门依法暂扣或者吊销其有关证照及其相关人员的执业资格；构成犯罪的，依法追究刑事责任。

(7)参与事故调查的人员在事故调查中有下列行为之一的，依法给予处分；构成犯罪的，依法追究刑事责任：

①对事故调查工作不负责任，致使事故调查工作有重大疏漏的；

②包庇、袒护负有事故责任的人员或者借机打击报复的。

(8)违反本条例规定，有关地方人民政府或者有关部门故意拖延或者拒绝落实经批复的对事故责任人的处理意见的，由监察机关对有关责任人员依法给予处分。

(9)本条例规定的罚款的行政处罚，由安全生产监督管理部门决定。

法律、行政法规对行政处罚的种类、幅度和决定机关另有规定的，依照其规定。

五、《公路水运工程安全生产监督管理办法》

《公路水运工程安全生产监督管理办法》于2007年1月25日经第2次交通部部务会议通过，自2007年3月1日起施行。

随着经济社会的发展，"以人为本、安全为天"、构建和谐社会成为全社会的共识和党中央、国务院的明确要求，这需要交通行业进一步制定切实可行的管理办法，有效抓好安全生产工作，构建和谐交通，为实现交通又好又快发展打下基础。为适应公路水运安全生产管理工作在新形势下的需要，交通部加快了安全生产方面规章制度的制定。《公路水运工程安全生产监督管理办法》的基本内容主要有：

1. 总则的相关内容

1)立法目的

本办法立法目的是为加强公路水运工程安全生产监督管理工作，保障人身及财产安全。

2)适用范围

本办法的适用范围是公路水运工程建设活动的安全生产行为及对其实施监督管理。

本办法所称公路水运工程，是指列入国家和地方基本建设计划的公路、水运基础设施新建、改建、扩建以及拆除、加固等建设项目。

本办法所称从业单位，是指从事公路水运工程建设、勘察、设计、监理、施工、检验检测、安全评价等工作的单位。

3)安全方针

本办法在安全生产法"安全第一、预防为主"八字方针的基础上，提出了"安全第一、预防为主、综合治理"的十二字方针。

4)监督管理

公路水运工程安全生产监督管理实行统一监管、分级负责。交通运输部负责全国公路水运工程安全生产的监督管理工作。县级以上地方人民政府交通主管部门负责本行政区域内的公路水运工程安全生产监督管理工作，但长江干流航道工程安全生产监督管理工作由交通部设在长江干流的航务管理机构负责。

交通部和县级以上地方人民政府交通主管部门，可以委托其设置的安全监督机构负责具体工作，法律、行政法规规定不能委托的事项除外。

公路水运工程安全生产监督管理部门的主要职责：

(1)宣传、贯彻、执行有关安全生产的法律、法规，按照法定权限制定公路水运工程安全生产管理规章和技术标准。

(2)依法对公路水运工程从业单位安全生产条件实施监督管理，组织施工单位的主要负责人、项目负责人、专职安全生产管理人员的考核管理工作。

(3)建立公路水运工程安全生产应急管理机制，制定重大生产安全事故应急预案。

(4)建立公路水运工程从业单位安全生产信用体系，作为交通行业信用体系建设的一部分，对从业单位和人员实施安全生产动态管理。

(5)受理公路水运工程安全生产方面的举报和投诉，依法对公路水运工程安全生产实施监督检查和相应的行政处罚。

(6)依法组织或者参与调查处理生产安全事故，按照职责权限对公路水运工程生产安全事故进行统计分析，发布公路水运工程安全生产动态信息。省级交通主管部门负责向交通运输部和国务院其他有关部门报送事故信息。

(7)指导下级交通主管部门开展公路水运工程安全生产监督管理工作。

(8)组织公路水运工程安全生产技术研究和先进技术推广应用。

(9)开展公路水运工程安全生产经验交流，普及安全生产知识。

(10)法律、法规规定的其他职责。

2.从业单位的安全生产条件

(1)从业单位从事公路水运工程建设活动，应当具备法律、行政法规规定的安全生产条件。任何单位和个人不得降低安全生产条件。

(2)施工单位应当取得安全生产许可证，施工单位的主要负责人、项目负责人、专项安全生产管理人员(以下简称安全生产三类人员)必须取得考核合格证书，方可参加公路水运工程投标及施工。

施工单位主要负责人，是指对本企业日常生产经营活动和安全生产工作全面负责、有生产经营决策权的人员，包括企业法定代表人、企业安全生产工作的负责人等。

项目负责人，是指由企业法定代表人授权，负责公路水运工程项目施工管理的负责人。包括项目经理、项目副经理和项目总工。

专职安全生产管理人员，是指在企业专职从事安全生产管理工作的人员，包括企业安全生产管理机构的负责人及其工作人员和施工现场专职安全员。

(3)交通运输部负责组织公路水运工程一级及以上资质施工单位安全生产三类人员的考核发证工作。

省级交通主管部门负责组织公路水运工程二级及以下资质施工单位安全生产三类人员的考核发证工作。

(4)施工单位安全生产三类人员考核分为安全生产知识考试和安全管理能力考核两部分。考核合格的，由交通部或省级交通主管部门颁发《安全生产考核合格证书》。

(5)施工单位的垂直运输机械作业人员、施工船舶作业人员、爆破作业人员、安装拆卸工、起重信号工、电工、焊工等国家规定的特种作业人员,必须按照国家规定经过专门的安全作业培训,并取得特种作业操作资格证书后,方可上岗作业。

(6)施工单位在工程中使用施工起重机械和整体提升式脚手架、滑模爬模、架桥机等自行式架设设施前,应当组织有关单位进行验收,或者委托具有相应资质的检验检测机构进行验收,使用承租的机械设备和施工机具及配件的,由承租单位、出租单位和安装单位共同进行验收,验收合格的方可使用。验收合格后30日内,应向当地交通主管部门登记。

(7)从业单位应当对从业人员进行安全生产教育和培训,保证从业人员具备必要的安全生产知识,熟悉有关的安全生产规章制度和安全操作规程,掌握本岗位的安全操作技能。未经安全生产教育和培训合格的从业人员,不得上岗作业。

3. 安全责任

本办法对建设、勘察、设计、监理、施工等相关参建单位的安全责任进行了规定。

建设单位的安全责任有:

(1)建设单位在编制工程招标文件时,应当确定公路水运工程项目安全作业环境及安全施工措施所需的安全生产费用。

安全生产费用由建设单位根据监理工程师对工程安全生产情况的签字确认进行支付。

(2)建设单位在公路水运工程施工招标文件中应当按照法律、法规的规定对施工单位的安全生产条件、安全生产信用情况、安全生产的保障措施等提出明确要求。

建设单位不得对咨询、勘察、设计、监理、施工、设备租赁、材料供应、检测等单位提出不符合工程安全生产法律、法规和工程建设强制性标准规定的要求。不得随意压缩合同规定的工期。

勘察、设计和监理单位的安全责任有:

(1)勘察单位应当按照法律、法规和工程建设强制性标准进行勘察,重视地质环境对安全的影响,提交的勘察文件应当真实、准确,满足公路水运工程安全生产的需要。

勘察单位应当对有可能引发公路水运工程安全隐患的地质灾害提出防治建议。

勘察单位及勘察人员对勘察结论负责。

(2)设计单位应当按照法律、法规和工程建设强制性标准进行设计,防止因设计不合理导致安全生产隐患或者生产安全事故的发生。

采用新结构、新材料、新工艺的工程和特殊结构的工程,设计单位应当在设计文件中提出保障施工作业人员安全和预防生产安全事故的措施建议。

设计单位和设计人员应当对其设计负责。

(3)监理单位应当按照法律、法规和工程建设强制性标准进行监理,对工程安全生产承担监理责任。应当编制安全生产监理计划,明确监理人员的岗位职责、监理内容和方法等。对危险性较大的工程作业应当加强巡视检查。

监理单位应当审查施工组织设计中的安全技术措施或者专项施工方案是否符合工程建设强制性标准。监理单位在实施监理过程中,发现存在安全事故隐患的,应当要求施工单位整改,必要时,可下达施工暂停指令并向建设单位和有关部门报告。监理单位应当填报安全监理日志和监理月报。

此外,还规定了其他单位的安全责任:为公路水运工程提供施工机械设备、设施和产品的单位，应确保配备齐全有效的保险、限位等安全装置，提供有关安全操作的说明，保证其提供的机械设备和设施等产品的质量和安全性能达到国家有关标准。所提供的机械设备、设施和产品应当具有生产（制造）许可证、产品合格证或者法定检验检测合格证明。对于尚无相关国家标准或者行业标准的设备和设施，应当保障其质量和安全性能。

施工单位的安全生产责任有以下几点。

（1）规定了三类人员的安全责任：施工单位主要负责人依法对本单位的安全生产工作全面负责。施工单位应当建立健全安全生产责任制度和安全生产教育培训制度及安全生产技术交底制度，制定安全生产规章制度和操作规程，保证本单位安全生产条件所需资金的投入，对所承担的公路水运工程进行定期和专项安全检查，并做好安全检查记录。

施工单位的项目负责人依法对项目的安全施工负责，落实安全生产各项制度，确保安全生产费用的有效使用，并根据工程特点组织制定安全施工措施，消除安全事故隐患，及时、如实报告生产安全事故。

安全生产技术交底制度，是指公路水运工程每项工程实施前，施工单位负责项目管理的技术人员对有关安全施工的技术要求向施工作业班组、作业人员详细说明，并由双方签字确认的制度。

（2）规定了施工单位安全机构和人员配备要求：施工单位应当设立安全生产管理机构，配备专职安全生产管理人员。施工现场应当按照每5 000万元施工合同额配备一名的比例配备专职安全生产管理人员，不足5 000万元的至少配备一名。

专职安全生产管理人员负责对安全生产进行现场监督检查，并做好检查记录，发现生产安全事故隐患，应当及时向项目负责人和安全生产管理机构报告；对违章指挥、违章操作和违反劳动纪律的，应当立即制止。

（3）对安全生产费用进行了明确规定：施工单位在工程报价中应当包含安全生产费用，一般不得低于投标价的1%，且不得作为竞争性报价。

安全生产费用，应当用于施工安全防护用具及设施的采购和更新、安全施工措施的落实、安全生产条件的改善，不得挪作他用。

（4）施工单位应当在施工组织设计中编制安全技术措施和施工现场临时用电方案，对下列危险性较大的工程应当编制专项施工方案，并附安全验算结果，经施工单位技术负责人、监理工程师审查同意签字后实施，由专职安全生产管理人员进行现场监督：

①不良地质条件下有潜在危险性的土方、石方开挖。

②滑坡和高边坡处理。

③桩基础、挡墙基础、深水基础及围堰工程。

④桥梁工程中的梁、拱、柱等构件施工等。

⑤隧道工程中的不良地质隧道、高瓦斯隧道、水底海底隧道等。

⑥水上工程中的打桩船作业、施工船作业、外海孤岛作业、边通航边施工作业等。

⑦水下工程中的水下焊接、混凝土浇注、爆破工程等。

⑧爆破工程。

⑨大型临时工程中的大型支架、模板、便桥的架设与拆除；桥梁、码头的加固与拆除。

⑩其他危险性较大的工程。

必要时，施工单位对前款所列工程的专项施工方案，还应当组织专家进行论证、审查。

(5)施工单位应当在施工现场出入口或者沿线各交叉口、施工起重机械、拌和场、临时用电设施、爆破物及有害危险气体和液体存放处以及孔洞口、隧道口、基坑边沿、脚手架、码头边沿、桥梁边沿等危险部位，设置明显的安全警示标志或者必要的安全防护设施。

施工单位应当根据不同施工阶段和周围环境及季节、气候的变化，在施工现场采取相应的安全施工措施。施工现场暂时停止施工的，施工单位应当做好现场防护。因施工单位安全生产隐患原因造成工程停工的，所需费用由施工单位承担，其他原因按照合同约定执行。

(6)施工单位应当将施工现场的办公、生活区与作业区分开设置，并保持安全距离；办公、生活区的选址应当符合安全性要求。职工的膳食、饮水、休息场所、医疗救助设施等应当符合卫生标准。

施工现场临时搭建的建筑物应当符合安全使用要求。施工现场使用的装配式活动房屋应当具有生产(制造)许可证、产品合格证。

(7)施工单位应当在施工现场建立消防安全责任制度，确定消防安全责任人，制定用火、用电、使用易燃易爆材料等各项消防管理制度和操作规程，设置消防通道，配备相应的消防设施和灭火器材。

(8)施工单位应当向作业人员提供必需的安全防护用具和安全防护服装，书面告知危险岗位的操作规程并确保其熟悉和掌握有关内容和违章操作的危害。

作业人员有权对施工现场的作业条件、作业程序和作业方式中存在的安全问题提出批评、检举和控告，有权拒绝违章指挥和强令冒险作业。

在施工中发生可能危及人身安全的紧急情况时，作业人员有权立即停止作业或者在采取必要的应急措施后撤离危险区域。

(9)作业人员应当遵守安全施工的工程建设强制性标准、规章制度，正确使用安全防护用具、机械设备等。

(10)施工单位采购、租赁的安全防护用具、机械设备、施工机具及配件，应当具有生产(制造)许可证、产品合格证，并在进入施工现场前由专职安全管理人员进行查验。

施工现场的安全防护用具、机械设备、施工机具及配件必须由专人管理，定期进行检查、维修和保养，建立相应的资料档案，并按照国家有关规定及时报废。

(11)施工单位应当对管理人员和作业人员进行每年不少于两次的安全生产教育培训，其教育培训情况记入个人工作档案。

施工单位在采用新技术、新工艺、新设备、新材料时，应当对作业人员进行相应的安全生产教育培训。

新进人员和作业人员进入新的施工现场或者转入新的岗位前，施工单位应当对其进行安全生产培训考核。

未经安全生产教育培训考核或者培训考核不合格的人员，不得上岗作业。

(12)施工单位应当为施工现场的人员办理意外伤害保险，意外伤害保险费应由施工单位支付。实行施工总承包的，由总承包单位支付意外伤害保险费。

(13)建设工程实行施工总承包的，由总承包单位对施工现场的安全生产负总责。总承包单位依法将建设工程分包给其他单位的，分包合同中应当明确各自的安全生产方面的权利、义务。总承包单位对分包工程的安全生产承担连带责任。

分包单位应当服从总承包单位的安全生产管理，分包单位不服从管理导致生产安全事故的，由分包单位承担主要责任。

(14)建设单位、施工单位应当针对本工程项目特点制定生产安全事故应急预案，定期组织演练。发生生产安全事故，施工单位应当立即向建设单位、监理单位和事故发生地的公路水运工程安全生产监督管理部门以及地方安全监督部门报告。建设单位、施工单位应当立即启动事故应急预案，组织力量抢救，保护好事故现场。

4. 监督检查

(1)公路水运工程安全生产监督管理部门在职责范围内履行安全生产监督检查职责时，有权采取下列措施：

①要求被检查单位提供有关安全生产的文件和资料。

②进入被检查单位施工现场进行检查。

③纠正施工中违反安全生产要求的行为，依法实施行政处罚。

(2)公路水运工程安全生产监督管理部门对从业单位安全生产监督检查的内容主要有：

①从业单位安全生产条件的符合情况。

②施工单位安全生产三类人员和特种作业人员具备上岗资格情况。

③从业单位执行安全生产法律、法规、规章和工程建设强制性标准的情况。

④从业单位对安全生产管理制度、安全责任制度和各项应急预案的建立和落实情况。

⑤安全生产管理机构或者专职安全生产管理人员的设置和履行职责情况。

⑥员工的安全教育培训情况。

⑦其他应当监督检查的情况。

(3)公路水运工程安全生产监督管理部门应当对公路水运工程下列施工现场的安全生产情况进行监督检查：

①现场驻地。

②施工作业点(面)。

③危险品存放地。

④预制厂、半成品加工厂。

⑤非标施工设备组装厂。

公路水运工程安全生产监督管理部门对易发生生产安全事故的危险工程及施工作业环节应当进行重点监督检查。

(4)公路水运工程安全生产监督管理部门对监督检查中发现的安全问题，应当作出如下处理：

①从业单位存在安全管理问题需要整改的，以书面方式通知存在问题单位限期整改。

②从业单位存在严重安全事故隐患的，责令立即排除。

③重大安全事故隐患在排除前或者在排除过程中无法保证安全的，责令其从危险区域内撤出作业人员或者暂时停止施工。

④建设单位违反安全管理规定造成重大生产安全事故的，对全部或者部分使用国有资金的建设项目，暂停资金拨付。

⑤建设单位未列建设工程安全生产费用的，责令其限期改正并不得办理监督手续；逾期未改正的，责令该建设工程停止施工并通报批评。

被检查单位应当立即落实处理决定，并将整改结果书面报检查单位。责令停工的，应当经复查合格后，方可复工。

(5)公路水运工程安全生产监督管理部门应当建立从业单位信用档案，并将监督检查情况和处理结果及时登录在安全生产信用管理系统中。

(6)从业单位整改不力，多次整改仍然存在安全问题的，公路水运工程安全生产监督管理部门将其列入安全监督检查重点名单，登录在安全生产信用管理系统中，并向有关部门通报。

对存在重大安全事故隐患但拒绝整改或者整改效果不明显或者发生重特大安全事故等不再具备安全生产条件的，公路水运工程安全生产监督管理部门应当向安全生产许可证颁发部门通报，建议暂扣或者吊销安全生产许可证，同时向有关资质证书颁发部门建议降低资质等级。

(7)公路水运工程安全生产监督管理部门可委托具备国家规定资质条件的机构对容易发生重特大生产安全事故的工程项目和危险性较大的工程施工进行安全评价和监测。

(8)公路水运工程安全生产监督管理部门应当健全内部管理制度，加强对监督管理人员的教育培训，提高执法水平。监督管理人员应当忠于职守，秉公办事，坚持原则，清正廉洁。与监督检查对象有利害关系的监督人员，应当回避。

(9)公路水运工程安全生产监督管理部门应当建立举报制度，及时受理对公路水运工程生产安全事故或者事故隐患以及监督检查人员违法行为的检举、控告和投诉。

六、《高危行业企业安全生产费用财务管理暂行办法》

为了建立高危行业企业安全生产投入长效机制，加强企业安全生产费用财务管理，维护企业、职工以及社会公共利益，财政部、国家安监总局于2006年12月8日联合颁布了《高危行业企业安全生产费用财务管理暂行办法》，自2007年1月1日起施行。与公路水运相关的内容主要有以下几点。

1.企业应当建立安全生产费用管理制度

安全生产费用是指企业按照规定标准提取，在成本中列支，专门用于完善和改进企业安全生产条件的资金。安全费用按照"企业提取、政府监管、确保需要、规范使用"的原则进行财务管理。

2.安全费用的提取标准

建筑施工企业以建筑安装工程造价为计提依据。各工程类别安全费用提取标准如下：

(1)房屋建筑工程、矿山工程为2.0%。

(2)电力工程、水利水电工程、铁路工程为1.5%。

(3)市政公用工程、冶炼工程、机电安装工程、化工石油工程、港口与航道工程、公路工程、通信工程为1.0%。

建筑施工企业提取的安全费用列入工程造价，在竞标时，不得删减。国家对基本建设投资概算另有规定的，从其规定。

总包单位应当将安全费用按比例直接支付分包单位，分包单位不再重复提取。

3. 安全生产费用的使用和管理

安全费用应当按照以下规定范围使用：

(1)完善、改造和维护安全防护设备、设施支出。

(2)配备必要的应急救援器材、设备和现场作业人员安全防护物品支出。

(3)安全生产检查与评价支出。

(4)重大危险源、重大事故隐患的评估、整改、监控支出。

(5)安全技能培训及进行应急救援演练支出。

(6)其他与安全生产直接相关的支出。

同时，在安全生产费用的管理上，规定：

企业应当将安全费用优先用于满足安全生产监督管理部门对企业安全生产提出的整改措施或达到安全生产标准所需支出。

企业提取安全费用应当专户核算，按规定范围安排使用。年度结余下年度使用，当年计提安全费用不足的，超出部分按正常成本费用渠道列支。

集团公司经过履行内部决策程序，可以对所属企业提取的安全费用按照一定比例集中管理，统筹使用。

企业应当建立健全内部安全费用管理制度，明确安全费用使用、管理的程序、职责及权限，接受安全生产监督管理部门和财政部门的监督。

企业利用安全费用形成的资产，应当纳入相关资产进行管理。

企业应当为从事高空、高压、易燃、易爆、剧毒、放射性、高速运输、野外、矿井等高危作业的人员办理团体人身意外伤害保险或个人意外伤害保险。所需保险费用直接列入成本(费用)，不在安全费用中列支。

企业为职工提供的职业病防治、工伤保险、医疗保险所需费用，不在安全费用中列支。

七、《〈生产安全事故报告和调查处理条例〉罚款处罚暂行规定》

为防止和减少生产安全事故，严格追究生产安全事故发生单位及其有关责任人员的法律责任，正确适用事故罚款的行政处罚，2007 年 7 月国家安全生产监督总局依照《生产安全事故报告和调查处理条例》的规定，制定了《〈生产安全事故报告和调查处理条例〉罚款处罚暂行规定》。主要内容有以下几点。

1. 对事故发生单位及其有关责任人员处以罚款的行政处罚，依照下列规定决定：

(1)对发生特别重大事故的单位及其有关责任人员罚款的行政处罚，由国家安全生产监督管理总局决定。

(2)对发生重大事故的单位及其有关责任人员罚款的行政处罚，由省级人民政府安全生产监督管理部门决定。

(3)对发生较大事故的单位及其有关责任人员罚款的行政处罚，由设区的市级人民政府安全生产监督管理部门决定。

(4)对发生一般事故的单位及其有关责任人员罚款的行政处罚，由县级人民政府安全生产监督管理部门决定。

上级安全生产监督管理部门可以指定下一级安全生产监督管理部门对事故发生单位及其

有关责任人员实施行政处罚。

2. 事故发生单位主要负责人有《条例》第三十五条规定的行为之一的，依照下列规定处以罚款：

(1)事故发生单位主要负责人在事故发生后不立即组织事故抢救的，处上一年年收入80%的罚款。

(2)事故发生单位主要负责人迟报或者漏报事故的，处上一年年收入40%至60%的罚款。

(3)事故发生单位主要负责人在事故调查处理期间擅离职守的，处上一年年收入60%至80%的罚款。

3. 事故发生单位有《条例》第三十六条规定的行为之一的，依照下列规定处以罚款：

(1)没有贻误事故抢救的，处100万元以上200万元以下的罚款。

(2)贻误事故抢救或者造成事故扩大或者影响事故调查的，处200万元以上300万元以下的罚款。

(3)贻误事故抢救或者造成事故扩大或者影响事故调查，手段恶劣，情节严重的，处300万元以上500万元以下的罚款。

事故发生单位的主要负责人、直接负责的主管人员和其他直接责任人员有《条例》第三十六条规定的行为之一的，依照下列规定处以罚款：

(1)谎报、瞒报事故的，处上一年年收入60%至80%的罚款。

(2)伪造、故意破坏事故现场，或者转移、隐匿资金、财产、销毁有关证据、资料，或者拒绝接受调查，或者拒绝提供有关情况和资料，或者在事故调查中作伪证，或者指使他人作伪证的，处上一年年收入80%至90%的罚款。

(3)事故发生后逃匿的，处上一年年收入100%的罚款。

4. 事故发生单位对造成3人以下死亡，或者3人以上10人以下重伤(包括急性工业中毒)，或者300万元以上1 000万元以下直接经济损失的事故负有责任的，处10万元以上20万元以下的罚款。

5. 事故发生单位对较大事故发生负有责任的，依照下列规定处以罚款：

(1)造成3人以上6人以下死亡，或者10人以上30人以下重伤(包括急性工业中毒)，或者1 000万元以上3 000万元以下直接经济损失的，处20万元以上30万元以下的罚款。

(2)造成6人以上10人以下死亡，或者30人以上50人以下重伤(包括急性工业中毒)，或者3 000万元以上5 000万元以下直接经济损失的，处30万元以上50万元以下的罚款。

6. 事故发生单位对重大事故发生负有责任的，依照下列规定处以罚款：

(1)造成10人以上15人以下死亡，或者50人以上70人以下重伤(包括急性工业中毒)，或者5 000万元以上7 000万元以下直接经济损失的，处50万元以上100万元以下的罚款。

(2)造成15人以上30人以下死亡，或者70人以上100人以下重伤(包括急性工业中毒)，或者7 000万元以上1亿元以下直接经济损失的，处100万元以上200万元以下的罚款。

7. 事故发生单位对特别重大事故发生负有责任的，处200万元以上500万元以下的罚款。

8. 事故发生单位主要负责人未依法履行安全生产管理职责，导致事故发生的，依照下列规定处以罚款：

（1）发生一般事故的，处上一年年收入30%的罚款。

（2）发生较大事故的，处上一年年收入40%的罚款。

（3）发生重大事故的，处上一年年收入60%的罚款。

（4）发生特别重大事故的，处上一年年收入80%的罚款。

第二节　安全生产管理人员的法律责任

一、施工单位主要负责人的法律责任

（一）施工单位主要负责人的安全职责

施工单位主要负责人，是指对本企业日常生产经营活动和安全生产工作全面负责、有生产经营决策权的人员，包括企业法定代表人、企业安全生产工作的负责人等。

《安全生产法》、《建设工程安全生产管理条例》以及《公路水运工程安全生产监督管理办法》对施工单位主要负责人的安全生产职责进行了明确规定。

1.《安全生产法》的规定

第五条："生产经营单位的主要负责人对本单位的安全生产工作全面负责。"

第十七条："生产经营单位的主要负责人对本单位安全生产工作负有下列职责：（一）建立、健全本单位安全生产责任制；（二）组织制定本单位安全生产规章制度和操作规程；（三）保证本单位安全生产投入的有效实施；（四）督促、检查本单位的安全生产工作，及时消除生产安全事故隐患；（五）组织制定并实施本单位的生产安全事故应急救援预案；（六）及时、如实报告生产安全事故。"

2.《建设工程安全生产管理条例》的规定

第二十一条："施工单位主要负责人依法对本单位的安全生产工作全面负责。施工单位应当建立健全安全生产责任制度和安全生产教育培训制度，制定安全生产规章制度和操作规程，保证本单位安全生产条件所需资金的投入，对所承担的建设工程进行定期和专项安全检查，并做好安全检查记录。"

3.《公路水运工程安全生产监督管理办法》的规定

第二十条："施工单位主要负责人依法对本单位的安全生产工作全面负责。施工单位应当建立健全安全生产责任制度和安全生产教育培训制度及安全生产技术交底制度，制定安全生产规章制度和操作规程，保证本单位安全生产条件所需资金的投入，对所承担的公路水运工程进行定期和专项安全检查，并做好安全检查记录。"

从上述规定可以看出，施工单位负责人对本单位的安全生产工作"全面负责"。

（二）施工单位主要负责人的安全生产法律责任

在我国现行的《安全生产法》、《建设工程安全生产管理条例》、《生产安全事故报告和调查处理条例》以及《〈生产安全事故报告和调查处理条例〉罚款处罚暂行规定》中，对施工单位主要负责人的安全生产法律责任进行了明确规定。

1.《安全生产法》的规定

第八十条："生产经营单位的决策机构、主要负责人、个人经营的投资人不依照本法规定

保证安全生产所必需的资金投入，致使生产经营单位不具备安全生产条件的，责令限期改正，提供必需的资金；逾期未改正的，责令生产经营单位停产停业整顿。

有前款违法行为，导致发生生产安全事故，构成犯罪的，依照刑法有关规定追究刑事责任；尚不够刑事处罚的，对生产经营单位的主要负责人给予撤职处分，对个人经营的投资人处二万元以上二十万元以下的罚款。”

第八十一条：“生产经营单位的主要负责人未履行本法规定的安全生产管理职责的，责令限期改正；逾期未改正的，责令生产经营单位停产停业整顿。

生产经营单位的主要负责人有前款违法行为，导致发生生产安全事故，构成犯罪的，依照刑法有关规定追究刑事责任；尚不够刑事处罚的，给予撤职处分或者处二万元以上二十万元以下的罚款。

生产经营单位的主要负责人依照前款规定受刑事处罚或者撤职处分的，自刑罚执行完毕或者受处分之日起，五年内不得担任任何生产经营单位的主要负责人。”

第八十九条：“生产经营单位与从业人员订立协议，免除或者减轻其对从业人员因生产安全事故伤亡依法应承担的责任的，该协议无效；对生产经营单位的主要负责人、个人经营的投资人处二万元以上十万元以下的罚款。”

第九十一条：“生产经营单位主要负责人在本单位发生重大生产安全事故时，不立即组织抢救或者在事故调查处理期间擅离职守或者逃匿的，给予降职、撤职的处分，对逃匿的处十五日以下拘留；构成犯罪的，依照刑法有关规定追究刑事责任。

生产经营单位主要负责人对生产安全事故隐瞒不报、谎报或者拖延不报的，依照前款规定处罚。”

从《安全生产法》的上述规定中可以看出，施工单位主要负责人对安全生产承担的法律责任有行政责任和刑事责任两种。其中，行政责任主要有降职、撤职、罚款、责令限期改正四种。罚款处罚最高限额是二十万元。

2.《建设工程安全生产管理条例》的规定

第六十六条：“违反本条例的规定，施工单位的主要负责人、项目负责人未履行安全生产管理职责的，责令限期改正；逾期未改正的，责令施工单位停业整顿；造成重大安全事故、重大伤亡事故或者其他严重后果，构成犯罪的，依照刑法有关规定追究刑事责任。

作业人员不服管理、违反规章制度和操作规程冒险作业造成重大伤亡事故或者其他严重后果，构成犯罪的，依照刑法有关规定追究刑事责任。

施工单位的主要负责人、项目负责人有前款违法行为，尚不够刑事处罚的，处 2 万元以上 20 万元以下的罚款或者按照管理权限给予撤职处分；自刑罚执行完毕或者受处分之日起，5 年内不得担任任何施工单位的主要负责人、项目负责人。”

《建设工程安全生产管理条例》上述规定中，施工单位主要负责人的安全法律责任主要有行政责任和刑事责任两种。其中，行政责任有责令限期改正、罚款、撤职三种，罚款处罚最高限额也是二十万元。

3.《生产安全事故报告和调查处理条例》的规定

第三十五条：“事故发生单位主要负责人有下列行为之一的，处上一年年收入 40% 至 80% 的罚款；属于国家工作人员的，并依法给予处分；构成犯罪的，依法追究刑事责任：

（一）不立即组织事故抢救的；

（二）迟报或者漏报事故的；

（三）在事故调查处理期间擅离职守的。"

第三十六条："事故发生单位及其有关人员有下列行为之一的，对事故发生单位处100万元以上500万元以下的罚款；对主要负责人、直接负责的主管人员和其他直接责任人员处上一年年收入60%至100%的罚款；属于国家工作人员的，并依法给予处分；构成违反治安管理行为的，由公安机关依法给予治安管理处罚；构成犯罪的，依法追究刑事责任：

（一）谎报或者瞒报事故的；

（二）伪造或者故意破坏事故现场的；

（三）转移、隐匿资金、财产，或者销毁有关证据、资料的；

（四）拒绝接受调查或者拒绝提供有关情况和资料的；

（五）在事故调查中作伪证或者指使他人作伪证的；

（六）事故发生后逃匿的。"

第三十八条："事故发生单位主要负责人未依法履行安全生产管理职责，导致事故发生的，依照下列规定处以罚款；属于国家工作人员的，并依法给予处分；构成犯罪的，依法追究刑事责任。

第四十条："事故发生单位对事故发生负有责任的，由有关部门依法暂扣或者吊销其有关证照；对事故发生单位负有事故责任的有关人员，依法暂停或者撤销其与安全生产有关的执业资格、岗位证书；事故发生单位主要负责人受到刑事处罚或者撤职处分的，自刑罚执行完毕或者受处分之日起，5年内不得担任任何生产经营单位的主要负责人。"

《生产安全事故报告和调查处理条例》对施工单位主要负责人的安全生产法律责任进行了较为详细的规定。在这些规定中，行政责任主要是对个人罚款处罚的额度进行了规定。最高罚款额度是上一年年收入60%至100%。

4.《〈生产安全事故报告和调查处理条例〉罚款处罚暂行规定》的规定

《〈生产安全事故报告和调查处理条例〉罚款处罚暂行规定》是专门性的安全生产罚款行政处罚的特别规章，它对施工单位主要负责人的罚款行政处罚进行了最为详尽的规定。

第十一条："事故发生单位主要负责人有《条例》第三十五条规定的行为之一的，依照下列规定处以罚款：

（一）事故发生单位主要负责人在事故发生后不立即组织事故抢救的，处上一年年收入80%的罚款；

（二）事故发生单位主要负责人迟报或者漏报事故的，处上一年年收入40%至60%的罚款；

（三）事故发生单位主要负责人在事故调查处理期间擅离职守的，处上一年年收入60%至80%的罚款。"

第十三条："事故发生单位的主要负责人、直接负责的主管人员和其他直接责任人员有《条例》第三十六条规定的行为之一的，依照下列规定处以罚款：

（一）谎报、瞒报事故的，处上一年年收入60%至80%的罚款；

（二）伪造、故意破坏事故现场，或者转移、隐匿资金、财产、销毁有关证据、资料，或者拒绝接受调查,或者拒绝提供有关情况和资料,或者在事故调查中作伪证,或者指使他人作伪证的,处上一年年收入80%至90%的罚款;

(三)事故发生后逃匿的,处上一年年收入100%的罚款。”

第十八条:“事故发生单位主要负责人未依法履行安全生产管理职责,导致事故发生的,依照下列规定处以罚款:

(一)发生一般事故的,处上一年年收入30%的罚款;

(二)发生较大事故的,处上一年年收入40%的罚款;

(三)发生重大事故的,处上一年年收入60%的罚款;

(四)发生特别重大事故的,处上一年年收入80%的罚款。”

二、项目负责人的法律责任

(一)施工单位项目负责人的安全职责

项目负责人,是指由企业法定代表人授权,负责公路水运工程项目施工管理的负责人。包括项目经理、项目副经理和项目总工。

《建设工程安全生产管理条例》以及《公路水运工程安全生产监督管理办法》对施工单位主要负责人的安全生产职责进行了明确规定。

1.《建设工程安全生产管理条例》的规定

第二十一条(第二款):“施工单位的项目负责人应当由取得相应执业资格的人员担任,对建设工程项目的安全施工负责,落实安全生产责任制度、安全生产规章制度和操作规程,确保安全生产费用的有效使用,并根据工程的特点组织制定安全施工措施,消除安全事故隐患,及时、如实报告生产安全事故。”

《安全生产法》对生产经营单位主要负责人的安全职责进行了明确规定,但是对施工单位的项目负责人的安全职责并未规定。明确规定施工单位的项目负责人的安全职责最早见于本条例。与生产经营单位主要负责人相比,施工单位的项目负责人的安全职责重点在于落实安全生产的制度和措施。

2.《公路水运工程安全生产监督管理办法》的规定

第二十条(第二款):“施工单位的项目负责人依法对项目的安全施工负责,落实安全生产各项制度,确保安全生产费用的有效使用,并根据工程特点组织制定安全施工措施,消除安全事故隐患,及时、如实报告生产安全事故。”

本办法规定的项目负责人的安全责任是对《建设工程安全生产管理条例》的有机延伸和拓展。

(二)施工单位项目负责人的安全生产法律责任

《安全生产法》、《建设工程安全生产管理条例》、《生产安全事故报告和调查处理条例》以及《〈生产安全事故报告和调查处理条例〉罚款处罚暂行规定》中,对施工单位项目负责人的安全生产法律责任也进行了明确规定。

1.《安全生产法》的规定

第九十条:“生产经营单位的从业人员不服从管理,违反安全生产规章制度或者操作规程的,由生产经营单位给予批评教育,依照有关规章制度给予处分;造成重大事故,构成犯罪的,依照刑法有关规定追究刑事责任。”

对项目负责人的法律责任,《安全生产法》没有做出特别的规定,只是在第九十条中以“从业人员”为责任主体列出,规定了依据有关的规章制度给予行政处分和追究刑事责任两种。

2.《建设工程安全生产管理条例》的规定

第六十二条:“违反本条例的规定,施工单位有下列行为之一的,责令限期改正;逾期未改正的,责令停业整顿,依照《中华人民共和国安全生产法》的有关规定处以罚款;造成重大安全事故,构成犯罪的,对直接责任人员,依照刑法有关规定追究刑事责任:

(一)未设立安全生产管理机构、配备专职安全生产管理人员或者分部分项工程施工时无专职安全生产管理人员现场监督的;

(二)施工单位的主要负责人、项目负责人、专职安全生产管理人员、作业人员或者特种作业人员,未经安全教育培训或者经考核不合格即从事相关工作的;

(三)未在施工现场的危险部位设置明显的安全警示标志,或者未按照国家有关规定在施工现场设置消防通道、消防水源、配备消防设施和灭火器材的;

(四)未向作业人员提供安全防护用具和安全防护服装的;

(五)未按照规定在施工起重机械和整体提升脚手架、模板等自升式架设设施验收合格后登记的;

(六)使用国家明令淘汰、禁止使用的危及施工安全的工艺、设备、材料的。”

第六十四条:“违反本条例的规定,施工单位有下列行为之一的,责令限期改正;逾期未改正的,责令停业整顿,并处5万元以上10万元以下的罚款;造成重大安全事故,构成犯罪的,对直接责任人员,依照刑法有关规定追究刑事责任:

(一)施工前未对有关安全施工的技术要求作出详细说明的;

(二)未根据不同施工阶段和周围环境及季节、气候的变化,在施工现场采取相应的安全施工措施,或者在城市市区内的建设工程的施工现场未实行封闭围挡的;

(三)在尚未竣工的建筑物内设置员工集体宿舍的;

(四)施工现场临时搭建的建筑物不符合安全使用要求的;

(五)未对因建设工程施工可能造成损害的毗邻建筑物、构筑物和地下管线等采取专项防护措施的。”

第六十五条:“违反本条例的规定,施工单位有下列行为之一的,责令限期改正;逾期未改正的,责令停业整顿,并处10万元以上30万元以下的罚款;情节严重的,降低资质等级,直至吊销资质证书;造成重大安全事故,构成犯罪的,对直接责任人员,依照刑法有关规定追究刑事责任;造成损失的,依法承担赔偿责任:

(一)安全防护用具、机械设备、施工机具及配件在进入施工现场前未经查验或者查验不合格即投入使用的;

(二)使用未经验收或者验收不合格的施工起重机械和整体提升脚手架、模板等自升式架设设施的;

(三)委托不具有相应资质的单位承担施工现场安装、拆卸施工起重机械和整体提升脚手架、模板等自升式架设设施的;

(四)在施工组织设计中未编制安全技术措施、施工现场临时用电方案或者专项施工方案的。”

第六十六条：“违反本条例的规定，施工单位的主要负责人、项目负责人未履行安全生产管理职责的，责令限期改正；逾期未改正的，责令施工单位停业整顿；造成重大安全事故、重大伤亡事故或者其他严重后果，构成犯罪的，依照刑法有关规定追究刑事责任。

作业人员不服管理、违反规章制度和操作规程冒险作业造成重大伤亡事故或者其他严重后果，构成犯罪的，依照刑法有关规定追究刑事责任。

施工单位的主要负责人、项目负责人有前款违法行为，尚不够刑事处罚的，处2万元以上20万元以下的罚款或者按照管理权限给予撤职处分；自刑罚执行完毕或者受处分之日起，5年内不得担任任何施工单位的主要负责人、项目负责人。”

本条例中有四条内容涉及项目负责人的安全法律责任，是我国现行法律法规中对项目负责人的安全法律责任的最为详尽的规定。尤其是第六十六条的规定全面而具体。在这些规定中，行政责任有责令限期改正、承担赔偿责任、罚款和撤职。构成犯罪的，追究刑事责任。

3.《生产安全事故报告和调查处理条例》的规定

第三十六条：“事故发生单位及其有关人员有下列行为之一的，对事故发生单位处100万元以上500万元以下的罚款；对主要负责人、直接负责的主管人员和其他直接责任人员处上一年年收入60%至100%的罚款；属于国家工作人员的，并依法给予处分；构成违反治安管理行为的，由公安机关依法给予治安管理处罚；构成犯罪的，依法追究刑事责任：

（一）谎报或者瞒报事故的；

（二）伪造或者故意破坏事故现场的；

（三）转移、隐匿资金、财产，或者销毁有关证据、资料的；

（四）拒绝接受调查或者拒绝提供有关情况和资料的；

（五）在事故调查中作伪证或者指使他人作伪证的；

（六）事故发生后逃匿的。”

第四十条：“事故发生单位对事故发生负有责任的，由有关部门依法暂扣或者吊销其有关证照；对事故发生单位负有事故责任的有关人员，依法暂停或者撤销其与安全生产有关的执业资格、岗位证书；事故发生单位主要负责人受到刑事处罚或者撤职处分的，自刑罚执行完毕或者受处分之日起，5年内不得担任任何生产经营单位的主要负责人。

为发生事故的单位提供虚假证明的中介机构，由有关部门依法暂扣或者吊销其有关证照及其相关人员的执业资格；构成犯罪的，依法追究刑事责任。”

本条例中有以上两条规定了项目负责人的法律责任。除刑事责任外，行政责任规定了罚款、暂停或者撤销其与安全生产有关的执业资格证书。

4.《〈生产安全事故报告和调查处理条例〉罚款处罚暂行规定》的规定

第十三条：“事故发生单位的主要负责人、直接负责的主管人员和其他直接责任人员有《条例》第三十六条规定的行为之一的，依照下列规定处以罚款：

（一）谎报、瞒报事故的，处上一年年收入60%至80%的罚款；

（二）伪造、故意破坏事故现场，或者转移、隐匿资金、财产、销毁有关证据、资料，或者拒绝接受调查，或者拒绝提供有关情况和资料，或者在事故调查中作伪证，或者指使他人作伪证的，处上一年年收入80%至90%的罚款；

（三）事故发生后逃匿的，处上一年年收入 100% 的罚款。”

三、专职安全生产管理人员的法律责任

（一）专职安全生产管理人员的安全职责

专职安全生产管理人员，是指在企业专职从事安全生产管理工作的人员，包括企业安全生产管理机构的负责人及其工作人员和施工现场专职安全员。

《建设工程安全生产管理条例》以及《公路水运工程安全生产监督管理办法》对专职安全生产管理人员的安全生产职责进行了明确规定。

1.《建设工程安全生产管理条例》的规定

第二十三条：“专职安全生产管理人员负责对安全生产进行现场监督检查。发现安全事故隐患，应当及时向项目负责人和安全生产管理机构报告；对违章指挥、违章操作的，应当立即制止。”

本条例对专职安全生产管理人员的安全职责强调了三点：现场检查、隐患报告和违章制止。

2.《公路水运工程安全生产监督管理办法》的规定

第二十一条（第二款）：“专职安全生产管理人员负责对安全生产进行现场监督检查，并做好检查记录，发现生产安全事故隐患，应当及时向项目负责人和安全生产管理机构报告；对违章指挥、违章操作和违反劳动纪律的，应当立即制止。”

与《建设工程安全生产管理条例》相比较，本办法除了规定专职安全生产管理人员现场检查、隐患报告和违章制止等三大职责外，还规定了做好检查记录的职责要求。

（二）专职安全生产管理人员的安全法律责任

1.《安全生产法》的规定

与项目负责人相同，略。

2.《建设工程安全生产管理条例》的规定

第六十二条（同项目负责人，略）。

第六十四条（同项目负责人，略）。

第六十五条（同项目负责人，略）。

3.《生产安全事故报告和调查处理条例》的规定

第三十六条（同项目负责人，略）

第四十条（同项目负责人，略）。

4.《〈生产安全事故报告和调查处理条例〉罚款处罚暂行规定》的规定

第十三条（同项目负责人，略）。

关于安全生产领域的行政处罚，国家安监总局、监察部联合发布了《安全生产领域违法违纪行为政纪处分暂行规定》（2006 年）以及国家安监总局颁布《安全生产违法行为行政处罚办法》（2007 年）作了更为详细的规定。

第二章　安全生产监管新理念

第一节　国外安全生产管理理念和监管模式

一、国外安全生产管理理念

安全问题是伴随着社会生产的产生而产生和发展的，只要有生产，就会有不安全的因素，就会有杜绝伤害、保障劳动者健康与安全的要求。根据国外经验，发达国家人均 GDP 在 1 000 ~ 3 000 美元时是事故高发期。目前我国经济的高速发展与从业人员基本素质低、经济结构不合理的矛盾十分突出，我国的安全生产管理进入高风险阶段。2005 年我国人均 GDP 为 1 703 美元，2006 年达到了 2 042 美元。根据“十一五”规划，按现行汇率计算，2010 年我国 GDP 将达到 3.2 万亿美元，人均 GDP 将达到 2 400 美元，第二产业仍是主体。目前我国仅安全事故造成的损失初步测算每年为 1 000 亿元，加上间接损失达 2 000 亿元，占 GDP 的 2.5%。发达国家的安全管理实践经验证明，通过体系化管理，建立全方位、全过程、全天候的风险识别、控制与管理，实现系统无缺陷、管理无漏洞、设备无故障，逐步达到人、机、环境的和谐统一，最终是可以实现本质安全的。

安全生产管理理念是在社会大生产的过程中，伴随着人们的生产安全与健康意识的提高和科学技术的进步而逐渐发展起来的，从最初的宿命思想到可控思想，从单独因素到系统因素，从单一关注伤亡到将健康与安全统一考虑，这都是不断进步的表现。从事故学理论的产生，以及后来的风险控制论，直到现在的安全哲学理论、安全逻辑科学、安全法学理论、安全信息理论、安全行为科学理论、安全心理学、安全经济理论、安全工程理论、安全仿生理论、安全文化理论、事故灾变理论等，其他学科的理论不断与安全生产理念相结合，对现代安全与健康的管理水平的提高和科技进步方面发挥着重要作用。

1. 安全系统工程

安全系统工程最早起源于航空部门，第二次世界大战后，复杂的火箭导弹技术迅速发展，同时在制作、维护、运用中发生的事故使人们认识到没有“系统安全”的系统是个无用的废物，因此，提出在系统的构思、设计、制作、使用、维护全过程中考虑到安全保障子系统的问题，形成“安全工程”的思想，逐步形成安全系统工程体系。

现代化大生产的细密分工使得人们必须建立一个生产系统才能使生产得以顺利进行，从而使生产具有系统性，随之生产事故也因此具备了系统性，也使生产事故的影响波及于整个生产系统以至于波及社会。生产安全及生产事故的控制管理必须由生产系统中安全保障子系统来负担,即必须从系统性这一点上来处理生产安全问题。

2. 安全经济学

安全经济学是近几年发展起来的一门科学,是研究生产安全中的经济关系、经济形式,分析并阐述安全生产投资、安全生产效益、安全生产事故损失的数量与变化,从而在人、财产、安全三方面取得最佳效益,研究用经济手段调整与生产事故有关的各种关系及人的活动,从而对生产事故实现最优控制。

安全经济学将安全状态划分为绝对安全和相对安全。绝对安全观认为:安全就是无事故,无危险。但这种理想状态是不存在的。相对安全观认为:安全是指客体或系统对人类造成的可能的危害低于人类所能允许的承受限度的存在状态。1998 年,美国哈佛大学劳伦斯教授在稳定性和风险管理国际会议的论文观点认为:"安全就是被判断为不超过允许限度的危险性,也就是指没有受到伤害或危害,或损坏概率低的通常术语。"即安全是相对危险而言,世界上没有绝对的安全。安全即意味着人员和财产遭受损失的可能性是可以接受的,若这种可能性超过了可以接受的水平即为不安全。

安全经济学研究的是事故发生、预警、预防中的经济关系,对生产事故的控制有重要的意义。从理论上讲,安全有两大经济功能:第一,安全能直接减轻或免除事故或危害事件给人、社会和自然造成的损害,实现保护人类财富、减少无益消耗和损失的功能;第二,安全能保障劳动条件和维护经济增值过程,实现其间接为社会增值的功能。安全经济学研究经济投入和产出的关系,发现生产安全是有经济效益的。这个效益包括企业自身安全生产所产出的效益以及对社会的安全作用而提供的社会效益。生产安全的投入所产生的效益与产品产生利润的时间规律有所不同。对产品而言,只要产品售出,利润即产生,而生产安全的投入一般分为投资无利期、微利期、持续强利期、利益萎缩期、失效期五个时期。

当安全投入量为零时,无安全可言或完全处于自然状态。投入量越大,安全度越高。一般而言,安全投入量与安全程度的关系是非线性的,根据经济学中边际效用递减规律,当其他条件不变时,随着投入量的加大,每增加一个单位的投入量所提高的安全度是递减的。在安全经济学中为了考察生产安全与经济增益之间的关系,综合上述两层关系推出安全程度与经济效益的关系:生产事故产生损失,称之为负效益,生产安全使之避免损失,负效益的减少与效益的增加等效。当安全程度为 1 时,即绝对安全,不存在生产事故损失。当安全程度为 0 时,无丝毫安全可言,此时损失极大。一般而言,损失额随安全程度的变化是指数型的,显然,要求的安全程度越高,需要的经济投入越多,即安全标准越高,安全成本越高,从经济学的角度看它们的关系是指数型的。安全利润曲线表明,对一个生产系统而言,太低的安全度不仅带来对人和环境以及社会的伤害,而且在经济上也是不合理的。但追求极高的安全度,在经济上也是不合理的,因为此时的安全成本可能达到负担不起的水准上。

依据抽样调查安全生产基本数据的研究表明,我国在 20 世纪 90 年代的安全生产贡献率大约是 3% 。而实际不同行业由于危险性及安全生产作用的不同,其经济的贡献也不一样,高危险行业则高达 7% 。在安全经济学上,预防性的"投入产出比"高于事故整改的"产出比",即 1 元事前预防 =5 元事后投资,这一安全经济的基本定量规律是指导安全经济活动的重要基础。在工业实践中,还可以得到一个安全效益的"金字塔法则",即设计时考虑 1 分的安全性,相当于加工和制造时的 10 分安全效果。

3. 行为安全理论

根据国外的专家对事故的统计表明，事故中98%的原因是人为的，而只有2%的事故是自然的，即人的不正常行为，导致了事故的后果。如果人们在生产中能够按照理性进行工作，排除利益和其他外界环境的干扰，人为的不利因素将会在事故中不复存在，生产安全就成为了现实。安全监管监察部门若能把握职工及管理人员决策过程中的认知行为及其原因的话，无疑是有利于采取主动的预防措施，从而提高预防的效果。行为安全理论正是据此产生，它是生产安全实践发展的结果，是现代安全科学和心理学、决策科学相结合而产生的一种交叉性、边缘性的新兴理论。它从心理学的角度来研究行为主体的认识行为和决策过程，并以这种对决策心理研究的成果为依据去探讨人们行为的微观过程，从而能很好地解释安全事故的原因所在。

从生产事故统计可知，绝大多数的事故是人为造成的，而只有少量的事故是自然事故，所以安全的监督监察应加大对从业人员的行为进行监察，通过法律法规制定严格的约束人们行为的条款，规范人们的行为，使人们理性化操作。建立安全教育培训体系，加大对从业人员的培训和教育，提高从业人员的素质，则是保障安全生产的重要措施之一。

4. 事故致因理论

美国20世纪50年代统计，在75 000件伤亡事故中，天灾占2%，即98%的可以预防的。在可以防止的全部事故中，从人的系列分析，由于人为的不安全行为造成的全部事故占88%，与不安全行为无关的占12%；从物的系列分析，属于机械不安全状态和物质危害所造成的事故占78%。日本1969年制造业歇工八天以上的事故中，因人不安全行为产生的占86%；因机械物质不安全状态产生的占14%。日本1997年使制造工业歇工四天以上的104 638件事故统计表明，从人的系列分析，属于不安全行为的为98 910件，占94.5%；不属于不安全行为的占5.5%；从物的不安全状态分析，由于物的不安全状态而发生的事故为87 317件，占83.5%，不属于不安全状态的占16.5%。在人的连锁系列中，不安全行为是基于生理、心理和动作几个方面而产生的；后者又取决于遗传、社会环境。人有行动自由性，生产劳动易受环境条件所造成的心理上的影响，因而易于发生误动作。人同机器相比，因易于自由行动，故其可靠性差。但是，正因为人有行动自由性，才能使人具有积极研究安全生产手段的特有功能。

生产现场包含着来自人和物两方面的多种隐患，为确保安全作业，就必须分析和查清隐患，并加以消除，将事故消灭在发生之前，做到预防为主。在多数情况下，由于企业管理不善，使工人缺乏教育和训练或者机械设备缺乏维护、检修以及安全装置不完备，导致了人的不安全行为或物的不安全状态。人的不安全行为和物的不安全状态的产生和发展，是受多重因素作用的结果，同时人与物两因素又互为因果。如有时设备的不安全状态导致人的不安全行为，而人的不安全行为又促进设备出现不安全状态。但从构成伤亡事故的人与物两方面来看，人的失误占绝对的地位，即使某类伤亡事故完全来自于机械或物质的危害，但机械还是由人设计和操纵的，物也是由人支配的。从设计开始，经过现场的种种加工程序，直到使用的整个过程中，各阶段都可能产生不安全状态。事故发生的原因有：设计上的缺陷，包括设计中产生的事故隐患；制造上的缺陷，包括使用材料的缺陷及加工方法、工艺和技能上的缺陷；维修、保养和使用上的缺陷，包括机械系统随着时间的延续，产生磨损、耗伤、腐蚀等故障，致使发生事故的可能性增高；使用时超过机械的定额负荷，操作技术不熟练以及缺乏安全作业的技巧等都能导致不安全状态，增长了机械伤人的可能性。人和物轨迹相交的时间和地点，就是发生伤亡事故的

"时空"。若排除了机械设备或处理危险物质过程中的人的隐患,消除了人的疏忽,则两个连锁系列进行的方向发生了转变,事故系列的连锁中断,两系列运动轨迹则不能相交,危险就不会出现,即可达到安全生产。从这一意义上说,构建人力资源保障体系,加强人的教育培训,提高人的素质,是消除和减少人的不安全行为的直接有效办法;建立安全装备保障体系,对危险和重要装备进行安全认证以及加强在用设备的管理,是消除物的不安全状态的有效措施。

由此可见,事故是多重原因决定的,任何特定事故都具有若干事件和情况联合存在或同时发生的特点。构成事故最基本的因素有人、物、自然环境和社会环境,事故不是在真空之中,它总是与某种自然环境、劳动条件、社会因素以及各级管理机构等有关诸因素紧密相联系的。这些因素以及它们之间所有的复杂相互关系,都是值得认真研究的。

二、国外安全生产监管模式

鉴于安全生产在社会化大生产中的重要作用,国外发达国家经过几十年的努力,已普遍建立了较为完善的管理模式和科学的运行机制,并加大了资金保障力度,对促进安全生产整体水平的提高发挥着重要作用。这主要体现在以下几个方面:

在安全生产法律法规方面,国外安全法规十分完备,具有很强实用性和可操作性,并根据实际情况的发展,适时对安全生产法律法规、标准规范进行及时修改、补充和完善,以正确调整各种关系。

在政府监管方面,发达国家安全生产监督管理总体上具有立法和执法分开、依法设立机构、机构相对集中的特点。职业安全与职业健康统一由一个机构管理,事故调查处理机构集中由权威机构来承担。英国健康与安全委员会下设健康与安全执行局(HSE),对危险性行业的职业健康与安全工作实行国家监察、垂直管理,是相对独立的健康与安全行政执法机构。

在政府财政支持方面,发达国家也普遍加大了对安全生产保障的资金支持力度,使安全生产保障有足够的、长期的、稳定的财政资金投入,以保证安全生产作为公益性的工作予以支持。美国职业安全健康管理局(OSHA) 2001 财政年度的经费为 4.26 亿美元,主要用于支持职业安全健康方面的各项工作。

在技术保障方面,国外普遍建立了较完备的安全技术保障体系,应用先进的现代信息传输系统,公布相关安全信息和技术支持内容,以促进各种新技术迅速在现场得到推广,加强了技术与实践的结合。美国安全技术科学研究研发工作由政府科研机构、企业研究与发展机构、高等院校和民间咨询机构四部分组成。较大的公司一般设有研究与发展部;高等院校按政府合同开展基础研究和技术开发。此外,还有一支重要的研究与开发力量,即各类民间科技咨询公司。

在装备保障方面,发达国家都建立了完善的设备安全认证体系。

在安全技术培训体系方面,国外发达国家十分重视职工的安全技术培训工作,不仅在法律法规方面有明确、具体的要求,建立有较完备的安全培训机构,也确实重视和加强安全技术培训的监督管理,使其为安全生产发挥应有的重要作用。如美国就建立了完善的管理体系、培训体系和制约保障机制。美国安全与健康监察局负责技术培训的部门是教育、政策与发展司,其主要职能是贯彻执行为促进全国安全和健康而制订的安全与健康教育及培训方案,并实施州拨款计划,每年培训经费大约 1 000 万美元。

在安全生产宣传教育方面，国外发达国家均十分重视安全生产的宣传教育，充分利用各种传媒，采用各种手段开展安全生产宣传教育。在美国，一些安全教育资源（影视片、资料、书籍等）免费提供。随着信息技术、网络技术的不断发展，国外已开始大量利用网络进行安全宣传教育和远程安全技术培训。国外职工的安全意识和自我保护能力普遍很强，是国外长期重视和加强安全生产宣传教育的结果。

在事故应急救援方面，体系非常完整。在工业发达国家，应急救援工作已经成为整个国家危机处理的一个相当重要的组成部分。尤其是进入20世纪90年代以后，一些工业发达国家把应急救援工作作为维护社会稳定、保障经济发展、提高人民生活质量的重要工作内容。事故应急救援已成为维持国家管理正常运行的重要支撑体系之一。例如，美国、日本和欧盟的一些国家都已经建立了运行良好的应急救援管理体制，包括应急救援法规、管理机构、指挥系统、应急队伍、资源保障和公民知情权等，形成了比较完善的应急救援系统，并且逐渐向建立标准化应急管理体系（SEMS）方向发展，使整个应急管理工作更加科学、规范和高效。国外对各类事故事件的应急救援高度重视。

第二节　国内安全生产管理现状

目前，我国安全生产管理格局基本形成，一些科学合理的安全管理模式得到推广，施工企业的安全技术管理贯穿了施工的全过程，取得了一些成绩，但也存在一些问题。

一、取得的主要成绩

（一）“以人为本，关爱生命”的理念不断深入人心

安全生产体现了“以人为本，关爱生命”的理念。随着社会化大生产的不断发展，劳动者在生产经营活动中的地位不断提高，人的生命价值也越来越受到重视。在建国以后相当长的一个时期里，安全生产被视为生产的一部分，强调“安全为了生产，生产必须安全”。在向社会主义市场经济转变后，安全生产工作曾被作为政府“市场监管”或“社会管理”职能之一。党的十六大以后，尤其是十六届三中、四中、五中全会以来，安全生产被视为事关实现好、维护好、发展好最广大人民的根本利益的头等大事，被不断予以加强。近年来，施工企业安全生产工作的地位日益提高，特别是《中华人民共和国安全生产法》、《建设工程安全生产管理条例》、《职业病防治法》、《工伤保险条例》、《特种设备安全监察条例》、《国务院关于进一步加强安全生产工作的决定》等一系列法律法规的颁布，强化了施工企业安全生产管理工作的力度，逐步树立了“安全是最大的效益，事故是最大的浪费”观念，使安全工作从防范工伤事故为主向全面做好职业健康安全工作的转变，充分体现了对员工生命价值的尊重，促进了员工自身价值提升的实现。

长期以来，广大施工企业始终坚持把安全生产列为企业生产经营管理之首，始终坚持贯彻“安全第一，预防为主，综合治理”的思想，围绕“三全”（即：全员管理、全过程控制、全方位预防）和“三个标准化”（管理标准化、现场标准化、操作标准化）的管理方式，通过组织开展安全宣传教育培训和各类安全生产竞赛，深入推广安全生产标准化建设，强化现场安全检查和危险作业审批监护，营造了一个良好的企业安全文化氛围，基本实现了全体员工从“要我安全”到

“我要安全”和“我会安全”的转变，有效地减少和杜绝了各类安全事故的发生。为了建立安全管理的长效机制，切实提高安全管理水平。从传统安全管理中总结经验，吸取教训，围绕和处理“人是最大的安全隐患”这一课题，从主动安全着手，建立了一套安全管理理念为核心的安全管理模式，取得了较好的安全管理绩效。

综观许多工业化国家的历史，在人均 GDP1 000 美元至 3 000 美元之间，往往是社会问题的凸显期，也是生产安全事故的易发期。走过这一时期，英国用了 70 年，美国用了 60 年，日本用了 26 年。因此，随着科学发展观的深入贯彻，党的十六届五中全会明确提出，要坚持节约发展、清洁发展、安全发展，把安全发展作为一个重要理念纳入我国社会主义现代化建设的总体战略。安全发展指导思想的提出，是对社会发展规律认识深化的产物，将会使安全生产提升到一个新的高度。

（二）安全生产管理格局基本形成

当前，我国在安全生产管理领域构建了一个以政府部门、企业和生产项目各方现场安全管理相结合的安全管理系统。总体可以概括为三个层面：第一个层面是国家政府部门，通过各种法律、法规和条例对安全生产管理进行强制性约束；第二个层面是鼓励企业通过《职业健康安全管理体系—规范》（GB/T 28001—2001），使企业的安全管理走向国际化、标准化；第三个层面是具体生产项目各方的现场安全管理，结合现场情况，各参与方通过安全生产要素管理，群众参与监督，使安全生产落到实处。

国务院 2004 年 1 月 9 日颁发了《国务院关于进一步加强安全生产工作的决定》（国发[2004]2 号）。该《决定》指出：要努力构建“政府统一领导、部门依法监管、企业全面负责、群众参与监督、社会广泛支持”的安全生产工作格局。

（三）采用了一些较为科学合理的安全管理模式

1. 安全生产组织制度

作为一项复杂而艰巨的系统工作，安全生产的制度保证，是法制、体制和机制相互结合的体系，是法律、经济和行政等多项手段的综合运用。安全生产的制度保证，容纳法律法规、行业标准的建设，监管体制、应急救援体制的完善，以及一系列有利于安全生产的政策措施的推广实施等诸多方面。当前，我国正处于生产安全事故的“易发期”，一方面经济快速发展，社会生产活动规模急剧扩大；另一方面安全法制尚不健全，安全监管机制不尽完善，安全基础薄弱，潜在的不安全因素较多。这样的客观实际，更加要求制度保证上严密有效，否则特别容易导致重特大事故多发，损害人民群众的利益，影响社会稳定和经济健康发展。

安全生产组织管理制度是生产经营单位为了有效实施安全生产的组织管理所建立的用以规范、指导、协调各部门和各岗位人员管理和工作行为的规章体系。是保证安全管理工作正常、有效实行和运转的依据和方法。它是生产经营单位管理制度的重要组成部分。它必须满足国家有关安全法律、法规的有关规定，同时，还要和本单位的生产经营实际紧密联系，达到有效控制本单位安全生产状况的目的。因此，生产经营单位从主要负责人到所有从业人员都必须按照安全组织管理制度的规定，进行自己的生产、工作。

2. 多层次的安全生产监督

实行安全监督管理层次化，明确各级安全监控的职责，能促进安全自主管理的深入。目前，多数施工企业明确了安全监督管理实行“三级安全监控”，即组成公司、项目部、作业班组三层安全监管体系。公司检查项目部的安全管理工作、安全自检自查结果及落实情况，同时抽查班组的安全生产情况；项目部监督检查班组和岗位的安全工作、现场的安全文明生产的监督落实情况。

（1）严格安全检查制度。多数施工企业在坚持“日常安全巡视检查、特种设备检查、节假日前安全检查、季度安全检查以及交通消防安全检查”的基础上，开展了专项的安全检查，如：交叉安全检查、每月重点安全检查。同时，实行公司、项目部、班组三级安全监督检查月报表制度。

（2）严格执行危险作业审批、监护以及确认制度。针对危险作业容易发生事故的特点，将危险作业划分为不同的级别，凡达到一定级别的危险作业分别由公司、项目部和班组审批和现场监护。审批认可后的安全措施，要求参与作业人员集中学习讨论，并签名认可，保证了各类危险作业中不发生事故。

（3）加强舆论监督，发挥群众监督参与作用。为了体现安全工作全员、全方位、全过程的管理，使广大职工及其家属参与到安全工作中，营造一个声势浩大的安全氛围，开展诸如百日安全无事故竞赛等活动，利用多种途径将收集的法律法规、事故案例、安全制度、违章事故等及时告知企业员工等。

3.强制性的安全生产投入

按照《中华人民共和国安全生产法》规定，生产经营单位应当具备安全生产条件所必需的资金投入，生产经营单位应当安排用于配备劳动保护用品、进行安全生产培训的经费，并对由于安全生产所必需的资金投入不足导致的后果承担责任。

《建设工程安全生产管理条例》中更明确地规定：建设单位在编制工程概算时，应当确定建设工程安全作业环境及安全施工措施所需费用；施工单位主要负责人依法对本单位的安全生产工作全面负责，保证本单位安全生产条件所需资金的投入，施工单位对列入建设工程概算的安全作业环境及安全施工措施所需费用，应当用于施工安全防护用具及设施的采购和更新、安全施工措施的落实、安全生产条件的改善，不得挪作他用。

4.事故应急救援和响应

“预防为主”是安全生产的原则。然而无论预防工作如何周密，事故和灾害总是难以根本杜绝。按照安全生产法等有关法律、法规的要求，为了避免或减少事故或灾害的损失，应付紧急情况，施工企业建立了一套生产安全事故应急救援制度。针对施工中危险因素较多且为野外露天作业，各种恶劣的自然环境，如台风、地震、雷雨、洪水、潮汐、泥石流等均有可能对工程施工人员、工程施工设备乃至工程本身的安全造成威胁，施工企业普遍制定了生产安全事故应急救援预案，建立了应急救援组织或者配备应急救援人员，配备必要的应急救援器材、设备，并定期组织演练。

5.职业健康安全管理体系

为了积极推动职业健康安全工作，我国推出了职业健康安全管理的标准，即：《职业健康安全管理体系标准》（GB/T 28001—2001）。该标准充分体现了管理的系统性、先进性、持续改进性、预防性以及全过程控制。可以说是企业提高职业健康安全工作水平，预防事故和职业危害的最科学的方法之一。

(四)加强了施工企业的安全技术管理

实现安全生产的稳定发展,离不开科学技术的支撑。安全技术,是为发现并掌握因工伤亡事故发生的规律,控制或消除生产过程中的危险因素,防止人身事故而研究采取的专门的技术措施。安全技术是以防止生产伤亡事故和财产损失的发生为主攻目标的。因此,可以看出安全技术是以最基础、最本质、最直接的方法来保证安全生产的。

施工安全技术主要就是为了控制或消除施工生产现场,包括施工生产区、办公区和生活区内的可能对相关人员构成危害的各种危险因素,进而有效地防止事故发生,保证各项施工生产任务安全顺利地完成。目前,施工企业的安全技术管理基本上贯穿到了施工的全过程。即:在投标工作中考虑施工方案的安全可行性和用于安全技术管理与实施的预算,要根据施工方案进行危险源的辨识和评价,制定初步的控制措施;在施工过程中不断对影响安全生产的各种因素进行识别和评价,并加以控制;在施工结束时,对有关安全生产的技术文件、资料加以收集、整理和归档,以备查证有关问题。

(五)加强了教育培训,安全意识和安全生产技能得到提高

近年来,农村劳动力大量转移,进入矿山、建筑等高风险、重体力劳动行业和领域。3 000多万建筑工人中,八成左右为农民工。据统计,在农民工中,文盲与半文盲占7%,小学文化占29%,高中以上仅占13%。

通过培训教育,从业人员可以掌握安全生产的法律、法规、规章和方针、政策;了解、掌握有关安全生产责任制、技术标准和安全操作规程;了解、掌握本单位主要设备及其安全防护装置、设施的构造、性能、作用等;掌握有关处理因工伤亡事故和紧急救护的知识;了解、掌握有关劳动保护用品、用具的使用与管理的知识;了解与本单位相关的典型事故案例及其事故管理的相关知识;了解、掌握安全生产科学化管理的理论、方法、手段等。

(六)以安全生产责任制为核心,强化目标管理

安全生产责任制是生产经营单位岗位责任制的重要组成部分,是安全生产管理制度中的核心制度。为此,《中华人民共和国安全生产法》根据"管生产必须管安全"的原则,明确规定了生产经营单位主要负责人和各级领导以及各类从业人员安全职责和履行职责的程序以及约束机制。生产经营单位必须加强安全生产管理,建立健全安全生产责任制度。也就是说:生产经营单位不建立、不实行安全生产责任制度都属于违法行为,造成重大伤亡事故的就是犯罪。

为保证安全生产责任制的持续性,许多施工企业在建立长效机制上,积极探索遵循市场经济发展规律、有利于安全生产的经济政策;推广提取安全费用和风险抵押金、加大事故赔偿力度三项政策;强制企业加入工伤保险,推动高危行业加入意外伤害险、雇主责任险等保险;行政手段上落实两个责任制,把安全生产作为政绩、业绩考核的重要内容,层层分解控制指标。

二、施工企业的安全生产管理存在的主要问题

近年来,虽然我国安全生产的法律法规不断完善,但施工企业的安全生产管理方面还存在很多问题,有些甚至是违法的行为。具体表现在以下几个方面:

(一)安全生产投入不足

根据《安全生产法》第18条规定,生产经营单位应当具备的安全生产条件所必需的资金投入,由生产经营单位的决策机构、主要负责人或者个人经营的投资人予以保证,并对由于安

全生产所必需的资金投入不足导致的后果承担责任。

当前公路水运施工企业安全生产投入不足的违法行为具体表现在以下几方面。

(1)安全生产管理机构和人员设置不到位。目前,有的施工企业没有按照《安全生产法》、《公路水运工程安全生产监督管理办法》的规定配备安全生产管理人员,安全生产管理机构虚设,或者人员不到位,或者兼职管理。在已发生的诸多事故中,生产经营单位没有安全生产管理机构和安全生产管理人员,是其中很重要的一个原因。

(2)安全生产教育培训经费投入不到位。

(3)安全生产投入的费用约定不明确。安全生产投入的费用约定不明确,主要表现在:一是建设单位与施工单位在施工合同中对安全防护,文明施工措施费,以及费用预付、支付计划、使用要求、调整方式等条款没有明确约定。二是实行工程总承包的,总承包单位与分包单位在分包合同中对安全防护、文明施工措施费用没有明确约定。三是施工单位没有一定数额的应急备用资金。由于安全生产投入的费用约定不到位,使工程施工中安全生产防护滞后,不安全因素得不到控制及预防,为安全生产埋下重大隐患。

(4)专项安全防护措施及施工方案投入落实不到位。公路水运工程在施工过程中,对于达到一定规模的危险性较大的分部分项工程,以及涉及新技术、新工艺、新设备、新材料的工程,因其复杂性和危险性,在施工过程中易发生人身伤亡事故,施工单位应当根据各分部分项工程的特点,有针对性地编制专项施工方案,由工程监理单位对施工单位进行现场监督落实。但有的施工单位在施工过程中,不按专项方案进行施工或施工方案落实不到位。

(5)安全生产条件、防护用品不符合要求。目前,现场安全防护设施投入不到位、防护用品不符合要求的情况大量存在。个别项目经理为了"降低"成本,必需的安全设备得不到保证,农民工必要的安全防护设施和防护用品得不到保障,不少农民工在"三无"(无安全帽,无安全带,无安全网防护)的情况下进行作业,而且现场使用的安全防护、保护用品假冒伪劣产品较多。

(6)安全应急预案形同虚设。一些施工企业安全预案编制较全,但所需的人、财、物、大型机械设备得不到落实,在事故发生的第一时间内启动不了应急预案,应急预案形同虚设。

(二)安全事故的瞒报、谎报、延报

安全生产法律法规明确规定,工伤事故发生后企业应当按规定的程序和时限立即上报,不得隐瞒不报、谎报或者拖延报告。但是有的企业出了工伤偷着不报、按着不报、压着不报,致使许多工伤事故积压在基层、隐瞒在班组。造成安全事故瞒报的原因主要有以下几个方面:怕丢票子,偷着不报;怕丢荣誉,按着不报;怕丢位子,压着不报。

(三)违章作业、违章指挥、拒绝监督检查

违章指挥因其形式的多样性、复杂性,行为的隐蔽性、欺骗性,及其所产生的暗示作用和对其他违章者的默许甚至示范作用而具有巨大的潜在危害。实际工作中,施工企业违章作业、违章指挥、拒绝阻碍监督检查的违法行为屡见不鲜,具体表现为:

(1)违反操作规程或者安全管理规定作业。

(2)违章指挥从业人员或者强令从业人员违章、冒险作业。

(3)发现从业人员违章作业不加制止。

(4)超过核定的生产能力、强度或者定员进行生产。

(5)对被查封或者扣押的设施、设备、器材,擅自启封或者使用。

(6)故意提供虚假情况或者隐瞒存在的事故隐患以及其他安全问题。

(7)对事故预兆或者已发现的事故隐患不及时采取措施。

(8)拒绝、阻碍安全生产行政执法人员监督检查。

(9)拒绝、阻碍安全监管监察部门聘请的专家进行现场检查。

(10)拒不执行安全监管监察部门及其行政执法人员的安全监管监察指令。

(四)违反安全生产许可证管理的规定

具体表现为以下几个方面:

(1)安全生产有效期满未办理延期手续,继续进行生产。《安全生产许可证条例》第九条第一款规定:"安全生产许可证的有效期为3年。安全生产许可证有效期满需要延期的,企业应当于期满前3个月向原安全生产许可证颁发管理机关办理延期手续"。不设安全生产许可证年检是为了方便企业,简化手续。但是安全生产许可证有效期满,企业仍要依法办理延期手续。逾期仍不办理延期手续的,继续生产的,以无证非法生产论处。

(2)转让、冒用安全生产许可证或者使用伪造安全生产许可证,是行政法规明令禁止的违法行为。安全生产许可证是企业具备安全生产条件、取得从事相应生产活动的权利的法定凭证。《安全生产许可证条例》第十三条规定:"企业不得转让、冒用安全生产许可证或者使用伪造的安全生产许可证"。

(3)在规定期限内逾期不办理安全生产许可证,或者经审查不具备本条例规定的安全生产条件,未取得安全生产许可证,继续进行生产的。安全生产许可制度不仅适用于新建企业,而且适用于已经进行生产的企业。《安全生产许可证条例》第二十二条规定:"本条例施行前已经进行生产的企业,应当自本条例施行之日起1年内,依照本条例的规定向安全生产许可证颁发管理机关申请办理安全生产许可证"。由此可见,已经进行生产的企业未在法定期限内申请办理安全生产许可证或者不予颁发安全生产许可证继续生产的,构成违法。

(五)违反安全生产教育、培训的规定

《安全生产法》规定,生产经营单位应当对从业人员进行安全生产教育和培训,保证从业人员具备必要的安全生产知识,熟悉有关的安全生产规章制度和安全操作规程,掌握本岗位的安全操作技能。未经安全生产教育和培训合格的从业人员,不得上岗作业。

公路建设点多、线长、涉及面广、技术性较强、危险程度较高、劳动力特别是农民工相对比较密集,是工伤事故易发、多发的一个行业。因此,应当加强对农民工施工过程中的安全管理、提高农民工的自我保护和安全防范意识,最大限度地避免和减少各类工伤事故的发生。

三、公路水运工程安全工作的现状

(一)公路水运工程安全工作取得新进展

1.公路水运工程安全和技术水平不断提升

从2005年起,交通基础设施投资连续3年达到6 400亿元以上,2007年达到7 776.8亿元,其中公路建设投资达到6 489.9亿元。在建高速公路、大跨径桥梁和长大隧道工程项目进展顺利,农村公路建设步伐加快。到去年底,全国公路通车总里程达358.4万公里,其中高速公路5.39万公里,农村公路313.4万公里,全国已有98.9%的乡镇和88.24%的建制村通公路。煤油矿箱等大型深水专业化码头和港口深水航道建设进一步发展，长江黄金水道建设总体推进方案加快实施。到去年底，港口共拥有生产性泊位35 753个，其中万吨级深水泊位1 403个；内河通航里程12.3万公里，50%为等级航道，三级及以上高等级航道占7.1%。

各级交通运输主管部门和监督机构始终坚持以工程安全为核心，以法规、标准为准绳，采取监督抽查、现场实测、量化评价等方式，开展了以高速公路、大跨径桥梁、长大隧道、重点水运建设工程为重点的安全督查。按照国务院统一部署，在公路水运工程领域认真开展了安全生产专项整治和隐患排查治理工作。围绕提升试验检测能力和检测结果可靠性，开展了试验检测专项治理活动。先后建成了杭州湾跨海大桥、苏通长江大桥等一批深水、大跨径、科技含量高的世界级桥梁。隧道工程建设也取得重大突破，相继建成了全长7km的湖南雪峰山隧道、全长18km的陕西秦岭终南山隧道。沿海大型港口项目、内河重点建设项目质量状况良好。近年来，先后有润扬长江大桥、沈大高速公路改扩建、山西祁临高速公路、东营黄河公路大桥、长江口深水航道整治、大连港大窑湾港区一期（后6个泊位）等多项公路水运工程，获得詹天佑土木工程大奖或建筑工程鲁班奖等多个国家级建设工程优质奖项。湖南常张高速公路还获得了第二届“国家环境友好工程”奖。

全国公路水运工程安全生产形势总体有所好转。2008年上半年，公路建设共发生生产安全事故29起，死亡35人，同比分别下降38.3%和51.4%，安全生产实现了“双下降”。这是2007年全行业开展的大规模安全隐患排查和2008年上半年实施的安全生产百日督查专项行动取得的明显成效。通过安全隐患排查和百日督查，形成了行业安全监管的高压态势，各地对安全工作的重视程度普遍提高，一些事故多发地区积极行动，举一反三，收效明显。

2. 法规体系建设不断完善

近年来，交通部相继颁布了《公路建设市场管理办法》、《公路水运工程安全生产监督管理办法》、《公路水运工程试验检测管理办法》、《公路水运工程质量安全督查办法》、《公路工程质量监督指导意见》、《关于严格落实公路工程质量责任制的若干意见》、《港口建设管理规定》、《航道建设管理规定》、《港口工程竣工验收办法》、《航道工程竣工验收管理办法》等多部管理法规和文件。各地也不断完善质量安全管理的制度建设，陆续发布各类标准规范、安全施工指南等技术与管理的规范性文件。这些法规与规范性文件的发布，使质量安全监管工作有章可循、有据可依。同时，部和各省交通主管部门坚持每年组织开展建设市场、质量与安全综合督查等活动，努力使各项法规制度落到实处，取得了积极成效。

3. 建设市场管理不断规范

各级交通运输主管部门始终坚持强化源头管理，严格市场准入，实施动态监管。在全面推行项目法人责任制、招标投标制、工程监理制和合同管理制的基础上，进一步加强了招投标管理，形成了“专家评标、项目法人定标、政府交通主管部门监督”的评标体系。交通部每年都组织开展市场督查活动，结合举报及事故调查，查处了一批违法违规企业，通报了一批工程质量和安全事故。各地按照交通部制定的《关于建立公路建设市场信用体系的指导意见》，逐步开展了诚信体系建设。

4. 建设各方安全责任意识不断增强

针对公路水运工程建设特点，建设单位、勘察设计、工程施工、咨询监理、质量监督等各方的安全工作法定职责得到进一步明确和细化，强化了各项安全管理措施的落实。特别是在许多重点工程建设中取得了十分明显的成效。如苏通长江大桥建设实施的网络化、单元化、精细化管理,实施的动态巡查体系,推行足尺试件制、首件认可制等责任管理制度,有效地控制了工程质量和安全,分项工程的合格率和优良率均达100%,各项技术指标均优于设计和国家标准。杭州湾跨海大桥在建设中坚持"以人为本,安全为根"的安全生产理念,坚持风险意识、责任意识,从环节抓起,从细处入手,在极为复杂的施工环境条件下,未发生一起重伤及以上安全生产事故,创立了桥梁建设安全管理的新典范,受到国家安监总局和交通运输部联合表彰。

5.科技进步和技术装备水平的提升,为实现安全发展提供了坚实的着力点

近年来,部和各省区市以重点项目为依托,充分发挥公路水运建设从业单位自主创新的主体作用,积极组织开展多项科技攻关和研究,开发应用了一大批具有自主知识产权的科研成果,如数字化规划技术,自动化勘察设计技术,特殊地质条件下的成套筑路技术,大跨径桥梁和长大隧道的设计、施工成套技术等重大成果,交通基础设施建设中科技的贡献率不断提高,推动了公路水运工程建设的技术进步。润扬长江大桥、苏通长江大桥、杭州湾跨海大桥、舟山连岛工程、厦门翔安海底隧道、秦岭终南山隧道、上海洋山港等的建设都反复证明了这一点。

(二)对公路水运工程安全工作的要求

(1)必须充分认识工程安全工作的长期性,始终把安全工作作为交通发展的永恒主题。

(2)必须充分认识工程安全形势的严峻性,始终把对事故的"零容忍"作为工程安全管理的核心理念。

(3)必须充分认识工程安全管理的复杂性,始终把抓系统管理作为工程安全管理的根本措施。

安全生产管理是一个系统工程。这就决定了工程安全工作是一个全过程、全方位、全天候的工作,必须用系统论的思想,树立全过程、无缝隙的精细化管理理念,形成一环扣一环的管理链条。按照这个要求,目前在安全管理上还存在四个薄弱环节:一是制度不落实,不是没有制度,而是制度落实不严格、落实不到位、落实不彻底。二是工期不保证,违背科学规律,盲目赶工期现象屡禁不止。这种违背科学规律办事的结果,导致了部分工程粗制滥造,形成了较多的安全隐患,有的甚至酿成事故,给国家财产造成了巨大的损失。三是设计不精细,有的项目设计往往对施工考虑不周,有的与施工严重脱节;有的项目设计存在错漏碰现象,导致变更频繁,存在安全隐患。四是有的工程试验检测数据科学性真实性值得质疑。

第三章　公路水运工程安全生产风险管理

第一节　风险与风险管理

一、风险和风险量的基本概念

风险指的是损失的不确定性，对于工程项目管理而言，风险是指可能出现的影响项目目标实现的不确定因素。

风险量指的是不确定的损失程度和损失发生的概率。若某个可能发生的事件其可能的损失程度和发生的概率都很大，则其风险量就很大，如图3-1中的风险区A。

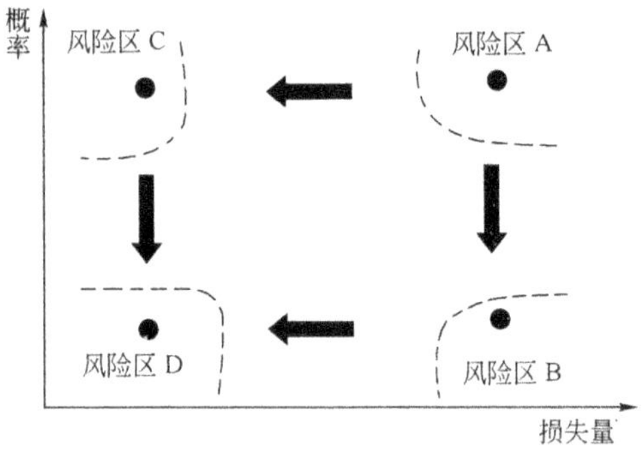

图3-1　事件风险量的区域

若某事件经过风险评估，它处于风险区A，则应采取措施，降低其概率，即使它移位至风险区B；或采取措施降低其损失量，即使它移位至风险区C。风险区B和C的事件则应采取措施，使其移位至风险区D。

二、公路与水运工程建设项目风险管理及风险管理的目标

风险管理是为了达到一个组织的既定目标，而对组织所承担的各种风险进行管理的系统过程，其采取的方法应符合公众利益、人身安全、环境保护以及有关法规的要求。风险管理包括策划、组织、领导、协调和控制等方面的工作。

公路与水运工程建设项目的风险管理是一个体系和制度，通过风险管理，项目的管理方能做到以下几点。

(1)识别项目中可能带来问题的因素，并在这些因素真正发生之前进行控制，减少风险带来的影响。

(2)注重项目的统一目标，使所有过程都围绕着项目目标而努力，并且能够事先考虑那些影响项目安全的各种因素。

(3)利用“上兵伐谋”的道理，在项目早期对影响项目的因素进行分析，并在今后的决策中对这些因素继续进行监控、分析。

(4)制定明确的过程来管理风险,而且融入到项目管理过程中,使得项目管理过程更加完善。

(5)为今后的项目管理积累经验和历史数据,以获得更高的项目管理水平。

第二节 全面风险管理的过程与方法

一、公路与水运工程建设项目的全面风险管理

由于公路与水运工程建设项目的各个参与方需要协同参与项目风险的防范与管理,而且现代大型工程项目投资很高,施工环境复杂,建设过程中不确定因素很多。同时,传统风险管理的一些手段,如保险等,在应用到这些大型工程项目时有局限性,这些都促使大型项目需要更多的风险管理。因此近年来学术界在工程项目管理中提出了全面风险管理的概念。全面风险管理是用系统的、动态的方法进行风险控制,以减少项目实行过程中的不确定性。它不仅使各层次的项目管理者建立风险意识,重视风险问题,防范于未然,而且在各个阶段、各个方面实施有效的风险控制,形成一个前后连贯的管理过程。

1. 全面风险管理的4大含义

全面风险管理有四个方面的含义:一是项目全过程的风险管理,从项目的立项到项目的结束,都必须进行风险的研究与预测、过程控制以及风险评价,实行全过程的有效控制以及积累经验和教训;二是对全部风险的管理;三是全方位的管理;四是全面的组织措施。

2. 全面风险管理的原则

运用全面风险管理的方法进行公路与水运工程建设项目的风险管理需要遵循的原则:

(1)确定项目的目标,做好项目前期工作,并文档化。

(2)经过分析的某些不确定风险可以在计划过程中忽略,以更多的精力控制那些确定的风险因素。

(3)计划时应当为项目多留余地,比如多准备一套应急方案,这对大型项目更为重要。

(4)项目过程中要随时掌握风险的真实情况。

(5)尽量避免风险因素变成问题。

(6)工程项目的参与方应当相互沟通,共同了解风险因素,并齐心协力控制风险因素。

(7)充分利用历史项目的经验以及风险管理数据。

(8)业主和承包人需要合理分担并共同应对风险,在合同中确定业主和承包人之间的风险责任。

二、公路与水运工程建设项目全面风险管理的过程与方法

1. 全面风险管理的过程

美国国家航空和宇宙航行局NASA拥有丰富的大型工程项目风险管理经验,它将风险管理分为5个过程:①识别并确认风险;②分析风险因素;③制定风险计划;④跟踪风险计划过程;⑤控制风险。

美国项目管理协会(PMI)在其2000年版《项目管理知识体系指南》(Aguide To the Project-

Manage-ment body of knowledge-PM-BOK)中,对于项目风险管理的程序与内容表述如图3-2所示。

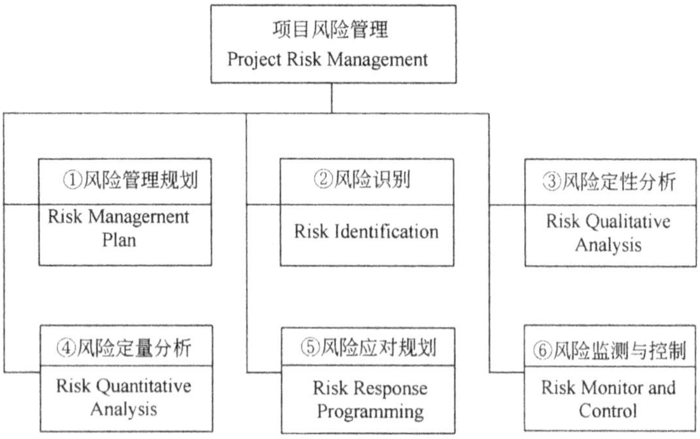

图3-2 PMI项目风险管理程序与内容

公路与水运工程的全面风险管理强调工程的各个参与方、各个层次的项目管理者均要提高风险防范意识,相互协作共同加入到风险的管理工作中。而且现代大型工程的风险防范极其复杂,项目的建设方需要借助外部咨询才能有效应对。

2. 全面风险管理的方法

1)风险识别的方法

风险识别是根据风险的来源等特征对风险因素进行统计,并对风险的各种影响因素分类统计,最后汇编成册。风险识别主要采用的方法包括:文件审查、信息收集技术、核对表、假设分析和图解技术。

2)风险分析的方法

风险分析可利用加权平衡法,对风险因素划分优先级。分析方法可参考表3-1 。

风险分析的加权平衡表　　表3-1

序号	分类	因素	权重	影响大小(1~100)	影响总计	加权平衡值
1	A	a				
2		b				
3		c				
4	B	d				
5		e				
6		f				
7	C	g				
合计			100			

根据上述表格,可绘制出风险因素优先级对比图,如图3-3。

计算结束后,可以给出按照风险轻重缓急排序的项目风险清单。

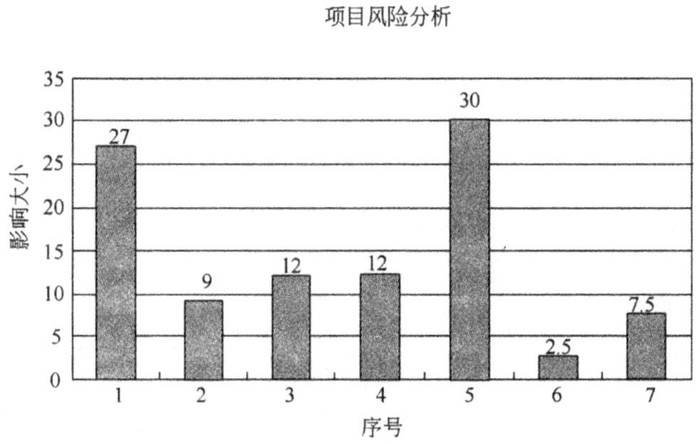

图 3-3　风险因素优先级对比图

3）风险管理沟通的方法

在对公路与水运工程进行全面风险管理时，可将表 3-2 作为项目中风险管理任务安排与沟通的工具。

项目风险管理任务安排　　　　表 3-2

编号：	分类：	优先级：
描述：		
可能性：	影响：	频率：
前提条件：		
控制方法：		
责任方：	影响时期：　年　月　日—　年　月　日	

表 3-2 记录了工程项目中针对某个风险因素管理的相关信息。其中“描述”记录该风险因素的具体特征，如风险因素的来源等；“可能性”指该风险因素发生问题的概率，可分为高、中、低三档；“影响”指描述风险因素一旦实际发生，将对项目产生的影响；“频率”指为控制该风险因素而采取行动的周期，可以是每天、每周或每月一次；“前提条件”描述该风险因素在什么环境下容易转化成问题；“控制方法”描述如何控制该风险因素，以及风险发生时如何减轻风险带来的影响。

三、公路与水运工程安全技术交底制度

《公路水运工程安全生产监督管理办法》第二十条对于技术交底制度给出了明确的定义，所谓安全生产技术交底制度，是指公路水运工程每项工程实施前，施工单位负责项目管理的技术人员对有关安全施工的技术要求向施工作业班组、作业人员详细说明，并由双方签字确认的制度。技术交底也是安全生产责任制度的具体体现，是对沟通安全风险所必须采取的措施。

（一）安全技术交底要求

（1）安全技术交底必须与下达施工任务同时进行，固定场所的工种（包括后勤人员）可定期交底，非固定作业场所的工种要按每一分部（分项）工程定期进行交底。

（2）新进场作业人员必须进行安全技术交底再上岗。

（3）安全技术交底体系应包括工作场所的安全防护设施、安全操作规程及安全注意事项。

(4)季节性施工、特殊作业环境必须事先进行安全技术交底。

(5)安全技术交底必须根据施工组织设计总体要求,同时应符合国家有关标准和规程要求,做到通俗易懂,具有针对性和可操作性。

(6)采用新技术、新工艺、新材料施工,必须编制相应的安全技术操作规程,进行安全技术教育,做到先培训后上岗。

(7)安全技术交底必须采用书面形式,经双方确认签字后生效。

(8)交底责任人必须及时检查、督促安全技术措施的执行落实情况,及时制止违章作业行为,对严重违章者必须重新教育再上岗。

(9)对专业性较强的分部分项工程必须结合施工组织设计和专项安全技术方案进行较为具体的安全技术交底。

(10)安全技术交底要全面、有针对性,符合有关安全技术操作规程的规定,内容要全面准确。安全技术交底要经交底人与接受交底人签字方能生效。交底字迹要清晰,必须本人签字,不得代签。

(11) 安全交底后,项目技术负责人、安全员、班组长等要对安全交底的落实情况进行检查和监督、督促操作工人严格按照交底要求施工,制止违章作业现象发生。

(12)对未进行安全技术交底组织施工的,将追究单位(项目部)主管领导责任。

(13)对交底责任人交底内容不全、缺乏针对性和可操作性造成严重后果的,按公司有关规定追究交底人责任及经济处罚。

(14)被交底人拒不执行安全技术交底,违章冒险蛮干,视情节追究被交底人责任并给予经济处罚。

(二)安全技术交底程序及交底内容

(1)工程开工前,由公司环境安全监督处与基层单位负责向项目部进行安全生产管理首次交底。

交底的主要内容包括:

①国家和地方有关安全生产的方针、政策、法律法规、标准、规范、规程和企业的安全规章制度。

②项目安全管理目标、伤亡控制指标、安全达标和文明施工目标。

③危险性较大的分部分项工程及危险源的控制、专项施工方案清单和方案编制的指导、要求。

④施工现场安全质量标准化管理的一般要求。

⑤公司部门对项目部安全生产管理的具体措施要求。

(2)项目部负责向施工队长或班组长进行书面安全技术交底。交底的主要内容包括:

①项目各项安全管理制度、办法,注意事项、安全技术操作规程。

②每一分部、分项工程施工安全技术措施、施工生产中可能存在的不安全因素以及防范措施等,确保施工活动安全。

③特殊工种的作业、机电设备的安拆与使用,安全防护设施的搭设等,项目技术负责人均要对操作班组作安全技术交底。

④两个以上工种配合施工时,项目技术负责人要按工程进度定期或不定期地向有关班组

长进行交叉作业的安全交底。

(3)施工队长或班组长要根据交底要求,对操作工人进行针对性的班前作业安全交底,操作人员必须严格执行安全交底的要求。交底的主要内容包括:

①本工种安全操作规程。

②现场作业环境要求本工种操作的注意事项。

③个人防护措施等。

第三节　危险源识别与风险评价

一、两类危险源

危险源是安全管理的主要对象,在实际生活和生产过程中的危险源是以多种多样的形式存在的。虽然危险源的表现形式不同,但从本质上说,能够造成危害后果的(如伤亡事故、人身健康受损害、物体受破坏和环境污染等),均可归结为能量的意外释放或约束、限制能量和危险物质措施失控的结果。所以,存在能量、有害物质以及对能量和有害物质失去控制是危险源导致事故的根源和状态。

根据危险源在事故发生发展中的作用把危险源分为两大类,即第一类危险源和第二类危险源。

1. 第一类危险源

能量和危险物质的存在是危害产生的最根本原因,通常把可能发生意外释放的能量(能源或能量载体)或危险物质称作第一类危险源。

第一类危险源是事故发生的物理本质,一般地说,系统具有的能量越大,存在的危险物质越多,则其潜在的危险性和危害性也就越大。例如,锅炉爆炸产生的冲击波、温度和压力,高处作业或吊起重物的势能,带电导体的电能,噪声的声能,生产中需要的热能,机械和车辆的动能,各类辐射能等,在一定条件下都可能造成事故,能破坏设备和物体的效能,损伤人体的生理机能和正常的代谢功能。

2. 第二类危险源

造成约束、限制能量和危险物质措施失控的各种不安全因素称作第二类危险源。

第二类危险源主要体现在设备故障或缺陷(物的不安全状态)、人为失误(人的不安全行为)和管理缺陷等几个方面。它们之间会互相影响,大部分是随机出现的,具有渐变性和突发性的特点,很难准确判定它们何时、何地、以何种方式发生,是事故发生的条件和可能性的主要因素。

设备故障或缺陷极易产生安全事故,如:电缆绝缘层破坏会造成人员触电;脚手架扣件质量低劣给高处坠落事故提供了条件;起重机钢绳断裂导致重物坠落伤人毁物等。

人的不安全行为大多是因为对安全不重视、态度不正确、技能或知识不足、健康或生理状态不佳和劳动条件不良等因素造成的。人的不安全行为可归纳为操作失误、忽视安全、忽视警告,造成安全装置失效;使用不安全设备;用手代替工具操作;物体存放不当;冒险进入危险场所;攀、坐不安全位置;在吊物下作业、停留;在机器运转时进行加油、修理、检查、调整、焊接、清扫等工作;有分散注意力行为;在必须使用个人防护用品用具的作业或场合中,忽视其使用;不安全装束;对易燃、易爆等危险物品处理错误等行为。

管理缺陷会引起设备故障或人员失误,许多事故的发生是由于管理不到位而造成的。

3. 危险源与事故

事故的发生是两类危险源共同作用的结果,第一类危险源是事故发生的前提,第二类危险源的出现是第一类危险源导致事故的必要条件。在事故的发生和发展过程中,两类危险源相互依存,相辅相成。第一类危险源是事故的主体,决定事故的严重程度,第二类危险源出现的难易,决定事故发生的可能性大小。例如,人员高处坠落事故的发生,首先是有人在高处的位能存在(第一类危险源),在无防护或防护设施失效或者是人的操作失误等条件下(第二类危险源),事故才可能发生的。

二、危险源辨识

危险源辨识是安全管理的基础工作,主要目的是要找出每项工作活动有关的所有危险源,并考虑这些危险源可能会对什么人造成什么样的伤害,或导致什么设备设施损坏等。

1. 危险源的类型

为了做好危险源识别的工作,可以把危险源按工作活动的专业进行分类,如:机械类、电气类、辐射类、物质类、火灾和爆炸类等。可以采用危险源提示表的方法,进行危险源辨识。

危险源提示表可以对下列几个方面进行设问:

(1)在平地上滑倒(跌倒)。

(2)人员从高处坠落(包括从地平处坠入深坑)。

(3)工具、材料等从高处坠落。

(4)头顶以上空间不足。

(5)用手举起/搬运工具、材料等有关的危险源。

(6)与装配、试车、操作、维护、改造、修理和拆除等有关的装置、机械的危险源。

(7)车辆危险源,包括场地运输和公路运输等。

(8)火灾和爆炸。

(9)临近高压线路和起重设备伸出界外。

(10)可吸入的物质。

(11)可伤害眼睛的物质或试剂。

(12)可通过皮肤接触和吸收而造成伤害的物质。

(13)可通过摄入(如通过口腔进入体内)而造成伤害的物质。

(14)有害能量(如电、辐射、噪声以及振动等)。

(15)由于经常性的重复动作而造成的与工作有关的上肢损伤。

(16)不适的热环境(如过热等)。

(17)照度。

(18)易滑、不平坦的场地(地面)。

(19)不合适的楼梯护栏和扶手。

(20)合同方人员的活动。

以上所列并不全面,应根据工程项目的具体情况,提出各自的危险源提示表。

2. 危险源辨识方法

1）专家调查法

专家调查法是通过向有经验的专家咨询、调查，辨识、分析和评价危险源的一类方法，其优点是简便、易行，其缺点是受专家的知识、经验和占有资料的限制，可能出现遗漏。常用的有头脑风暴法（Brainstorming）和德尔菲（Delphi）法。

头脑风暴法是通过专家创造性的思考，从而产生大量的观点、问题和议题的方法。其特点是多人讨论，集思广益，可以弥补个人判断的不足，常采取专家会议的方式来相互启发、交换意见，使危险、危害因素的辨识更加细致、具体。常用于目标比较单纯的议题，如果涉及面较广，包含因素多，可以分解目标，再对单一目标或简单目标使用本方法。

德尔菲法是采用背对背的方式对专家进行调查，其特点是避免了集体讨论中的从众性倾向，更代表专家的真实意见。要求对调查的各种意见进行汇总统计处理，再反馈给专家反复征求意见。

2）安全检查表（SCL）法

安全检查表（Safety Check List）实际上就是实施安全检查和诊断项目的明细表。运用已编制好的安全检查表，进行系统的安全检查，辨识工程项目存在的危险源。检查表的内容一般包括分类项目、检查内容及要求、检查以后处理意见等。可以用“是”、“否”作回答或“✓”、“×”符号作标记，同时注明检查日期，并由检查人员和被检单位同时签字。

安全检查表法的优点是：简单易懂、容易掌握，可以事先组织专家编制检查项目，使安全检查做到系统化、完整化。缺点是只能做出定性评价。具体方法参见表3-3。

安全检查表　　表3-3

类别	序号	检查项目	基本情况	评分				
				0~3	3~6	6~7	7~9	9~10
现场管理	1	危险区域、爆破物及危险品存放处应划分界限、设明显的安全警示标志						
	2	施工现场作业人员的安全防护；高空、临边作业周边安全防护和警示标志						
	3	爆破器材及有害危险品的保管和使用；爆破作业						
	4	临时用电方案，施工用电做到三级配电两级保护、一机一闸一触保，配电房应有可靠的防水、防雷、防火、防潮和绝缘措施						
现场施工	5	基坑和围堰支撑，其结构必须坚固牢靠						
	6	沉井采用人工挖掘下沉安全防护						
	7	人工挖孔和钻孔桩安全防护						
	8	支架应具有足够的强度、刚度和安全度，须经验算；安装及拆除的方法及程序，应符合有关安全规定						
	9	交叉作业安全防护；跨线桥施工时，应设置防护设施，并设岗哨监视管理						
	10	水上作业救生器材设施						

续上表

类别	序号	检查项目	基本情况	评分				
				0～3	3～6	6～7	7～9	9～10
现场施工	11	隧道洞口安全管理						
	12	隧道初期支护、二次衬砌						
	13	隧道通风、照明、防尘设施，消防器材						
	14	有瓦斯的隧道安全防范措施						
	15	有不良地质情况时，必要时应进行超前钻孔，探明情况，采取预防措施；有瓦斯的隧道，必须设专职瓦斯检查员						
总分								

检查日期：　　　　　　　　　　　　　　　　　检查人员：

三、风险评价

1. 风险评价的目的

风险评价是评估危险源所带来的风险大小及确定风险是否可容许的全过程。根据评价结果对风险进行分级，按不同级别的风险有针对性地采取风险控制措施。

2. 风险评价方法

1）风险等级评价方法

（1）风险大小的计算

根据风险的概念，用某一特定危险情况发生的可能性和它可能导致后果的严重程度的乘积来表示风险的大小，可以用以下公式表达：

$$R = p \cdot f$$

式中：R——风险的大小；

p——危险情况发生的可能性；

f——发生危险造成后果的严重程度。

（2）风险等级的划分

根据上述公式计算风险的大小，可以用近似的方法来估计。首先把危险发生的可能性（p）分为“很大”、“中等”和“极小”三个等级；然后把发生危险可能产生后果的严重程度（f）分为“轻度损失（轻微伤害）”、“中度损失（伤害）”和“重大损失（严重伤害）”三个等级；p 和 f 的乘积就是风险的大小（R），可以近似按级别分为：“可忽略风险”、“可容许风险”、“中度风险”、“重大风险”和“不容许风险”共 5 级，如表 3-4 所示。

风险等级评估表　　　　表 3-4

后果（f）/风险级别（大小）/可能性（p）	轻度损失（轻微伤害）	中度损失（伤害）	重大损失（严重伤害）
很大	III	IV	V
中等	II	III	IV
极小	I	II	III

表中：I-可忽略风险；II-可容许风险；III-中度风险；IV-重大风险；V-不容许风险。

(3)危险情况发生的可能性

在确定危险情况发生或造成伤害的可能性时,应以法规和行为准则所要求的危险源控制措施为指导,考虑已实施和已符合要求控制措施的充分性。此外,除了前面所述的危险源提示表列出的20项设问的信息外,还宜考虑以下方面的因素:

- 暴露人数;
- 暴露在危险源中的频次和持续时间;
- 服务(例如:供电、供水)中断;
- 装置、机械部件和安全装置的失灵;
- 暴露于恶劣气候;
- 个体防护装备所提供的保护和个体防护装备的使用率;
- 不安全行为(无意识的错误或故意违反程序),通常包括:

——可能不知道哪是危险源;

——可能不具备执行工作任务所需的知识、体能或技能;

——低估了所暴露的风险;

——低估了安全工作方法的实用性和有效性。

对危险情况发生的可能性一般可用很大、中等和极小三种情况来判断。在危险情况发生的可能性很小的情况下,还可以用可能、不可能和极不可能三种情况来判断。

(4)发生危险造成后果或产生伤害的严重程度

在确定发生危险造成的后果或造成伤害的严重程度时,除了评价前面所述的危险源提示表所列20项设问情况所造成的后果外,还宜考虑以下方面:

- 可能受到影响的身体部位。
- 伤害的性质可分为轻微伤害、伤害和严重伤害。

——表面损伤、轻微割伤和擦伤、粉尘对眼睛的刺激、烦躁和刺激(如头痛)、导致暂时性不适的疾病属轻微伤害;

——划伤、烧伤、脑震荡、严重扭伤、轻微骨折、耳聋、皮炎、哮喘、与工作有关的上肢损伤、导致永久性轻微功能丧失的疾病属伤害;

——截肢、严重骨折、中毒、复合伤害、致命伤害、职业癌症、其他导致寿命严重缩短的疾病、急性不治之症属严重伤害。

- 造成财产损失的大小。

2)LEC方法(又称作业条件危险性分析法或格雷厄姆—金尼方法)

将可能造成安全风险的大小用事故发生的可能性(L)、人员暴露于危险环境中的频繁程度(E)和事故后果(C)三个随机自变量的乘积来衡量,即:

$$R = L \cdot E \cdot C$$

式中:R——风险大小;

L——事故发生的可能性,按表3-5所给的定义取值;

E——人员暴露于危险环境中的频繁程度,按表3-6所给的定义取值;

C——事故后果的严重程度,按表3-7所给的定义取值。

此方法因为引用了L、E、C三个自变量,故俗称为LEC方法。

事故发生的可能性(L) 表 3-5

分数值	事故发生的可能性	分数值	事故发生的可能性
10	必然发生的	0.5	很不可能、可以设想
6	相当可能	0.2	极不可能
3	可能、但不经常	0.1	实际不可能
1	可能性极小、完全意外		

暴露于危险环境的频繁程度(E) 表 3-6

分数值	人员暴露于危险环境的频繁程度	分数值	人员暴露于危险环境的频繁程度
10	连续暴露	2	每月一次暴露
6	每天工作时间内暴露	1	每年几次暴露
3	每周一次	0.5	非常罕见的暴露

发生事故产生的后果(C) 表 3-7

分数值	事故发生造成的后果	分数值	事故发生造成的后果
100	大灾难,多人死亡	7	严重致残
40	灾难,数人死亡	3	较大,受伤较重
15	非常严重,一人死亡	1	引人注目,轻伤

根据危险性(R)的值可以划分危险等级,如表 3-8 所示。

危险性大小等级划分标准 表 3-8

危险性分数值(R)	危险程度	备注
≥320	极度危险,不能继续作业	相当于"不容许风险"
160～320	高度危险,需要立即改进	相当于"重大风险"
70～160	显著危险,需要改进	相当于"中度风险"
20～70	比较危险,需要注意	相当于"可容许风险"
≤20	稍有危险,可以接受	相当于"可忽略风险"

四、风险控制策划

(一)风险控制策划的原则

风险评价后,应分别列出所找出的所有危险源和重大危险源清单。有关单位和项目部一般需要对已经评价出的不容许的和重大风险(重大危险源)进行优先排序,由工程技术主管部门的有关人员制定危险源控制措施和管理方案。对于一般危险源可以通过日常管理程序来实施控制。

风险控制策划可以按照以下顺序和原则进行考虑:

(1)尽可能完全消除有不可接受风险的危险源,如用安全品取代危险品。

(2)如果是不可能消除有重大风险的危险源,应努力采取降低风险的措施,如使用低压电器等。

(3)在条件允许时,应使工作适合于人,如考虑降低人的精神压力和体能消耗。

(4)应尽可能利用技术进步来改善安全控制措施。

(5)应考虑保护每个工作人员的措施。

(6)将技术管理与程序控制结合起来。

(7)应考虑引入诸如机械安全防护装置的维护计划的要求。

(8)在各种措施还不能绝对保证安全的情况下,作为最终手段,还应考虑使用个人防护用品。

(9)应有可行、有效的应急方案。

(10)预防性测定指标是否符合监视控制措施计划的要求。

(二)风险控制措施计划

不同的组织、不同的工程项目需要根据不同的条件和风险量来选择适合的控制策略和管理方案。表3-9中所表示的是针对不同风险水平的风险控制措施计划表的范例。在实际应用中,应该根据风险评价所得出的不同危险源的风险量大小(风险水平),选择不同的控制策略。

基于不同风险水平的风险控制措施计划表　　表3-9

风险	措施
可忽略风险	不采取措施且不必保留文件记录
可容许风险	不需要另外的控制措施,应考虑投资效果更佳的解决方案或不增加额外成本的改进措施,需要监视来确保控制措施得以维持
中度风险	应努力降低风险,但应仔细测定并限定预防成本,并在规定的时间期限内实施降低风险的措施。在中度风险与严重伤害后果相关的场合,必须进行进一步的评价,以更准确地确定伤害的可能性,以确定是否需要改进控制措施
重大风险	直至风险降低后才能开始工作。为降低风险,有时必须配给大量的资源。当风险涉及正在进行中的工作时,就应采取应急措施
不容许风险	只有当风险已经降低时,才能开始或继续工作。如果无限的资源投入也不能降低风险,就必须禁止工作

第四节 公路水运工程施工安全事故发生的内在规律性

在公路与水运工程施工中发生的生产安全事故中,包括造成人员伤亡的和未造成人员伤亡的事故。造成人员伤亡的事故又称为建筑工程伤亡事故。

公路与水运工程施工安全事故的发生都是由于存在事故要素并蕴育发展的结果,在未及时发现和消除存在的事故要素,或者阻止其蕴育和发展的情况下,则事故必将发生,这就是由其内在规律性所决定的事故发生的必然性。由于相同的事故要素会存在于不同的建筑工地及其施工过程的不同阶段,由其必然性又形成了安全事故的多发(常发)性和反复性。在安全防范意识不强、不能警钟长鸣和居安思危(可能发生事故)的情况下,或者认为根据当时的安全工作、安全作业条件、安全技术措施和安全工作经验"不会"、"不可能"、"不应当"出事故时,一旦出了事故,就会产生"意外"或者"偶然"的感觉。这种感觉上的"偶然性"和"意外性",其实都是没有很好地掌握事故发生的内在规律的必然性的表现。

当能够及时发现和消除存在的事故要素,或者及时阻止其蕴育和发展(这就是我们常讲的"消除事故隐患")时,则安全事故就不会发生,这就是生产安全事故的可预防性或可防止性。

因此，只有认真研究和掌握事故发生的内在规律，才能有效地确保生产安全和防止事故的发生。

一、事故五要素及其引发事故时的7种组合

1.引发事故的五个基本因素及其存在或表现形式

不安全状态、不安全行为、起因物、致害物和伤害方式是引发生产安全事故的五个基本因素，简称“事故五要素”，其定义与存在或表现形式分述于下。

1）不安全状态

在公路与水运工程施工中存在的不安全状态，是指在施工场所和作业项目之中存有事故的起因物和致害物、或者能使起因物和致害物起作用（造成事故和伤害）的状态。

当在施工的场所和作业状态之中存在有起因物和致害物时，它们就可以通过自身的蕴育发展或者在不安全行为的激发启动下，引发事故，因而是一种不安全的状态。而某些场所状态，虽并不存在某种事故的起因物和致害物，但却可以使其起作用，例如毗邻在施工建筑的无防护（没有搭设防护棚）通道这一场所状态，其本身并不存有落物伤害事故的起因物和致害物，但却可以使得其所毗邻的施工建筑的高空落物（事故的起因物、致害物）起作用（即伤害通道中的行人），因此，也是一种不安全状态。

施工场所状态为施工场所提供的工作（作业）与生活条件的状态，包括涉及安全要求的场地（地面、地下、空中）、周围环境、原有和临时设施以及使用安排状态；作业项目状态为分项分部工程进行施工时的状态，包括施工中的工程状态，脚手架、模板和其他施工设施的设置状态和各项施工作业的进行状态等。

一般说来，凡是违反或者不符合安全生产法律、法规、工程建设标准和企业（单位）安全生产制度规定的状态，都是不安全状态。但建设工程安全生产法律、法规、标准和制度没有或未予规定的状态，也会成为不安全状态。因此，应当按照前述的定义，针对具体的工程条件、现场安排和施工措施情况，研究、认识可能存在的不安全状态，并及时予以排除。

不安全状态有4个属性：事故属性（属于何种事故）；场所属性（在何种场所存在）；状态属性（属于何种状态）和作业属性（属于何种施工作业项目），并可按这4个属性划分相应不安全状态的类型，列入表3-10中。从表中可以看出，4种划分方法从4个不同的侧面反映出不安全状态的存在与表现形式，且在它们之间存在着相互补充、交叉、渗透、作用和影响的关系。由于其中的任何一个侧面都不能全面和完整地反映出在公路与水运工程施工中可能存在的不安全状态，因此，不应只按一种划分去研究和把握，而应将其综合起来、并根据主管工作的范围有重点地去实施管理（即消除不安全状态的安全管理工作），使相应的侧面成为主要负责人、管理部门和有关管理人员分抓的重点，或者作为企业（单位）在某一时期、某一工程项目、某一施工场所或某种作业的安全生产工作中的重点。一般情况下，负责全面工作的企业主要负责人和大的、综合性工程项目负责人，宜以其事故属性为主（为核心）并兼顾其他属性抓好消除不安全状态的工作；企业安全管理部门和从事安全措施技术与设计工作的人员宜以其状态属性为主兼顾其他属性做好相应工作；而现场管理和施工指挥人员则应以其场所和作业属性并兼顾其他属性做好工作。所谓“兼顾”，就是将主抓属性中未能涉及到的或直接涉及到的其他属性的项目与要求考虑进来。

公路与水运建设工程施工不安全状态的类型 表3-10

划分方法(不同属性)	不安全状态的类型
按引发事故的类型划分(事故属性)	(1)引发坍塌和倒塌事故的不安全状态;(2)引发倾倒和倾翻事故的不安全状态;(3)引发冒水、透水和坍陷事故的不安全状态;(4)引发触电事故的不安全状态;(5)引发断电和其他电气事故的不安全状态;(6)引发爆炸事故的不安全状态;(7)引发火灾事故的不安全状态;(8)引发坠落事故的不安全状态;(9)引发高空落物伤人事故的不安全状态;(10)引发起重安装事故的不安全状态;(11)引发机械设备事故的不安全状态;(12)引发物击事故的不安全状态;(13)引发中毒和窒息事故的不安全状态;(14)引发施工船舶安全事故的不安全状态;(15)引发其他事故的不安全状态
按施工场所的安全条件划分(场所属性)	(1)现场周边围挡防护的不安全状态;(2)周边毗邻建筑、通道保护的不安全状态;(3)对现场内原高压线和地下管线保护的不安全状态;(4)现场功能区块划分及设施情况的不安全状态;(5)现场场地和障碍物处理的不安全状态;(6)现场道路、排水和消防设施设置的不安全状态;(7)现场临时建筑和施工设施设置的不安全状态;(8)现场施工临电线路、电气装置和照明设置的不安全状态;(9)孔洞口、隧道口、基坑边沿、脚手架、码头边沿、桥梁边沿和临边防护设施的不安全状态;(10)现场警戒区和警示牌设置的不安全状态;(11)深基坑、深沟槽和毗邻建(构)筑物坑槽开挖场所的不安全状态;(12)起重吊装施工区域的不安全状态;(13)预应力张拉施工区域的不安全状态;(14)试压和高压作业区域的不安全状态;(15)安装和拆除施工区域的不安全状态;(16)整体式施工设施升降作业区域的不安全状态;(17)爆破作业安全警戒区域的不安全状态;(18)特种和危险作业场所的不安全状态;(19)生活区域、设备及材料存放区域设置的不安全状态;(20)水上施工区域的不安全状态;(21)水上船舶施工的不安全状态;(22)其他的场所不安全状态
按设置和工作状态划分(状态属性)	(1)施工用临时建筑自身结构构造和设置中的不安全状态;(2)脚手架、模板和其他支架结构构造和设置中的不安全状态;(3)施工中的工程结构、脚手架、支架等承受施工荷载的不安全状态;(4)附着升降脚手架、滑模、提模等升降式施工设施在升降和固定工况下的不安全状态;(5)塔式起重机、施工升降机、垂直运输设施(井架、泵送混凝土管道等)设置的不安全状态;(6)起重、垂直和水平运输机械工作和受载的不安全状态;(7)现场材料、模板、机具和设备堆(存)放的不安全状态;(8)易燃、易爆、有毒材料保管的不安全状态;(9)缺氧、有毒(气)作业场所安全保障和监控措施设置的不安全状态;(10)高处作业、水下作业安全防护措施设置的不安全状态;(11)施工机械、电动工具和其他施工设施安全防护、保险装置设置的不安全状态;(12)坑槽上口边侧土方堆置的不安全状态;(13)采用新工艺、改变工程结构正常形式程序措施执行中的不安全状态;(14)施工措施执行中出现某种问题和障碍时所形成的不安全状态;(15)施工船舶航行或停靠的不安全状态;(16)其他设置和工作状态中的不安全状态
按施工作业划分(作业属性)	(1)立体交叉作业的不安全状态;(2)夜间作业的不安全状态;(3)冬期、雨期、风期作业的不安全状态;(4)应急救援作业的不安全状态;(5)爆破作业的不安全状态;(6)降水、排水、堵漏、止流沙、抗滑坡作业的不安全状态;(7)土石方挖掘和运输作业的不安全状态;(8)材料、设备、物品装卸作业的不安全状态;(9)洞室作业的不安全状态;(10)起重和安装作业的不安全状态;(11)整体升降作业的不安全状态;(12)拆除作业的不安全状态;(13)电气作业的不安全状态;(14)电热法作业的不安全状态;(15)电、气焊作业的不安全状态;(16)洞室、压力容器和狭窄场地作业的不安全状态;(17)高处和架上作业的不安全状态;(18)预应力作业的不安全状态;(19)脚手架、支架装拆作业的不安全状态;(20)模板及支架装拆作业的不安全状态;(21)钢筋加工和安装作业的不安全状态;(22)试验作业的不安全状态;(23)水平和垂直运输作业的不安全状态;(24)顶进和整体移位作业的不安全状态;(25)深基坑支护作业的不安全状态;(26)混凝土浇筑作业的不安全状态;(27)维修、检修作业的不安全状态;(28)水上、水下作业的不安全状态;(29)其他作业的不安全状态

消除不安全状态的工作关系示于图3-4中。

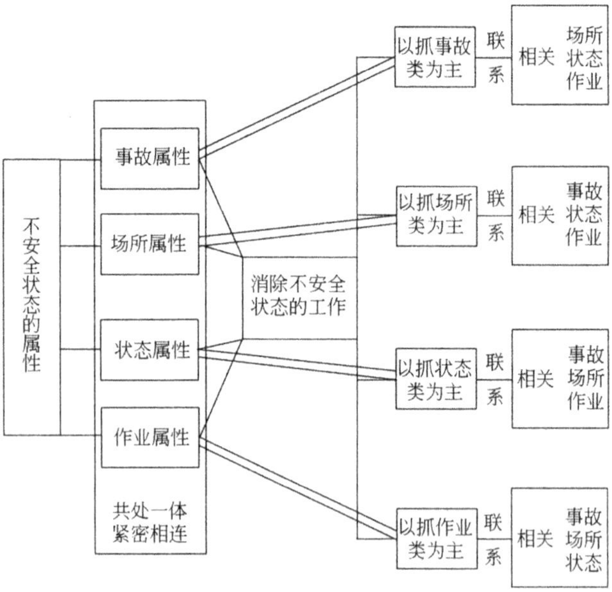

图3-4 消除不安全状态的工作关系

2)不安全行为

在公路与水运工程施工中存在的不安全行为，是指在施工作业中存在的违章指挥、违章作业以及其他可能引发和招致安全事故发生的行为。不安全行为可以分为以下4类：①违章指挥——在施工作业中，违反安全生产法律、法规、工程建设和安全技术标准、安全生产制度和规定的指挥；②违章作业——违反安全生产法律、法规、标准、制度和规定的作业；③其他主动性不安全行为——其他由当事人发生的不安全行为；④其他被动性不安全行为——当事人缺乏自我保护意识和素质的行为(会受到伤害物或主动不安全行为的伤害)。其中的"其他主动性不安全行为"包括违反上岗身体条件、违反上岗规定和不按规定使用安全护品等三种行为，故共有六种(类)不安全行为，列入表3-11中。

公路与水运工程常见不安全行为的表现形式 表3-11

类　别	常见表现形式
违反上岗身体条件规定	(1)患有不适合从事高空、水上船舶和其他施工作业相应的疾病(精神病、癫痫病、高血压、心脏病等)；(2)未经过严格的身体检查，不具备从事高空、井下、高温、高压、水下等相应施工作业规定的身体条件；(3)妇女在经期、孕期、哺乳期间从事禁止和不适合的作业；(4)未成年工从事禁止和不适合的作业；(5)疲劳作业和带病作业
违反上岗规定	(1)无证人员从事需证岗位作业；(2)非定机、定岗人员擅自操作；(3)单人在无人辅助、轮换和监护情况下进行高、深、重、险等不安全作业；(4)在无人监管电闸的情况下从事检修、调试高压、电气设备作业；(5)在无人辅助拖线情况下从事宜扯断动力线的电动机具作业
不按规定使用安全护品	(1)进入施工现场不戴安全帽、不穿安全鞋；(2)高空作业不佩挂安全带或挂置不可靠；(3)进行高压电气作业或在雨天、潮湿环境中进行有电作业不使用绝缘护品；(4)进入有毒气环境作业不使用防毒用具；(5)电气焊作业不使用电焊帽、电焊手套、防护镜；(6)在潮湿环境不使用安全(电压)灯和在有可燃气体环境作业不使用防爆灯；(7)水上作业不穿救生衣；(8)其他不使用相应安全护品的行为

续上表

类　别	常见表现形式
违章指挥	(1)在作业条件未达到规范、设计和施工要求的情况下组织和指挥施工;(2)在已出现不能保证作业安全的天气变化和其他情况时,坚持继续进行施工;(3)在已发现事故隐患或不安全征兆,未予消除和排除的情况下继续指挥冒险施工;(4)在安全设施不合格,工人未使用安全护品和其他安全施工措施不落实的情况下,强行组织和指挥施工;(5)违反有关规范规定(包括修改、降低或取消)的指挥;(6)违反施工方案和技术措施的指挥;(7)在施工中出现异常情况时,做出了不当的处置(可能导致出现事故或使事态扩大)决定;(8)在技术人员、安全人员和工人提出对施工中不安全问题的意见和建议时,未予重视、研究并做出相应的处置,不顾安全地继续指挥施工
违章作业	(1)违反程序规定的作业;(2)违反操作规定的作业;(3)违反安全防(监)护规定的作业;(4)违反防爆、防毒、防触电和防火规定的作业;(5)使用带病船舶、机械、工具和设备进行作业;(6)在不具备安全作业条件下进行作业;(7)在已发现有事故隐患和征兆的情况下,继续进行作业
缺乏安全意识,不注意自我保护和保护他人的行为	(1)在缺乏安全警惕性的情况下发生的误扶(不可靠物)、误入(孔洞口、隧道口、基坑边沿、码头边沿和桥梁边沿)、误碰(致伤物)、误触(带电物)、误食(毒物)、误闻(有毒气体)情况以及滑、跌、闪失、坠落的行为;(2)在作业中出现的工具脱手、物品飞溅掉落、碰撞和拖拉别人等行为;(3)在出现异常和险情时不及时通知别人的行为;(4)在前道工序中留下隐患而未予消除或转告下道工序作业者的行为

注:当在施工中因某种情况需要对规范和技术措施作某些变动和修改,并已经过主管部门审查同意(应有书面审批依据)时,不算违章指挥。

不安全行为在施工工地不同程度的存在,带有普遍性,常与其安全工作的环境氛围有关。当安全工作的环境氛围淡薄时,不安全行为就会大量存在和不断滋长。适于不安全行为存在和滋长的环境为:①不正规的工程施工工地和施工队伍;②违法转包和建设费用缺口很大的工地;③领导不重视、安全无要求、安全工作无专人管理的工地;④无安全工作制度和安全工作岗位责任制度或者制度不健全的工地;⑤不按规定进行集中和日常安全教育培训的工地;⑥在一段时间内未出生产安全事故,思想麻痹、安全工作放松的工地。因此,营造良好的安全工作氛围是减少和消除不安全行为存在和滋长的重要条件。

3)事故的起因物、致害物和伤害方式

直接引发生产安全事故的物体(品),称为“起因物”;在生产安全事故中直接招致(造成)伤害发生的物体(品),称为“致害物”;致害物作用于被伤害者(人和物)的方式,称为“伤害方式”。

在某一特定的生产安全事故中,起因物可能是唯一的或者为多个。当有多个起因物存在时,按其作用情况会有主次和前后(序次)之分、组合和单独作用之分。在某一特定的伤害事故中,致害物也可能是一个或多个。在同一生产安全事故中,起因物和致害物可能是不同的物体(品)或同一物体(品)。

起因物和致害物的存在构成了不安全状态和安全(事故)隐患,不及时发现并消除它们时,就有可能引发或发展成为事故。而一旦发生生产安全事故时,对起因物和致害物的分析确定工作,又是判定事故性质和确定事故责任的重要依据。

起因物和致害物的类别有两种划分方法:一种为按其自身的特征划分,见表3-12所列,表中同时注出了其变为起因物和致害物的条件;另一种按其引发的事故划分,见表3-13所列,并分别列出了相应事故的起因物和致害物。

按自身特性划分的起因物和致害物 表 3-12

自身特征	可成为起因物和致害物的物体(品)
单件硬物	(1)工程结构件;(2)脚手架的杆(构)配件;(3)模板及其支撑件;(4)机构设备的传动件、工作件和其他零部件;(5)附着固定件;(6)支撑(顶)和拉结件;(7)围挡防护件;(8)底座和支垫件;(9)连(拼)接件;(10)安全限控、保险件;(11)平衡(配重)件;(12)电器件;(13)吊具、索具和吊物;(14)梯笼、吊盘、吊斗;(15)手持和电动工具;(16)照明器材;(17)钢材、管件、铁钉及其他硬物件;(18)阀门和压力控制设备
线路管道	(1)电气线路;(2)控制线路和系统;(3)泵送混凝土管道;(4)压缩空气管道;(5)氧气和乙炔气管道;(6) 其他管道
机械设备	(1)塔吊和起重机械(具);(2)土方机械;(3)运输车辆;(4)泵车;(5)搅拌机;(6)其他机械设备;(7)附着升降脚手架;(8)脚手架和支架;(9)整体提(滑、倒)升模板;(10)架桥机械;(11)施工船舶;(12)隧道作业机械;(13)其他机械和整体式施工设施
易燃和危险物品	(1)易燃的材料、物品;(2)易爆的材料物品;(3)外露带电物体;(4)亚硝酸钠和其他有毒化学品;(5)一氧化碳、瓦斯和其他有毒气体;(6)炸药、雷管
作业场所、地物和地层状态	(1)高温、高湿、高瓦斯的作业环境;(2)密闭容器、洞室和狭窄、通风不畅作业环境;(3)地基;(4)毗邻的建筑物;(5)涌水层、滑坡层、流沙层等不稳定地层;(6)临时施工设施;(7)挡水、挡土、护坡措施;(8)各种地面堆积物;(9)水上、海上作业环境;(10)高空作业环境
其他	(1)飓风、暴雨、大雪、雷电等恶劣和灾害天气;(2)突然停、断电;(3)爆炸的冲击波和抛射物;(4)地震作用;(5)其他突发的不可抗力事态
注释(成为起因物和致害物的诱发条件)	当表列物体(品)有以下情况之一时,就有可能成为事故的起因物、致害物:(1)本身的规格、材质和加工不符合标准(或规定)要求;(2)本身已发生变形、损伤或磨损;(3)设计缺陷;(4)安装和维修缺陷;(5)各种带病使用情况;(6)超额定状态(超载、超速、超位、超时等)或设计要求工作;(7)超检(维)修期工作;(8)杆构件和零部件脱离正常工作位置;(9)出现各种不正常工作状态;(10)出现变形、沉降和失衡状态;(11)发生超出设计考虑的意外事态;(12)任意改变施工方案和安全施工措施的规定;(13)出现不安全行为;(14)安全防(保)护措施和安全装置失效情况;(15)出现破断、下坠事态;(16)危险场所和危险作业的安全保障、监控工作不到位;(17)其他诱发条件

部分常见伤害事故的起因物和致害物 表 3-13

<table>
<tr><th>事故类型</th><th>起因物</th><th>致害物</th></tr>
<tr><td rowspan="2">物体(击)打击</td><td colspan="2">由各种原因引起的同一落物、崩块、冲击物、滚动体、摆动体以及其他足以产生打击伤害的运动硬物</td></tr>
<tr><td>引发其他物体状态突变(弹出、倾倒、吊落、滚动、扭转等)的物体,如撬杠、绳索、拉曳物和障碍物等</td><td>产生状态突变的模板、支撑、钢筋、块体材料和器具等,以及作业人员</td></tr>
<tr><td rowspan="5">高处坠落</td><td colspan="2">由于不当操作或其他原因造成失稳、倾倒、掉落并拖带施工人员发生高空坠落的手推车和其他器物</td></tr>
<tr><td>脚手架面未满铺脚手板,脚手架侧面和"临边"未按规定设防护</td><td rowspan="4">掉落的施工人员受自身重力运动伤害</td></tr>
<tr><td>未加设盖板或其他覆盖物</td></tr>
<tr><td>失控掉落的梯笼和其他载人设备</td></tr>
<tr><td>高处作业未佩挂安全带</td></tr>
</table>

续上表

事故类型	起因物	致害物
机械和起重伤害	进行车、刨、钻、铣、锻、磨、镗加工时的工作部件	
	未上紧的夹持件	脱(飞)出的加工件
	没有、拆去或质量与装设不符合要求的安全罩	机械的转动和工作部件
	超重的吊物	失稳、倾翻的起重机
	软弱和受力不均衡的地基、支垫物	
	变形、破坏的吊具(架)、破断、松脱、失控的索具	倾翻、掉落、折断、前冲的吊物
	破断、松脱、失控的索具	
	失控、失效的限控、保险和操作装置	失控的臂杆、起重小车,索具吊钩
	滑脱、折断的撬杠	失控、倾翻、掉落的重物和安装物
	失稳、破坏的支架	
	启闭失控的料笼、容器	掉落、散落的材料、物品
	拴挂不平衡的吊索	严重摆动、不稳定回转和下落的吊物
	失控的回转和限速机构	
触电伤害	未加可靠保护、破皮损伤的电线、电缆	
	架空高压裸线	误触高压线的起重机臂杆和其他运动中的导电物体
	未设或设置不合格的接零(地)、漏电保护设施	带(漏)电的电动工具和设备
	未设门或未上锁的电闸箱	易发生误触的电器开关
坍塌伤害	由流沙、涌水、沉陷和滑坡引起的塌方	
	过高、过陡和基底不牢的堆置物	
	停于坑槽边的机械、车辆和过重堆物	坍落的土方、机械、车辆和堆物
	没有或不符合要求的降水和支护措施	
	受坑槽开挖伤害的建(构)筑物的基础和地基	整体或局部沉降、倾斜、倒塌的建(构)筑物
	设计和施工存在不安全问题的临时建筑和设施	整体或局部坍塌、破坏的工程建筑、临时设施及其杆部件和载存物品
	发生不均匀沉降和显著变形的地基	
	附近有强烈的震动和冲击源	
	强劲的自然力(风、雨、雪等)	
	因违规拆除结构件、拉结件或其他原因造成破坏的局部杆件和结构	
	受载后发生变形、失稳或破坏的支架或支撑杆件	发生倾倒、坍塌的现浇结构、模板、设备和材料物品

续上表

事故类型	起因物	致害物
火灾伤害	火源与靠近火源的易燃物	
	雷击、导电物体与易燃物	
	爆炸引起的溢漏的易燃物(液体、气体)和火源	
中毒、窒息和爆炸伤害	一氧化碳、瓦斯和其他有毒气体	
	亚硝酸钠和其他有毒化学品	
	密闭容器,洞室和其他高温、不通风作业场所	
	爆炸(破)引起的飞石和冲击波	
	保管不当的雷管和其他引爆源	爆炸的雷管和炸药
	“瞎炮”与引起其爆炸的引爆物	飞溅块体和气浪
其他	朝天钉子、突出的铁件、散落的钢筋、管子和其他硬物以及伸入作业空间的杆件和其他硬物	

伤害方式包括伤害作用发生的方式、部位和后果。对人员伤害的部位为身体的各部(包括内脏器官),伤害的后果分为轻伤、重伤和死亡。而伤害作用发生的方式则有以下 18 种:①碰撞;②击打;③冲击;④砸压;⑤切割;⑥绞缠;⑦掩埋;⑧坠落;⑨滑跌;⑩滚压;⑪电击;⑫灼(烧)伤;⑬爆炸;⑭射入;⑮弹出;⑯中毒;⑰窒息(或淹溺);⑱穿透。

对伤害方式的研究,一可改进和完善劳动(安全)保护用品的品种和使用;二可相应加强针对那些没有适用安全护品的伤害方式的安全预防和保护措施。

2. 事故要素作用的 7 种组合

在发生的生产安全事故中,五种事故要素可能同时存在,或者部分存在。某些由人为作用引起的事故,其不安全行为同时也是起因物和致害物,而起因物和致害物有时是同一个,因此形成引发事故的 7 种作用组合,见表 3-14 所列。

事故要素在引发事故时的 7 种组合 表 3-14

类型	事故要素的组合
E 型	不安全状态,不安全行为,起因物,致害物,伤害方式
D—1 型	不安全状态,起因物,致害物,伤害方式
D—2 型	不安全行为,起因物,致害物,伤害方式
D—3 型	不安全状态,不安全行为,起因(致害)物,伤害方式
C—1 型	不安全状态,起因(致害物),伤害方式
C—2 型	不安全行为,起因(致害物),伤害方式
B 型	不安全行为(起因、致害物),伤害方式

不安全状态或不安全行为的存在(或者二者同时存在)是事故的“起因”,伤害方式直接导致“后果”,而起因物和致害物则是“事故的载体”,它将起因和后果连接起来。当没有不安全状态和不安全行为存在时,也就没有起因物和致害物的存在,或者即使存在,也不能起作用而引发事故(例如架空的高压裸线是起因物,没有不安全状态和不安全行为造成触及高压线时,就不会引发触电事故);而当有效地控制起因物和致害物、使其不能起作用时,即使有不安全状态和不安全行为存在,也不会导致伤害事故的发生(但不安全行为又是起因物和致害物的

情况除外)。

二、施工安全隐患和事故征兆

(一)施工安全隐患的构成、类别和检查

在公路与水运工程施工中能够或者有可能引发生产安全事故的现存问题称为“施工安全隐患”,简称“安全隐患”。只有及时发现和消除在施工各个阶段、各个部位和各个环节上存在的安全隐患,才能避免生产安全事故的发生。因此,必须掌握安全隐患的构成、类别、基本表现形式和检查要求。

1. 安全隐患的构成

在生产安全事故的五个基本要素中,由于致害物和伤害方式一般只有在事故发生时方能表现出来,因此,有不安全状态、不安全行为和起因物存在时,就构成了安全隐患,其构成方式有以下三种:

第一种:不安全状态+起因物;

第二种:不安全行为+起因物或者不安全行为(同时也是起因物);

第三种:不安全状态+不安全行为+起因物。

2. 安全隐患的类别

1)按安全隐患可能引发的事故种类划分

一般可划分为以下12种:

(1)用电事故安全隐患(简称,意为可能引发用电事故的安全隐患,以下同此含义)。

(2)火灾事故安全隐患。

(3)爆炸事故安全隐患。

(4)坍塌事故安全隐患。又可细分为:基坑和沟槽坍塌事故安全隐患;隧道和洞室坍塌事故安全隐患;滑坡和其他土石方坍塌事故安全隐患;脚手架、安装架、模板支撑架和其他支架坍塌事故安全隐患;在建建筑(工程)结构坍塌事故安全隐患;原有建(构)筑物坍塌事故安全隐患;围墙、围挡和其他防护设施坍塌事故安全隐患;施工临时设施坍塌事故安全隐患以及其他坍塌事故安全隐患。

(5)施工机械和设备倾翻、倾倒事故安全隐患(涉及停放和设置场地状态;安装和附着固定状态;支垫状态;配重状态;工作和荷载状态以及轨道情况和安全嵌固、阻挡装置状况等)。

(6)施工机械和施工设施局部损坏(折断、垮塌等)事故安全隐患。

(7)自升(滑升、提升、爬升、倒升)式整体施工装置(模板、脚手架、工作台等)坠落和失控事故安全隐患。

(8)窒息和中毒事故安全隐患(包括危险或不良施工场所与作业环境、毒气和有毒物品的存在等)。

(9)高处作业、水上作业和交叉作业伤害事故的安全隐患。

(10)安全防护设施、护品的配置与使用不到位的安全隐患。

(11)违章指挥和违章作业事故安全隐患。

(12)预防灾害措施不到位事故的安全隐患。

2)按安全隐患涉及的安全工作方面划分

(1)安全作业环境和条件缺陷隐患。

(2)安全施工措施缺陷隐患。

(3)安全工作制度缺陷隐患。

(4)安全岗位责任不落实隐患。

(5)现场安全监控管理工作不到位隐患。

3. 安全隐患的检查

检查安全隐患就是为了及时发现和消除它的存在,以避免其发展为生产安全事故。

制订和落实齐全到位的安全预防措施、检查和及时发现与消除安全隐患、及时发现事故征兆并立即采取应急处置措施,是施工(生产)安全管理工作中防止生产安全事故发生的三道关口。由于在发现事故征兆时,不一定都能有时间和条件阻止事故的发生(多数只能做到应急撤离人员),因此,把好检查、发现和消除安全隐患这第二道关,就显得异常的重要。

对安全隐患的检查工作,应当采取阶段检查与日常检查相结合,全面检查与专项检查相结合,安全管理部门、专职安全管理人员检查、施工管理人员检查与班组检查相结合以及安全隐患检查与安全生产教育相结合(即在进行安全生产教育之后,随即进行相应的安全隐患检查;在检查、发现和消除安全隐患的过程中,相应进行安全生产教育)。

检查、发现和消除安全隐患,是一项必须认真、细致和深入进行的工作,应特别注意以下几点:

(1)认真查找在施工中以各种形式存在的不安全状态、不安全行为和引发事故的起因物。

(2)认真查找由于不安全状态和起因物的存在,可能已经有初期表现的事故征兆。

(3)按照安全隐患的分类,确定安全隐患的类别,并及时采取相应消除与应急处置措施。

(二)施工安全事故的征兆

在公路与水运工程生产安全事故发生之前所显示出的即将或可能要出事故的迹象,称为事故的征兆。如能及早地发现并及时采取应急排险措施,则有可能阻止事故的发生;即使不能阻止其发生时,也可以及时撤出人员和采取应急保护措施,减轻事故的伤害和损失。因此,事故征兆是事故发生的内在规律性的又一重要组成部分。

事故的征兆通常出现在事故的起因物开始起动到事故发生的这段孕育和发展的时段内,但也有相当多的事故是突发性的,如物体(击)打击、高空坠落、机械和触电伤害等,几乎没有孕育过程,因而即使有征兆,也很难及时做出应急反应。一些涉及面大、且伤害和损害也严重的事故,如各类坍塌、倾翻、破坏事故,一般都或长或短地存在着相应的孕育和发展过程,从而显示出某种事故征兆。研究、认识和掌握这些征兆,具有重大作用,同时也是一项细致而且困难的工作。

1. 事故征兆的类别

(1)按征兆出现的顺序划分,事故征兆可分为早期、中期和晚期三类:

早期征兆:在事故起因物启动后初现的迹象,如初现的变形、开裂和滑移等;

中期征兆:早期征兆的发展与扩大迹象,如变形迅速发展、裂缝显著扩大以及局部开始出现过大的滑移、沉降乃至损坏迹象;

晚期(临发)征兆:在事故发生前出现的原有状态面临突变的迹象,如即将发生断裂、脱离、倾倒等险情,预示事故即至。

(2)按征兆所示的事故划分，一般都有某种征兆提前出现的事故有基坑(槽)坍方(塌)、脚手架和多层转运平台倾倒、脚手架局部垮架、脚手架垂直坍塌、支撑架垮架和倒塌、建筑物倒坍、机械设备倾翻、自升式施工设施的坠落、火灾等。

在研究事故征兆时,一般将两种分类结合起来,即按事故的类别分别研究其前期、中期和晚期征兆及发现征兆后的相应处置措施。

2. 常见的事故征兆

表3-15和表3-16分别列出了一些事故发生前的常见征兆和有孕育过程事故的一般可能出现的征象。虽然不少事故都有一定的孕育和发展过程,总会有一些迹象显露出来,但由于事故发生前的状态和起因物千变万化,使其事故征兆及其显示程度也不尽相同,因此,不应只注意表列的征象,而应更广泛深入地研究可能出现的异常迹象,以便及早发现异常并及时采取应对措施。

部分事故发生前的常见征兆 表3-15

事故类别	早期征兆	中期征兆	晚期(临发)征兆
基坑(槽)坍塌和其他坍方	(1)坑槽边壁(坡)或洞室顶、壁轻度渗水、涌沙、落渣; (2)出现剥离层裂纹和小块剥离	(1)渗水、涌沙、落渣情况加剧; (2)剥离层裂纹扩展、加大; (3)底部(或其他部位)土(石)层开始大块剥离; (4)深度裂纹(缝)向上(或向下)扩展	(1)坑槽底部土(石)块大面积剥离,上部土(石)体裂纹急剧扩展到地面上; (2)由局部开始的坍方连续不断,迅速扩展
脚手架和多层转运栈桥(平台)架倾倒	(1)脚手架靠转运架一侧立杆的基础出现较为明显的沉降; (2)脚手架立杆上部明显地向转运架一侧倾斜; (3)连墙件有初期的拉、压或剪切变形	(1)早期出现的变形迅速扩大; (2)架子上部出现晃动; (3)立杆根部明显脱离其支垫物或位置	上部急剧向外倾倒,并伴发异常的响声(多为杆件、连接件破坏时的伴发声)
脚手架、架桥机局部垮架	(1)脚手架、架桥机局部的平(横)杆和脚手板出现显著的弯曲变形和损伤; (2)局部连接件出现裂纹或松动下滑	(1)早期出现的变形和损伤继续发展; (2)连接件裂纹扩展或严重下滑; (3)连接点开始变形	(1)架桥机、脚手板、平(横)杆出现折断或滑脱; (2)局部构架结构出现严重变形; (3)可能会有异常响声出现
脚手架垂直坍塌	下部和长度大的立杆开始出现侧向拱曲变形	(1)成片立杆自下至上出现明显的多波拱曲变形; (2)节点和连接件出现破坏迹象	开始出现节点和连墙件破坏的异常声响
支撑架跨架和坍(倒)塌	直接承受模板和设备荷载的受弯与受压杆件开始出现明显变形	(1)变形迅速扩大; (2)立杆根部位移; (3)节点开始出现破坏迹象	(1)部分杆件开始折断掉落; (2)支撑结构出现严重变形或失稳迹象

续上表

事故类别	早期征兆	中期征兆	晚期(临发)征兆
结构物倒塌	基础和主要承重结构(及构件)出现明显的沉降、开裂或倾斜变形	(1)变形、裂缝和倾斜加速扩展; (2)基础错动; (3)部分构件或结构开始出现破坏迹象	建筑物出现倒塌前的晃动、严重倾斜和发出开始破坏产生的异常声响
机械设备倾翻	(1)一侧开始出现明显沉降,另一侧开始上抬; (2)一侧缆绳、锚固设施开始出现松动	(1)机械设备明显出现倾斜; (2)缆锚点出现被拉出或破坏迹象	机械设备严重倾斜,伴有锚拉点开始破坏时的早期声响
火灾事故	(1)绝缘皮线过热、发软、变色; (2)保险丝熔断; (3)初期引(暗)燃产生的焦煳味; (4)电、气焊火花(星)落在易燃物上	(1)开始出现明显的烟雾; (2)开始燃烧的焦煳味变浓; (3)已有开始燃烧的声响	(1)明火初起; (2)烟雾和焦煳味浓烈; (3)燃烧的声响加剧

有孕育过程事故一般可能出现的征兆 表3-16

序　次	事故征兆(迹象)
1	水平杆、构件出现不断发展的弯曲变形
2	水平杆、构件出现45°斜裂纹并向扩大和贯通发展
3	基础(地)出现不断发展的沉降、滑(位)移变形
4	结构节点和连接件出现开裂、松脱、拔出等损伤和初期破坏情况
5	连墙、附着、锚拉构造及其支承结构出现损伤和初期破坏情况
6	结构、机械、设备的状态急剧地改变
7	施工设施出现晃动、倾斜、下坠、扭转以及其他改变稳定状态的变化
8	部分杆配件、零部件发生位置变化或破坏
9	基坑沟槽边坡出现不断发展的渗水、涌沙、裂纹、剥落和坍方
10	出现异常的烟雾、气味和声响

(三)施工安全事故发生的内在规律和特性

1.施工安全事故发生的内在规律

1)事故发生的内在规律图解

事故的五个基本要素形成3类安全隐患;在未能及时发现和消除的情况下,起因物开始启动,向三期事故征兆发展;在未能及时发现和采取应急处置措施的情况下,发生由事故5要素的7种组合形式事故。这就是造成事故发生的基本的内在规律。

而防止事故发生的安全措施也就在事故发生的内在规律中产生，可以分为前期预防、中期消除（隐患）和晚期应对（征兆）。前期预防的任务是“四消除一保护”（消除不安全状态、消除不安全行为、消除起因物、消除致害物的存在和针对伤害方式进行保护）；中期消除隐患的任务是及时进行“两消除一制止”，即消除存在的不安全状态、消除存在的起因物和制止存在的不安全行为；晚期应对事故征兆的任务是“两阻止一撤离”（阻止起因物继续作用，阻止事态继续发展和及时撤离人员）。在这三个阶段所采取的安全措施之间，具有前后交叉、连接和延续的关系，即前一阶段措施的缺陷和执行效果的问题，要由后一阶段予以弥补，如果仍然未能制止住，则事故将必然发生。

以上所述施工安全事故发生的内在规律和预防、制止事故发生的安全措施示于图3-5中。

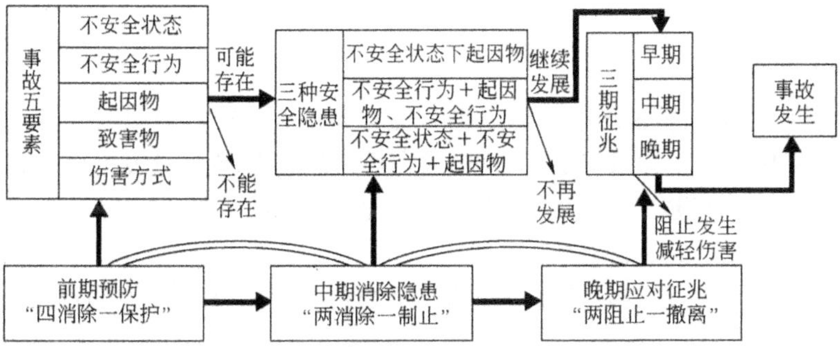

图3-5　事故发生的内在规律及三期安全措施

2）研究和把握事故内在规律的基本要求

研究、认识事故的内在规律是为了把握它，并据此采取有效的预防、消除、阻止和保护措施，以避免事故的发生或者降低其伤害和损失。具体要求为：①掌握各种事故的因素在施工过程与安全管理工作中存在的具体表现及其内在联系；②掌握事故要素得以存在、蕴育、发展、启动与造成伤害作用所需的条件和因素；③消除蕴育和发展事故、因素应当采取的安全技术与管理措施。此外，还应从事故发生的内在规律中正确认识事故的特性（必然性、偶然性、多发性、可防性和难控性）。

事故要素得以存在、蕴育、发展、启动和作用的条件与因素很多，可归纳为认识因素、技术因素、条件因素和管理因素等4个方面，列入表3-17中。

事故要素存在、蕴育、发展、启动和作用的因素　　表3-17

类　别	事故要素存在、蕴育、发展、启动与作用的条件和因素
主观认识方面	（1）对安全工作认识不足、乃至缺乏应有的认识；（2）对安全工作的法律责任认识不足、乃至无视安全法律的要求；（3）对防范安全事故的发生抱有“未必会发生事故”的侥幸心理；（4）满足于已取得的安全工作成绩，滋生麻痹思想，放松安全工作要求；（5）受利益驱使，降低乃至无视安全工作要求
安全技术水平方面	（1）主要负责人、技术人员和安全工作人员达不到相应的安全工作素质要求；（2）安全技术研究工作开展不够，习惯于一般化的管理；（3）缺乏高素质的安全技术研究人才，对重大（要）工程的安全技术研究不够；（4）对事故信息的收集和研究不够

续上表

类　别	事故要素存在、蕴育、发展、启动与作用的条件和因素
工程和施工条件方面	(1)对工程安全施工的有关条件摸底不够,存在疏忽或未能考虑的问题;(2)基于各种原因,达不到确保施工安全的作业环境和条件;(3)基于各种原因违反程序施工、冒险施工、违规施工以及使用不合格材料与带病机械设备;(4)对高安全要求的施工和作业要求缺乏相应的安全保障条件
安全管理工作方面	(1)没有建立起包括组织、制度、技术、投入和信息等方面的全面的施工安全保证体系,或者不健全和执行不严格;(2)没有实行严格的安全教育,职工安全素质(意识和能力)低下;(3)没有建立起以安全责任为核心的严格的安全管理及其监督保证,各级人员的安全责任没有落实;(4)没有实行严格的安全交底制度,安全宣传和警示工作不到位

2. 施工安全事故发生的特性

施工安全事故的发生都有其内在的规律,并遵守其内在规律。事故发生所表现出的必然性和可防性,分别是内在规律作用的结果和掌握内在规律的结果;而事故发生也会表现出偶然性和难控性,其原因多为没有很好掌握其内在规律的表现,应当从这一角度去掌握事故发生的特性。

1)事故发生的必然性和可防性

当在施工过程中存在由事故要素构成的安全隐患未能被及时发现和消除时,它就会继续其孕育、发展和启动;当在事故蕴育、发展过程中的各种迹象(征兆)未能被及时发现并给以紧急阻止、排除时,则事故必然发生,这是由事故内在规律所决定的必然性。事故发生的必然性也直接暴露了安全生产工作中三期防范的缺陷与相应施工管理人员的责任。由于前期预防工作的不到位和缺陷,使得不安全状态、不安全行为和起因物得以存在;由于中期检查工作的不到位和缺陷,使得安全隐患未能被及时发现和消除、并得以继续蕴育和发展;由于后期检查工作的不到位和警觉意识的缺陷,使得事故蕴育和发展的迹象被忽视,而未能及时进行有效的阻止。因此,安全生产工作的不到位和缺陷,就使得事故的发生有可能变为必然,并形成了事故多方位和反复出现的多发性。

引发事故的基本要素及其蕴育和发展过程是有规律性的,但我们认识和掌握了各类事故的基本要素及其蕴育和发展规律、并深入细致地做好前期预防、中期检查和后期阻止工作时,则就可以防止事故的发生,这就是事故的可防性。除了自然灾害和其他不可抗力因素作用引发的事故(这类事故也有一定的可防性)外,其他各类事故应当都是完全可以防止的。之所以未能完全防止,则是由于我们还未能完全认识它并相应做好防止其发生的安全工作所导致。

2)事故发生的偶然性和难控性

公路水运工程施工安全事故有多发(经常发生的)事故和偶发事故(偶然发生的事故),偶发事故所表现出的偶发性常有以下两种含义:①少见或者想不到会发生的事故,包括事故的类型和事故发生的原因。如一电工在维修排风扇前,曾拉掉电闸,并已安排人员看管电闸,后该管闸人员有事离开时又安排另一工人看管,在中午吃饭时,该工人被朋友喊走时忘了看管任务,不知情者误合上了闸,致使作业电工被开始转动的排风扇搅死;②在对其安全工作重视的情况下也会出现的事故。因此,客观上的“少见”和主观上的“想不到”是事故发生的偶然性的基本表现。它既反映出在公路水运工程施工技术发展的情况下会出现一些过去没有发生或很少见的事故,也反映了我们对安全工作以及事故是否发生的认识还与实际情况有相当的距离,即我们的安全工作及防止事故发生的实践还不能使我们做出符合实际的判断。因此,偶然性是我们还未掌握的事故的必然性的反映。

"多发事故难控、偶发事故难防",无论是事故的多发性,或是事故的偶发性,反映的都是事故的难控性。所谓难控性,就是对事故的预防控制难以达到完全杜绝各类大小事故发生的要求。

之所以存在事故的难控性,这是因为在我们的安全工作中还存在不少对影响实现杜绝或有效控制事故发生要求的因素,归纳起来有"六个研究、认识、掌握不够"、"五个不到位"和"四个不高"。它们是:

六个研究、认识、掌握不够:对事故发生内在规律的研究、认识和掌握不够;对"高、难、新、特"工程施工安全保障要求的研究、认识和掌握不够;对造成事故发生的反复性(多发性)和偶然性原因及其解决措施的研究、认识和掌握不够;对已发生各类事故的细节及引发因素的研究、认识和掌握不够;对安全作业的环境条件、安全施工措施和安全管理工作的全面性、切实性、有效性、保证性及其影响因素的研究、认识和掌握不够;对全面落实各级施管人员的安全责任及监督工作的研究、认识和掌握不够。

五个不到位:全面的施工安全保证体系建立、健全和落实工作不到位;对职工的安全生产教育工作不到位;班前安全交底和班中检查工作不到位;安全监控管理工作不到位;应急预案及其配置工作不到位。

四个不高:主要负责人和专职安全工作人员的安全工作素质不高;技术人员的安全技术工作素质不高;作业人员的安全素质不高;安全投入不高(达不到相应要求)。

三、建立安全生产事故隐患排查治理长效机制

1. 事故隐患的分类

事故隐患分为一般事故隐患和重大事故隐患。一般事故隐患,是指危害和整改难度较小,发现后能够立即整改排除的隐患。重大事故隐患,是指危害和整改难度较大,应当全部或者局部停产停业,并经过一定时间整改治理方能排除的隐患,或者因外部因素影响致使公路与水运施工企业自身难以排除的隐患。

2. 公路与水运施工企业应当建立健全事故隐患排查治理制度

企业主要负责人对本单位事故隐患排查治理工作全面负责,任何单位和个人发现事故隐患,均有权向安全监管监察部门和有关部门报告。公路与水运施工企业是事故隐患排查、治理和防控的责任主体。公路与水运施工企业应当建立健全事故隐患排查治理和建档监控等制度,逐级建立并落实从主要负责人到每个从业人员的隐患排查治理和监控责任制。

公路与水运施工企业应当保证事故隐患排查治理所需的资金,建立资金使用专项制度。公路与水运施工企业应当定期组织安全生产管理人员、工程技术人员和其他相关人员排查本单位的事故隐患。对排查出的事故隐患,应当按照事故隐患的等级进行登记,建立事故隐患信息档案,并按照职责分工实施监控治理。

公路与水运施工企业还应当建立事故隐患报告和举报奖励制度,鼓励、发动职工发现和排除事故隐患,鼓励社会公众举报。对发现、排除和举报事故隐患的有功人员,应当给予物质奖励和表彰。

公路与水运施工单位如有分包的，应当分包单位签订安全生产管理协议，并在协议中明确各方对事故隐患排查、治理和防控的管理职责。公路与水运施工单位对分包单位的事故隐患排查治理负有统一协调和监督管理的职责。

公路与水运施工企业同时还应当加强对自然灾害的预防。对于因自然灾害可能导致事故灾难的隐患，应当按照有关法律、法规、标准和本规定的要求排查治理，采取可靠的预防措施，制定应急预案。在接到有关自然灾害预报时，应当及时向下属单位发出预警通知；发生自然灾害可能危及公路与水运施工企业和人员安全的情况时，应当采取撤离人员、停止作业、加强监测等安全措施，并及时向当地人民政府及其有关部门报告。

3. 事故隐患的报告

公路与水运施工企业应当每季、每年对本单位事故隐患排查治理情况进行统计分析，并分别于下一季度15日前和下一年1月31日前向安全监管监察部门和有关部门报送书面统计分析表。统计分析表应当由公路与水运施工企业主要负责人签字。

对于重大事故隐患，公路与水运施工企业除依照前款规定报送外，应当及时向安全监管监察部门和有关部门报告。重大事故隐患报告内容应当包括：

(1)隐患的现状及其产生原因。

(2)隐患的危害程度和整改难易程度分析。

(3)隐患的治理方案。

4. 事故隐患报告的治理

对于一般事故隐患，由公路与水运施工企业负责人、项目负责人或有关人员立即组织整改。对于重大事故隐患，由公路与水运施工企业主要负责人或项目负责人组织制定并实施事故隐患治理方案。重大事故隐患治理方案应当包括以下内容：

(1)治理的目标和任务。

(2)采取的方法和措施。

(3)经费和物资的落实。

(4)负责治理的机构和人员。

(5)治理的时限和要求。

(6)安全措施和应急预案。

公路与水运施工企业在事故隐患治理过程中，应当采取相应的安全防范措施，防止事故发生。事故隐患排除前或者排除过程中无法保证安全的，应当从危险区域内撤出作业人员，并疏散可能危及的其他人员，设置警戒标志，暂时停产停业或者停止使用；对暂时难以停产或者停止使用的相关生产储存装置、设施、设备，应当加强维护和保养，防止事故发生。

第五节　危险性较大工程安全专项施工方案编制要点和审批程序

一、危险性较大工程安全专项施工方案编制要点

1. 相关法规的规定

危险性较大工程一直是安全工作的重点，极易发生安全事故，特别是群死群伤的特大事

故，后果严重，损失巨大。安全管理的首要条件是有一个好的计划和指导手册，即安全专项施工方案。编制和实施安全专项施工方案是防止安全事故发生的有效手段。

根据《公路水运工程安全生产监督管理办法》第二十三条的规定，施工单位应当在施工组织设计中编制安全技术措施和施工现场临时用电方案，对下列危险性较大的工程应当编制专项施工方案，并附安全验算结果，经施工单位技术负责人、监理工程师审查同意签字后实施，由专职安全生产管理人员进行现场监督：

(1)不良地质条件下有潜在危险性的土方、石方开挖。

(2)滑坡和高边坡处理。

(3)桩基础、挡墙基础、深水基础及围堰工程。

(4)桥梁工程中的梁、拱、柱等构件施工等。

(5)隧道工程中的不良地质隧道、高瓦斯隧道、水底海底隧道等。

(6)水上工程中的打桩船作业、施工船作业、外海孤岛作业、边通航边施工作业等。

(7)水下工程中的水下焊接、混凝土浇注、爆破工程等。

(8)爆破工程。

(9)大型临时工程中的大型支架、模板、便桥的架设与拆除；桥梁、码头的加固与拆除。

(10)其他危险性较大的工程。

必要时，施工单位对前款所列工程的专项施工方案，还应当组织专家进行论证、审查。

2. 安全专项施工方案的编制流程及主要内容

1)编制流程见图3-6。

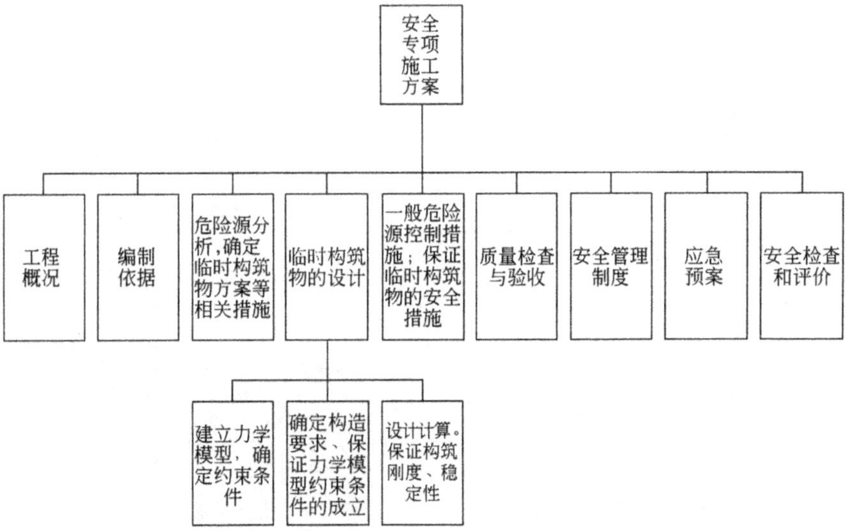

图3-6　安全专项施工方案的编制流程

2)编制的主要内容

安全专项施工方案是施工组织设计不可缺少的组成部分，它应是施工组织设计的细化、完善、补充，且自成体系。安全专项施工方案应重点突出分部分项工程的特点、安全技术和质量的特殊要求，重视质量技术与安全技术的统一。

安全专项施工方案中有关设计计算，必须由施工方委托有设计资质的单位设计；或经设计单位复核审查认可，加盖正式设计出图章后方可执行。

安全专项施工方案编制的主要内容包括以下几个部分：

第一部分：编制依据，分部分项工程概况；

第二部分：影响质量、安全的危险源分析及相关措施；

第三部分：临时构筑物设计计算书和设计施工图等设计文件；

第四部分：施工准备和部署，质量检测和相关观测预警措施，现场平面布置图；

第五部分：应急预案；

第六部分：安全检查和评价方法。

二、安全专项施工方案的审查

1. 安全专项施工方案的自审

安全专项施工方案由施工企业专业工程技术人员编制，技术负责人审查签字后，提交监理单位审查，监理单位由专业监理工程师初审，总监理工程师审核签名，即初审完成。监理单位对安全专项施工方案审查的重点是该方案的编制、审核、组织、实施、应急措施可行性以及行为主体和客体是否符合国家及地方标准规程。具体程序详见图 3-7。

2. 安全专项施工方案的专家论证

根据自审的结果，如有必要可组织专家论证会。专家论证会通过对安全专项施工方案的论证，提出书面论证报告，公路与水运施工企业根据论证报告进行修改。经修改的安全专项施工方案按程序复审合格后，方可实施。相关程序见图 3-8。

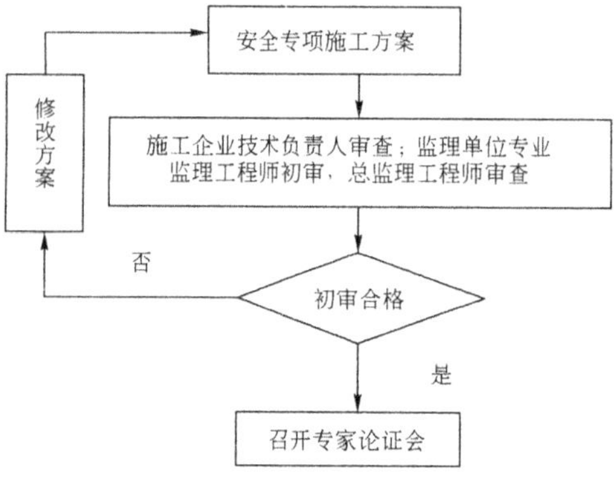

图 3-7　安全专项施工方案的自审程序

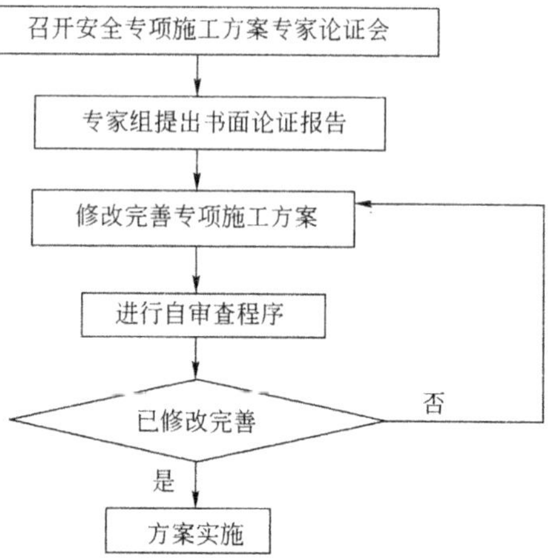

图 3-8　安全专项施工方案专家论证及修改程序

专家论证会书面论证报告的内容为建议性的，论证报告是安全专项方案组织实施前的必备程序，是工程验收的必备文件。

三、安全专项施工方案编写范例（以模板工程施工方案为例）

1. 编制依据

包括主要的规范、规程和当地主管部门的要求，本工程施工图纸及施工组织设计、有关的参考书籍等。

2. 工程概况

包含设计要求。如结构类型、结构及构件的截面尺寸等;地基土质情况、地基承载力;施工的作业条件、混凝土浇筑、运输方法和环境等等。

3. 施工部署

1)根据工程概况选择模板及支架体系的类型和不同组合。

(1)编写模板及支架的设计计算书。

(2)设计横板与支架的组合形式,并确定荷载计算单元。

(3)荷载分析:分析恒载与活载,并进行组合。

(4)计算模板及支架的弯矩、剪力及轴力,并与允许值对比,判断是否满足要求,如不满足则进行调整。

2)施工程序安排

(1)模板工程施工前的准备、作业环境要求等,模板拆除时的强度要求,周转次数的安排等。

(2)模板施工的顺序、起始点、合理的施工流向。

3)流水段的划分。

4)施工机械的选择以及混凝土的运输浇筑方式。

5)投入的资源

(1)人力资源的需求、材料机具设备的需求,以及对现场空间的利用。

(2)现场的施工平面布置及模板支撑系统布置图、节点大样图等。

4. 施工方法

根据设计要求、工程的实际情况和特点,确定相应的具有针对性的施工方法。

(1)施工时对作业环境的要求。

(2)搭设施工方法及拆除的施工方法。

(3)对材料的选取及施工各个环节的详细要求。

5. 监控及救援预案

(1)监测方案:监测目的、项目、监测报警值、监测方法及精度要求、监测点的布置、监测周期、工序管理和记录制度及信息反馈系统等。

(2)救援预案:现场环境、设计要求及施工方法等工程特点所形成的危险源的辨识与分析,以及采取相应的预防措施及救援方案。

6. 安全技术措施

按照施工中的各个环节,对施工中可能存在的危险源进行分析,并根据施工的环境、设计要求、施工方法采取如下相应的预防措施:

(1)采用新技术、新工艺、新结构、新材料时,要制定有针对性的安全技术措施。

(2)预防自然灾害(风、火、水等)的措施。

(3)防范由交叉作业等施工组织上形成环境危险的措施。

(4)用电及设备的保护措施。

(5)临边的防护及交通通道的安全保障措施。

(6)材质的检查要求。

(7)对模板存放的要求。

(8)模板安装的检查验收制度及拆除时的审批要求。

(9)季节性施工的安全技术措施等等。

总之,安全专项施工方案的编制必须结合安全生产保证体系,在安全策划时,必须针对不同的专业施工项目,根据施工现场的实际情况进行编制。相关安全技术措施必须与施工工艺和方法相结合,使各类安全专项施工方案具有针对工程特点、施工现场环境、施工方法、劳动组织、作业方法、使用的机械、动力设备、变配电设施、架设工具等确定采取的安全措施和针对实际的条件和所投入的资源,采取切实可行的措施和方法,切实保证施工安全,具有可操作性。经审批的建筑安全专项施工方案应切实在施工中予以贯彻实施,这样才能达到既定的施工安全目标。

第六节　公路水运工程安全生产事故应急预案的编制

在《建设工程安全生产管理条例》第六章中第四十七条规定:县级以上地方人民政府建设行政主管部门应当根据本级人民政府的要求,制定本行政区域内建设工程特大生产安全事故应急救援预案。第四十八条规定:施工单位应当制定本单位生产安全事故应急救援预案,建立应急救援组织或者配备应急救援人员,配备必要的应急救援器材、设备,并定期组织演练。第四十九条规定:施工单位应当根据建设工程施工的特点、范围,对施工现场易发生重大事故的部位、环节进行监控,制定施工现场生产安全事故应急救援预案。实行施工总承包的,由总承包单位统一组织编制建设工程生产安全事故应急救援预案,工程总承包单位和分包单位按照应急救援预案,各自建立应急救援组织或者配备应急救援人员,配备救援器材、设备,并定期组织演练。

《公路水运工程安全生产监督管理办法》的第三十三条规定:建设单位、施工单位应当针对本工程项目特点制定生产安全事故应急预案,定期组织演练。发生生产安全事故,施工单位应当立即向建设单位、监理单位和事故发生地的公路水运工程安全生产监督管理部门以及地方安全监督部门报告。建设单位、施工单位应当立即启动事故应急预案,组织力量抢救,保护好事故现场。

所谓应急救援预案,是指事先制定的、应对可能发生的需要进行紧急救援工作的生产安全事故,以便及时救助受伤的和处于危险境况下的人员,防止事态和伤害扩大,并为善后工作创造较好条件的组织、程序、措施和协调工作及其责任的方案。应急救援预案分为三级(政府级、企业级和项目级):政府级预案为县级以上地方人民政府建设行政主管部门制定的本行政区域内建设工程特大生产安全事故应急救援预案。由于是针对危险性大、救援难度大、事态严重、时间紧急("时间就是生命")、社会影响和震动大、群众和上级高度关注的特大事故,因此,需要迅速调集和投入巨大的应急救援资源(人力、物力、财力),并在强有力的统一组织和指挥下进行抢险救援工作,以实现迅速排除险情、抢救人员和减轻损失的要求。企业级预案为具有法人资格的施工企业(单位)制定的本企业发生生产安全事故的应急救援预案。由于常限于企业可能出现的生产安全事故的情况和自身的条件,因此需针对事故(态)的严重程度和救援难度，分别采取企业全部承担（或基本上承担）、大部承担和先行抢险救助求援、而后服从上级统一指挥的预案。项目级预案为施工单位针对在施工程项目情况和条件制定的特定施工现场生产安全事故的应急救援预案。预案的适应范围逐级缩小。

一、应急预案体系的构成

应急预案应形成体系，针对各级各类可能发生的事故和所有危险源，制订专项应急预案和现场应急处置方案，并明确事前、事发、事中、事后的各个过程中相关部门和有关人员的职责。生产规模小、危险因素少的生产经营单位，综合应急预案和专项应急预案可以合并编写。

1. 综合应急预案

综合应急预案，是从总体上阐述处理事故的应急方针、政策，应急组织结构及相关应急职责，应急行动、措施和保障等基本要求和程序，是应对各类事故的综合性文件。

2. 专项应急预案

专项应急预案，是针对具体的事故类别（如煤矿瓦斯爆炸、危险化学品泄漏等事故）、危险源和应急保障而制定的计划或方案，是综合应急预案的组成部分，应按照综合应急预案的程序和要求组织制定，并作为综合应急预案的附件。专项应急预案应制定明确的救援程序和具体的应急救援措施。

3. 现场处置方案

现场处置方案，是针对具体的装置、场所或设施、岗位所制定的应急处置措施。现场处置方案应具体、简单、针对性强。现场处置方案应根据风险评估及危险性控制措施逐一编制，做到事故相关人员应知应会，熟练掌握，并通过应急演练，做到迅速反应、正确处置。

二、应急预案的编制方法

1. 编制准备

编制应急预案应做好以下准备工作：

（1）全面分析本单位危险因素、可能发生的事故类型及事故的危害程度。

（2）排查事故隐患的种类、数量和分布情况，并在隐患治理的基础上，预测可能发生的事故类型及其危害程度。

（3）确定事故危险源，进行风险评估。

（4）针对事故危险源和存在的问题，确定相应的防范措施。

（5）客观评价本单位应急能力。

（6）充分借鉴国内外同行业事故教训及应急工作经验。

2. 编制程序

1）应急预案编制工作组

结合本单位部门职能分工，成立以单位主要负责人为领导的应急预案编制工作组，明确编制任务、职责分工，制定工作计划。

2）资料收集

收集应急预案编制所需的各种资料（相关法律法规、应急预案、技术标准、国内外同行业事故案例分析、本单位技术资料等）。

3)危险源与风险分析

在危险因素分析及事故隐患排查、治理的基础上,确定本单位的危险源、可能发生事故的类型和后果,进行事故风险分析,并指出事故可能产生的次生、衍生事故,形成分析报告,分析结果作为应急预案的编制依据。

4)应急能力评估

对本单位应急装备、应急队伍等应急能力进行评估,并结合本单位实际,加强应急能力建设。

5)应急预案编制

针对可能发生的事故,按照有关规定和要求编制应急预案。应急预案编制过程中,应注重全体人员的参与和培训,使所有与事故有关人员均掌握危险源的危险性、应急处置方案和技能。应急预案应充分利用社会应急资源,与地方政府预案、上级主管单位以及相关部门的预案相衔接。

6)应急预案评审与发布

应急预案编制完成后,应进行评审。评审由本单位主要负责人组织有关部门和人员进行。外部评审由上级主管部门或地方政府负责安全管理的部门组织审查。评审后,按规定报有关部门备案,并经生产经营单位主要负责人签署发布。

三、综合应急预案的主要内容

1. 总则

(1)编制目的:简述应急预案编制的目的、作用等。

(2)编制依据:简述应急预案编制所依据的法律法规、规章,以及有关行业管理规定、技术规范和标准等。

(3)适用范围:说明应急预案适用的区域范围,以及事故的类型、级别。

(4)应急预案体系:说明本单位应急预案体系的构成情况。

(5)应急工作原则:说明本单位应急工作的原则,内容应简明扼要、明确具体。

2. 生产经营单位的危险性分析

(1)生产经营单位概况:主要包括单位地址、从业人数、隶属关系、主要原材料、主要产品、产量等内容,以及周边重大危险源、重要设施、目标、场所和周边布局情况。必要时,可附平面图进行说明。

(2)危险源与风险分析:主要阐述本单位存在的危险源及风险分析结果。

3. 组织机构及职责

(1)应急组织体系:明确应急组织形式、构成单位或人员,并尽可能以结构图的形式表示出来。

(2)指挥机构及职责:明确应急救援指挥机构总指挥、副总指挥、各成员单位及其相应职责。

应急救援指挥机构根据事故类型和应急工作需要,可以设置相应的应急救援工作小组,并明确各小组的工作任务及职责。

4. 预防与预警

(1)危险源监控:明确本单位对危险源监测监控的方式、方法,以及采取的预防措施。

(2)预警行动:明确事故预警的条件、方式、方法和信息的发布程序。

(3)信息报告与处置

按照有关规定,明确事故及未遂伤亡事故信息报告与处置办法。

①信息报告与通知:明确24小时应急值守电话、事故信息接收和通报程序。

②信息上报:明确事故发生后向上级主管部门和地方人民政府报告事故信息的流程、内容和时限。

③信息传递:明确事故发生后向有关部门或单位通报事故信息的方法和程序。

5. 应急响应

(1)响应分级:针对事故危害程度、影响范围和单位控制事态的能力,将事故分为不同的等级。按照分级负责的原则,明确应急响应级别。

(2)响应程序:根据事故的大小和发展态势,明确应急指挥、应急行动、资源调配、应急避险、扩大应急等响应程序。

(3)应急结束:明确应急终止的条件。事故现场得以控制,环境符合有关标准,导致次生、衍生事故隐患消除后,经事故现场应急指挥机构批准后,现场应急结束。

应急结束后,应明确:①事故情况上报事项;②需向事故调查处理小组移交的相关事项;③事故应急救援工作总结报告。

6. 信息发布

明确事故信息发布的部门,发布原则。事故信息应由事故现场指挥部及时准确向新闻媒体通报事故信息。

7. 后期处置

主要包括污染物处理、事故后果影响消除、生产秩序恢复、善后赔偿、抢险过程和应急救援能力评估及应急预案的修订等内容。

8. 保障措施

(1)通信与信息保障:明确与应急工作相关联的单位或人员通信联系方式和方法,并提供备用方案。建立信息通信系统及维护方案,确保应急期间信息通畅。

(2)应急队伍保障:明确各类应急响应的人力资源,包括专业应急队伍、兼职应急队伍的组织与保障方案。

(3)应急物资装备保障:明确应急救援需要使用的应急物资和装备的类型、数量、性能、存放位置、管理责任人及其联系方式等内容。

(4)经费保障:明确应急专项经费来源、使用范围、数量和监督管理措施,保障应急状态时生产经营单位应急经费的及时到位。

(5)其他保障:根据本单位应急工作需求而确定的其他相关保障措施(如:交通运输保障、治安保障、技术保障、医疗保障、后勤保障等)。

9. 培训与演练

(1)培训:明确对本单位人员开展的应急培训计划、方式和要求。如果预案涉及社区和居民,要做好宣传教育和告知等工作。

(2)演练:明确应急演练的规模、方式、频次、范围、内容、组织、评估、总结等内容。

10. 奖惩

明确事故应急救援工作中奖励和处罚的条件和内容。

四、专项应急预案的主要内容

1. 事故类型和危害程度分析

在危险源评估的基础上，对其可能发生的事故类型和可能发生的季节及其严重程度进行确定。

2. 应急处置基本原则

明确处置安全生产事故应当遵循的基本原则。

3. 组织机构及职责

（1）应急组织体系：明确应急组织形式，构成单位或人员，并尽可能以结构图的形式表示出来。

（2）指挥机构及职责：根据事故类型，明确应急救援指挥机构总指挥、副总指挥以及各成员单位或人员的具体职责。应急救援指挥机构可以设置相应的应急救援工作小组，明确各小组的工作任务及主要负责人职责。

4. 预防与预警

（1）危险源监控：明确本单位对危险源监测监控的方式、方法，以及采取的预防措施。

（2）预警行动：明确具体事故预警的条件、方式、方法和信息的发布程序。

5. 信息报告程序

（1）确定报警系统及程序。

（2）确定现场报警方式，如电话、警报器等。

（3）确定 24 小时与相关部门的通信、联络方式。

（4）明确相互认可的通告、报警形式和内容。

（5）明确应急反应人员向外求援的方式。

6. 应急处置

（1）响应分级：针对事故危害程度、影响范围和单位控制事态的能力，将事故分为不同的等级。按照分级负责的原则，明确应急响应级别。

（2）响应程序：根据事故的大小和发展态势，明确应急指挥、应急行动、资源调配、应急避险、扩大应急等响应程序。

（3）处置措施：针对本单位事故类别和可能发生的事故特点、危险性，制定的应急处置措施（如：煤矿瓦斯爆炸、冒顶片帮、火灾、透水等事故应急处置措施，危险化学品火灾、爆炸、中毒等事故应急处置措施）。

7. 应急物资与装备保障

明确应急处置所需的物质与装备数量、管理和维护、正确使用等。

五、现场处置方案的主要内容

1. 事故特征

（1）危险性分析，可能发生的事故类型。

（2）事故发生的区域、地点或装置的名称。

（3）事故可能发生的季节和造成的危害程度。

（4）事故前可能出现的征兆。

2. 应急组织与职责

（1）基层单位应急自救组织形式及人员构成情况。

（2）应急自救组织机构、人员的具体职责，应同单位或车间、班组人员工作职责紧密结合，明确相关岗位和人员的应急工作职责。

3. 应急处置

（1）事故应急处置程序。根据可能发生的事故类别及现场情况，明确事故报警、各项应急措施启动、应急救护人员的引导、事故扩大及同企业应急预案的衔接的程序。

（2）现场应急处置措施。针对可能发生的火灾、爆炸、危险化学品泄漏、坍塌、水患、机动车辆伤害等，从操作措施、工艺流程、现场处置、事故控制，人员救护、消防、现场恢复等方面制定明确的应急处置措施。

（3）报警电话及上级管理部门、相关应急救援单位联络方式和联系人员，事故报告的基本要求和内容。

4. 注意事项

（1）佩戴个人防护器具方面的注意事项。

（2）使用抢险救援器材方面的注意事项。

（3）采取救援对策或措施方面的注意事项。

（4）现场自救和互救注意事项。

（5）现场应急处置能力确认和人员安全防护等事项。

（6）应急救援结束后的注意事项。

（7）其他需要特别警示的事项。

5. 应急救援预案的附件

（1）有关应急部门、机构或人员的联系方式：列出应急工作中需要联系的部门、机构或人员的多种联系方式，并不断进行更新。

（2）重要物资装备的名录或清单：列出应急预案涉及的重要物资和装备名称、型号、存放地点和联系电话等。

（3）规范化格式文本：信息接收、处理、上报等规范化格式文本。

（4）关键的路线、标识和图纸：

①警报系统分布及覆盖范围。

②重要防护目标一览表、分布图。

③应急救援指挥位置及救援队伍行动路线。

④疏散路线、重要地点等标识。

⑤相关平面布置图纸、救援力量的分布图纸等。

（5）相关应急预案名录：列出直接与本应急预案相关的或相衔接的应急预案名称。

（6）有关协议或备忘录：与相关应急救援部门签订的应急支援协议或备忘录。

六、跨线桥钢箱梁运输吊装项目应急救援预案

（一）建设工程的基本情况

跨越××高速公路的立交桥，位于××高速公路东出口东侧500m处，交叉角度90°，桥梁

全长86m,全宽13m,车行道净宽12m。桥梁下部结构为钻孔桩基础,中墩墩柱与上部钢箱梁固结,上部结构采用2~40m预应力钢—混凝土联合梁,即梁的下部为开口钢箱,上部为混凝土桥面板,通过剪力钉将混凝土桥面板与开口钢箱梁连接在一起形成封闭箱梁。钢箱梁连续单箱单室结构分3段制作,两个边段(A、C段)长22m,中间段(B段)长36m。在两箱接口处搭设临时支架,通过高强螺栓连接形成3孔钢断面连续梁,然后浇筑40cm厚无收缩混凝土桥面板,张拉预应力进行墩、梁固结,拆除临时支架,形成2孔连续梁,最后浇筑防撞护栏和桥面铺装。

说明:项目基本情况包括以下两方面。

一是项目自身情况,包括详细地址、规模、结构类型,工程开工、竣工日期,项目经理、安全负责人、安全员姓名,项目医务室地点,药品配备情况。

二是与项目相关方面的情况,包括项目外部周边环境,如周边消防栓的分布、医院位置及行车、路线等情况,施工现场道路通行状况(能否通行消防车)等。项目基本情况可用项目平面图一目了然地表示,项目平面图要标明电、水、消防设备、医务室等位置。

(二)潜在事故的分析

1. 吊装倾斜

2. 起重臂折臂

3. 吊车倾翻

4. 一般交通事故

5. 车辆现场事故

6. 现场人身伤害事故

……

说明:潜在事故分析主要是指本项目重大危险源数量、种类、分布,事故可能发生的地点和可能造成的后果预测、辨识、评价,并把重要的、发生概率较大的危险源分布情况列出,作必要的分析。

(三)现场组织机构

由于钢梁吊装要在高速公路内进行施工,为了保证在安全的情况下,顺利完成吊装任务,工地成立了钢梁吊运协调领导小组,制定整体吊装方案并组织了专家审定。现场组织分别由几个专业组负责:①验收组负责钢梁的出厂验收,临时支架的验收,吊装场地的验收等工作;②吊装组负责梁车入位、起吊、落梁等一系列现场指挥工作;③安全组负责维护社会人员、现场工作人员的安全及高速公路内行车的安全等相关的各项工作;④交通组负责现场交通疏导,应急人员和物资的调配等工作。

1. 应急领导小组

成立紧急情况应急领导小组:

组长:项目经理(电话:×××)

副组长:生产副经理、安全总监(安全员)(电话:×××)

组员:各工种负责人……(电话:×××)

2. 应急领导小组职责

(1)负责指挥、协调应急救援工作,进行应急任务的分配和人员、应急资源设备调度,保证在最短时间内完成对事故现场的应急行动;在第一时间向上级领导报告,及时反馈后续紧急情况的处置。

(2)救援结束后,小组全体成员根据预案实施过程中发生的变化和发现的问题,及时对预案提出调整、修改和补充意见,安全员负责收集意见并修订预案。

(3)安全部门、施工部门负责组织预案的培训和演练。

3. 应急领导小组分组及职责

项目值班人员一旦收到紧急情况信息,应快速反应,及时准确地把情况报告应急领导小组,由领导小组组长或副组长担任总指挥,按以下分组进行救援工作,过程中人员可协调。

(1)组长:(×××)

①紧急情况发生后,负责紧急救援现场的总指挥工作,批准本预案的启动与终止;

②统一部署应急预案的实施工作,并对应急工作中发生的争议采取紧急处理措施。

(2)危险源控制组:(×××……)

(3)伤员抢救组:(×××……)

(4)安全疏散警戒组:(×××……)

(5)后勤组:(×××……)

说明:现场组织机构主要包括施工现场事故救护组织(包括供电供水抢修组、现场设备物资疏散组、现场保护警卫组、现场外围人员疏散组、抢救伤员排除险情组、后勤物质供应组等)、组成人员名单(包括具体责任人的职务、联系电话等)、职责分工。这里,职责是重点。谁组织抢救伤员和排除险情,谁保护好事故现场,谁负责协调指挥,谁及时上报事故情况和报警求助,谁协助公司和上级部门开展事故调查等都应作具体的交代,做到职责明确,条理清晰。

(四)事故应急救援资源信息

1. 应急设备、物资、药品清单及获得地点(表3-18)

项目应急设备、物资、药品清单表 表3-18

序号	(设备/物资/药品)名称	存放地点	数量	备注
1	灭火器	×××	××	
2	消防栓			
3	消防沙池(包括消防桶、消防铲)			
4	应急灯、手电筒			
5	安全绳			
6	警戒带			
7	电工工具			
8	毛巾			
9	体温计			
10	担架			
11	药箱(包括药棉、纱布、绷带、胶布、棉签、创可贴、乙醇(医用酒精)、云南白药、救心丸等)			
12	喇叭			
…	…			

2. 应急设备维护安排表(表 3-19)

表 3-19

序　号	应急场所监控内容	负责部门/人	时间安排	备　注
1	消防沙池适用情况	安全科	每周 1 次	检查器具是否齐全
2	监测施工区灭火器适用情况(若工程规模大,可细分)	安全科	每月 1 次	
3	监测办公区灭火器适用情况	办公室	每月 1 次	
4	监测生活区灭火器适用情况	办公室	每月 1 次	
5	监测消防栓、楼层水管的适用情况	安全科	每月 1 次	
6	补充药箱药品,检查担架适用情况	办公室	每月 1 次	
7	喇叭、应急灯、手电筒适用情况	施工科	每周 1 次	喇叭、应急灯、手电筒使用完后归放指定位置
…	…			

说明:事故应急救援(包括事故伤员救治)资源信息,包括队伍、装备、物资、专家等有关信息的情况。根据作业场所、储存、运输物品的数量、品种的不同,施工现场应配备足够数量、种类的应急器材,做好标识、防止失效。应急器材要定时检查,检查要有检查记录。平时要对这些信息进行登记建档,在编写预案时要附救援设备清单。救援器材及设备:包括固定电话、移动电话、对讲机;交通工具:供指挥、联系、救援的用车;急救药品及器材:止血带、颈托、担架等救援器材及灭火器等。

(五)事故报告(或紧急事故响应)**的程序**(图 3-9)

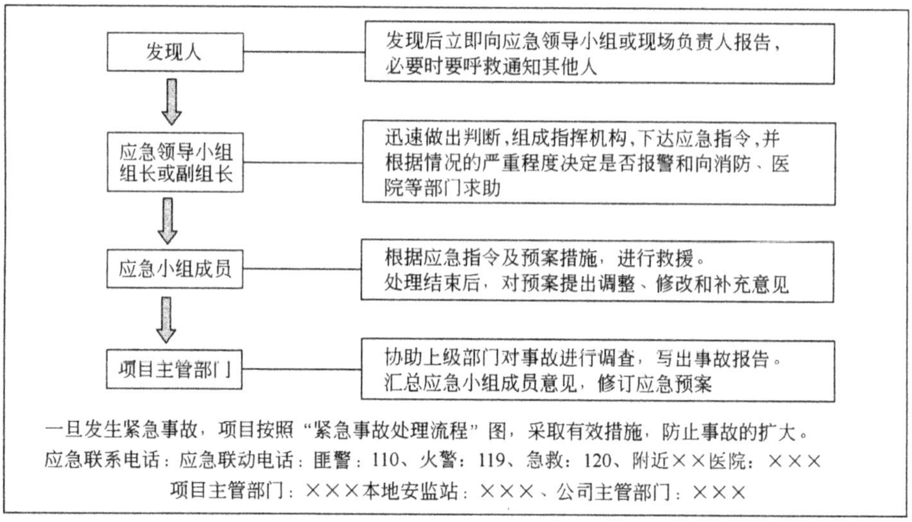

图 3-9　紧急事故响应流程图

说明:本部分包括事故报告的程序,应急救援有关的具体通信联系方式,如当地安全监督管理部门等上级单位的联系人、上报电话,建设工程所在市、县医疗救护中心,医院的名称、电话,行驶路线等。特别要提醒的是,如果项目所在地距离医疗救护中心、医院太远,项目最好设立医务室,配备专门医务人员,项目如果处于特殊地段,如风景林区,最好还应编写消防专项预案,设立消防部门。

(六)接到事故报告后的响应

发生紧急事故后,首先现场无关人员立即撤离事故波及区,发现人向应急小组长及有关人员报告;应急小组长启动理场应急预案,同时按照程序逐级报告,必要时企业应急小组赴现场协助救援工作及对事故展开调查。

1. 事故救援程序(图3-10)

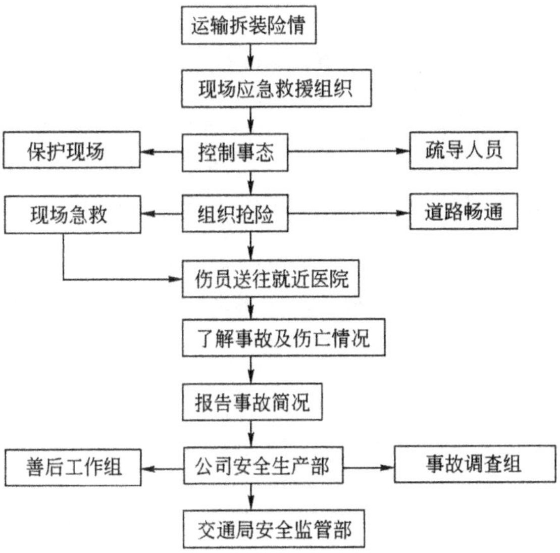

图3-10　事故救援程序

2. 应急救援措施(表3-20)

应急救援措施　　表3-20

序　号	紧急情况	应急救援措施	备　注
1	吊装倾斜险情	·汽车吊出现险情后应立即停止作业,不能做任何动作,限制其转(移)动; ·根据情况设置地锚及多极支撑,控制倾斜,防止险情进一步扩大化; ·用一台汽车吊将运输吊装物卸下; ·用两台汽车吊将倾斜设备扶正	
2	起重臂折臂险情	·吊车不能做任何动作; ·按照抢险方案,根据情况采用焊接加固,或用连接方法将吊车结构与其他物体连接,防止吊车倾翻和在拆除过程中发生意外; ·用2~3台适量吨位起重机,一台锁起大臂,一台锁住机车,其中一台是在拆臂时起平衡力矩作用,防止因力的突然变化而造成倾翻,另一台取下吊装物; ·按抢险方案中规定的顺序将折臂连接件取下,变形的连接件用气焊割开,用起重机将臂杆拿下; ·将折臂吊车拖离现场	
3	吊车倾翻险情	·采取焊接、连接方法,在保持稳定的情况下,增加平衡力矩,控制事态发展; ·选用适量吨位起重机,按照抢险方案将吊装物拆除,变形部件用气焊割开或调整,并扶正吊车拖离现场	

续上表

序号	紧急情况	应急救援措施	备注
4	发生一般交通事故	发生一般交通事故时，按照道路交通管理规定，双方对事故原因无争议时，将车辆驶入路边，自行处理；有争议时，首先拨打122报警，说明事故发生地点、车辆型号、车牌号等，等待民警认定处理	
5	车辆发生故障	·牵引车故障：用吊车将板、梁前端吊起，换挂上救援牵引车，接好电汽路后将车开走，并将故障车吊起放至救援车上运走。 ·板车、炮车故障：板车发生故障可将车上货物吊至救援车上运走，将板车吊起放至救援车上运走；炮车发生故障可用吊车吊起梁的后端，牵出故障炮车，更换炮车后接好电汽路将梁运走，并将故障炮车吊起至救援车辆上运走	
6	车辆发生现场事故	发生现场事故，应视情况迅速将车上货物用吊车卸放地面上，并做好防护，减少损失。将事故车辆拖至不影响交通和现场施工的安全地方，等待修复救援	
7	发生现场人身伤害事故	发生现场人身伤害事故时，在抢救过程中，应以拯救人的生命为最高宗旨，积极投入伤员的救护工作，立即拨打120等急救电话，为伤员赢得抢救时间。同时在救护工作中应注意以下事项： ·根据伤势情况采取急救措施，如人工呼吸、心脏按摩、止血、包扎、骨折临时固定等。 ·根据伤势采用背、抱、扶及担架搬运等方法，将伤员送上救急车。 ·随时征调一切车辆进行救援，在最短时间内将伤员送到最近医院抢救。 ·设置警戒线，保护现场，采取相应措施防止发生二次伤害	
8	…	…	

险情发生后，抢险救援指挥部及抢险队立即赶赴现场，控制事态，疏散事故现场闲杂人员，清理救援车辆行走路线，保证抢险救援路线畅通无阻。为防止意外，对危险地段做必要的安全防护，设置警戒线保护现场。抢险队到现场后，仔细观察险情，制定抢险救援方案，并严格按抢险方案实施抢险救援，不能一哄而上盲目冒进，以免造成更大的人员伤亡和损失。

说明：本部分包括接到事故报告后的响应流程、应当采取的行动和措施。这里，要画出清晰、一目了然的事故响应流程图。同时，要详细写出对发生的事故可能出现的情况进行初步处理的措施。如发生高处坠落时，对休克、骨折和出血的处理；如当发生物体打击事故后，怎样对颅脑损伤、胸部骨折和出血进行处理；如发生触电事故后怎么使触电者尽快脱离电源，并进行对症施救的处理；如发生火灾和爆炸事故时，如何运用灭火器进行初期火灾扑救等。

（七）现场恢复及预案的管理

（1）确定事故应急救援工作结束后，通知本单位相关部门、周边社区及人员事故危险已解除。

（2）清点伤亡人数并做好妥善安排。

（3）写出书面报告。内容包括：

①事故发生的时间、地点、单位名称。

②事故发生简要经过、伤亡人数和经济损失的初步估计。

③事故的原因判断。

④事故发生后采取的措施及控制情况。

⑤定负责人,制定防止事故发生的预防措施。

说明:本部分主要说明施工现场在何种情况下可以恢复生产。还应包括预案的改进及持续改进;以及预案宣传、培训和演练的方式、师资、频次等。演练要有具体内容,要有记录,参与演练的人员要签字,同时还要保存文字和图片资料。

(八)附件

(1)工程项目现场平面布置图;(略)

(2)工程项目现场消防设施配置图;(略)

(3)周边地区单位、住宅、重要基础设施分布图;(略)

(4)应急演练方案;(略)

(5)急救知识。(略)

第四章　公路工程安全生产技术

近年来，随着我国公路建设规模的不断扩大，安全生产技术也在不断完善和提高。尤其是在路基高边坡施工安全控制技术、大跨径桥梁施工技术、长大隧道施工的预测预报技术以及地质灾害治理等方面都取得了长足的进展。

第一节　路基高边坡施工安全控制

一、路基石方爆破作业安全控制要点

(1)石方爆破作业，以及爆破器材的管理、加工、运输、检验和销毁等工作必须严格遵守国家爆破安全规程，主动接受当地公安部门的监督管理。

(2)选择炮位时，炮眼口应避开正对的电线、路口和构造物。

(3)凿打炮眼时，坡面上的浮岩危石应予处理。

(4)凿眼所用的工具和机械要详加检查，确认完好。

(5)严禁在残眼上打孔。

(6)用人力冲击法打松软岩眼时，应清理现场的障碍物。双人、多人冲钎时，动作应协调一致。

(7)人工打眼时，使锤人应站立在掌钎人的侧面，严禁对面使锤。

(8)机械扩眼，宜采取湿式凿岩或带有捕尘器的凿岩机。凿岩机支架要牢固，严禁用胸部和肩头紧顶把手。风动凿岩机的管道要顺直，接头要紧密，气压不应过高。电动凿岩机的电缆线宜悬空挂设，工作时应注意观察电流值是否正常。

(9)空压机必须在无荷载状态下启动。开启送气阀前，应将输气管道连接好，不得扭曲。在征得凿眼机操作人员同意后方可送气，出气口前方不得有人工作或站立。储气瓶内压力不得超过规定值，安全阀应灵敏有效。运转中应注意检查是否有异常情况，不得擅离岗位。

(10)爆破器材库的选址和搭建以及配套设施应请当地公安部门进行监督和指导，运输爆破器材要使用专用运输工具，在公安部门的押运下进行，并应避开人员密集地段，中途不得停留。

(11)要根据当地的气候和水文等情况，制定缜密的爆破器材保护预案，防止因为施工过程中突遇气候等环境因素骤变等不测，导致爆破器材的流失。

(12)人员在保管、加工、运输爆破器材过程中，严禁穿着化纤服装。

(13)爆破器材应按规定要求进行检验，对失效和不符合技术条件要求的不得使用。

(14)爆破器材必须严格管理,建立并严格执行爆破器材领用、退库制度,各种手续都要严格记录,严禁私藏、乱丢乱放。爆破器材应有专人领取,严禁由一人同时搬运炸药与雷管。电雷管严禁与带电物品一起携带运送。

(15)制作起爆药包(柱),应在专设的加工房或爆破现场的专用棚内进行。棚内不准有电气、金属设备,无关人员不得入内。

(16)扩药壶时,孔口的碎石、杂物必须清除干净。装药量应随扩壶次数、扩壶的大小和石质而定,不得盲目加大药量。扩壶时,起爆药柱送下孔底后,不得使用炮棍在炮眼内捣插。

需要多次扩壶时,每次爆破后15min(硝化甘油炸药应经过30min),等孔壁岩石冷却后,方可再次装药扩壶。

(17)装炮作业必须遵守以下规定:

①装药前应对炮眼进行验收和清理。对刚打成的炮眼应待其冷却后装药,湿炮眼应擦干后才能装药。

②严禁烟火和明火照明。无关人员必须远离现场。

③应用木质炮棍装药,严禁使用金属器皿装药。深孔装药出现堵塞时,在未装入雷管和起爆药前,可采用铜和木质长杆处理。

④不得采用无填塞爆破(扩壶除外),也不得使用石块和易燃材料填塞炮孔。不得捣固直接接触药包的填塞材料或用填塞材料冲击起爆药包,也不得在深孔装入起爆药包后直接用木楔填塞。填塞炮眼时不得破坏起爆线路。

(18)已装药的炮孔必须当班爆破,装填的炮孔数量应以一次爆破的作业量为限。

(19)爆破作业必须有专人指挥。确定的危险边界应有明显标志,警戒区四周必须派设警戒人员。警戒区内的人员、牲畜必须撤离,施工机具应妥善安置。预告、起爆、解除警戒等信号应有明确的规定。

(20)爆破时,防止个别飞散物对人员伤害的安全距离,应按照表4-1的规定确定。

个别飞散物对人员的安全距离表　　表4-1

爆破类型及方法	个别飞散物的最小安全距离(m)
1. 破碎大块岩矿	
裸露药包爆破法	400
浅眼爆破法	300
2. 浅眼爆破法	200(复杂地质条件下未修成台阶工作面时不小于300)
3. 浅眼药壶爆破	300
4. 蛇穴爆破	300
5. 深孔爆破	按设计,但不小于200
6. 深孔药壶爆破	按设计,但不小于300
7. 浅眼眼底扩壶	50
8. 深孔孔底扩壶	50
9. 洞室爆破	按设计,但不小于300

注:沿山坡爆破时,下坡方向的安全距离应比表内数值增大50%。

(21)爆破时,应点清爆炸数与装炮数量是否相符。确认炮响完并过5min后,方准爆破人员进入爆破作业点。

(22)电力起爆必须遵守下列规定。

①在同一爆破网路上必须使用同厂、同型号的电雷管,其电阻值差应控制在±0.2Ω以内。

②爆破网路主线应绝缘良好,并设中间开关,与其他电源线路应分开敷设。

③特别注意:必须严格检查主线、区域线、端线、电源开关和插座等的断通与绝缘情况,在连入网络前各自的两端必须短路。

④特别注意:爆破网络的连接必须在全部炮孔装填完毕,无关人员全部撤至安全地点后进行。连接必须由工作面向中起爆站依次进行,两线的接点应错开10cm,接点必须牢固,绝缘良好。

⑤用动力或照明电源起爆时,起爆开关必须放在上锁的专用起爆箱内,起爆开关箱和起爆器的钥匙在整个爆破作业时间里,必须由爆破工作的负责人严加保管,决不能交给他人。

⑥装好炸药包后,必须撤除作业现场的一切电源。

⑦雷雨季节、潮湿场地等情况下,应采用非电起爆法。

(23)裸露爆破必须保证先爆的药包不致破坏其他药包,否则应用齐发起爆。严禁用石块覆盖裸露药包和将炸药包插入石缝中进行爆破。

(24)各种类型的"盲炮"处理必须按照国家现行的爆破安全规程有关规定办理。

(25)大型爆破必须按审批的爆破设计书,并征得当地县(市)以上公安部门同意后,由专门成立的现场指挥机构组织人员实施。

大型爆破的安全距离,除考虑个别飞散物的因素外,还必须考虑爆破引起地震及冲击波对人员、设施及建筑物的影响,按规定经计算后确定安全距离。

(26)石方地段爆破后,必须确认已经解除警戒,作业面上的悬岩危石也经检查处理后,经过履行必要的确认手续,清理石方人员方准进入现场。

(27)撬动岩石必须由上而下逐层撬(打)落,严禁上下双重作业,不得将下面撬空使其上部自然坍落。撬棍的高度不要超过人的肩部,不得将棍端紧抵腹部,也不得把撬棍放在肩上施力。

(28)抬运石块的铁链或绳索应理顺并拴牢,抬运时要同起同落、步调一致。

(29)爆破时设警戒:安全员和爆破员要严格按照爆破制度,每次爆破必须设立警戒线,并安排足够的人员防止人和车辆在警戒线内通行。

(30)安全员和班组长要严格安全管理,不戴安全帽不得进行爆破作业。

二、高陡边坡处施工的一般要求

(1)作业人员必须绑系安全带,绑挂安全带的绳索应牢固地拴在树干或插固的钢钎上,绳索应垂直。不得在同一安全桩上拴2根及以上安全绳或在一根安全绳上拴2人以上。

(2)边坡开挖中如遇地下水涌出,应先排水,后开挖。

(3)开挖工作应与装运作业面相互错开,严禁上、下双重作业。

(4)弃土下方和有滚石危及的区域,应设警告标志,下方有道路时,作业时严禁通行;清理路堑边坡上突出的块石和整修边坡时,应从上而下顺序进行,坡面上的松动土、石块必须及时清除。坡面上的操作人员需戴安全帽。严禁在危石下方作业、休息和存放机具。边坡上方有人工作时,边坡下方不准站人。

(5)高边坡开挖:作业人员要戴安全帽,并安排专职人员对上边坡进行监视,防止上部塌方和物体坠落。技术人员和安全人员要随时观察高边坡是否有滑动的可能并及时采取安全措施。

(6)深基坑开挖抛土距坑边缘太近:班组长和安全人员要及时地指挥作业人员将基坑边缘和土移到规定距离之外。

(7)高边坡浆砌和干砌无人看管:班组长要安排专职人员查看边坡上的情况,以防止边坡上有异物坠落,并且作业人员必须戴安全帽。

三、路基高边坡施工专项施工方案示例

(一)工程概况

国家重点工程二广高速公路×××施工段,起点位于××省××县境内,是交通部规划的国家重点公路××至××国家高速公路的重要组成部分,同时也是××省"三纵六横"公路骨架中第二纵的一段。××高速公路×××施工段(K78+500~K900+1 000),位于某市境内,起于××村K80+700,终于××××村,全长13km。设计路基宽度26m,车速100km/h,双向四车道,荷载等级公路-I级。

(二)安全专项施工方案编制依据

《公路工程施工安全技术规程》(JTJ 076—95)、《建设工程安全生产管理条例》(中华人民共和国国务院令第393号)、《公路桥涵施工技术规范》(JTJ 041—2000)、《公路路基施工技术规范》(JTG F10—2006)。

(三)施工技术方案

1.深挖路堑施工方案

本合同段地形起伏大,挖方一般较深,且挖方集中。工作面较小,技术要求高,施工环境复杂,施工难度大,必须做到精心组织,精心施工。

注意事项:

(1)深路堑开挖除要求符合土石方开挖的要求外,在施工前应详细复查设计图纸所确定的深挖路堑地段及路堑边坡的工程地质资料,编制实施性施工方案。

(2)由于深挖路堑的边坡较高,不易控制坡率,因此在施工前必须在坡口位置,先测量放样出坡口桩,经复核后沿坡口开挖出一条0.2m×0.2m的坡口沟(若岩石裸露则采用红油漆等标注),以防施工中边坡错位。

(3)施工时及时做好排水工作,按设计要求开挖截水沟,尽量完成铺砌工作,拦截地面水。对易滑坡、坍塌地段,加强观测并及时作好防护措施。

(4)根据现场的地形,采用以下两种开挖方案:

①当深挖方地段沿路线纵向地形相对较缓,则采用自卸汽车配合挖掘机直接开挖。沿路线方向开施工便道,便道纵坡应保证自卸汽车空车在正常情况下能顺利爬到坡顶,为施工安全,在路线左右幅各开一条施工便道,上下汽车分道行驶。挖掘机从高至低分层分幅开挖,每层开挖深度控制在3~4m,每幅宽度控制在8~10m。具体的开挖顺序见图4-1。

②当深挖方地段沿路线纵向地形相对较陡,汽车无法抵达时,则利用推土机将山顶降低5~6m,再利用挖掘机开挖;在汽车可以抵达的位置处设一工作平台,用推土机将山顶的土推至平台处,用挖掘机或装载机装车。挖至挖掘机能够装车的位置后,再用第一种方法施工。

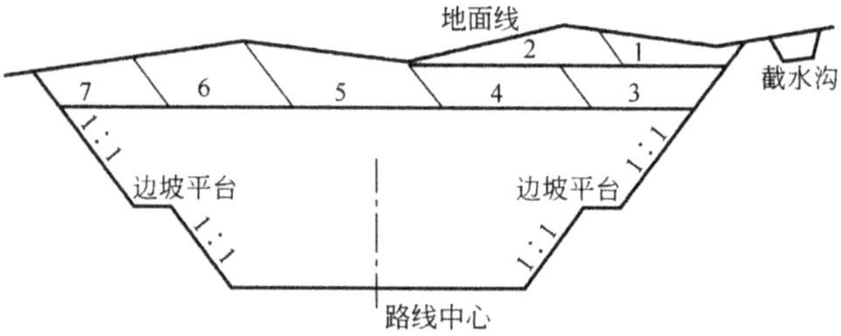

图4-1　路堑开挖顺序图

无论采用哪种方法，施工时都必须严格控制边坡坡率，在坡口处设置明显标志，以防侵线。边坡修整时预留0.3m用人工修整。每降低两层需重新测量放样。在开挖过程中，如发现土质变化较大时，应暂停施工，并及时报告监理工程师，确定是否进行地质补勘或修改边坡坡率。

(5)挖至土石分界线时，经监理工程师现场确定后，按石方爆破施工。

(6)当挖到边坡平台位置时，采用机械整平后，在施放的坡口桩位置往下继续开挖。

(7)深路堑路基施工遇到雨季时，对已开挖的边坡及时用防水材料覆盖，并修建一部分临时排水设施，防止边坡被冲刷。

(8)土石方调配。本合同段施工线路较长，施工场地窄，土石方调配数量大。在施工前，制订好合理可行的土石方调配方案，根据调配方案配置好施工机械和施工顺序。施工时能在本工段内解决的，尽量在本段内解决，尽量减少土石方运距，避免大量的借方及弃方。土石方调配按以下原则进行：

①挖方和填方基本达到平衡，尽量减少重复倒运。

②在满足填土质量的要求下进行经济调配，做到挖方量和运距的乘积最小，即总运输量最小。

③选择恰当的调配方向和运输线路，避免对流和倒流，便利机具调配和机械化施工。

根据地形图和路线纵断面图计算出各段土石方具体数量，据此绘制土石方调配图，并于施工前28d将土石方调运图表报监理审批。

2. 石方爆破施工

本合同段开挖断面有两种典型断面，即半挖半填断面的开挖和全挖断面的开挖，对这两种典型施工路段，对全挖断面予进行爆破方案设计。

(1)爆破总体方案

根据不同施工断面及岩性情况，并充分考虑工效及安全制订爆破方案，见表4-2。

石方爆破总体设计方案　　表4-2

项目类型	半填半挖	全挖断面
岩性	风化花岗岩	风化花岗岩
爆破总体方案	浅孔爆破	浅路堑浅孔爆破，深路堑深孔爆破
工作面方案	分层横向台阶方案 分层纵向台阶方案	“留靴”槽式堑沟方案

续上表

项 目 类 型		半 填 半 挖	全 挖 断 面
爆破参数	软岩	W = 1.1m, a = 1.2m	W = 1.1m, a = 1.2m
	次坚石	W = 1.0m, a = 1.1m	W = 2.6m, a = 2.6m
凿岩机		7655	7655 及 KQD100
炮孔直径		φ38mm	φ38mm, φ90mm
炮孔深度		≤2.0m	2m, 11 ~ 12m
炸药		2 号岩石硝铵炸药	2 号岩石炸药及铵油炸药
起爆器材		电毫秒雷管	电毫秒雷管及导爆索

(2)半挖半填开挖方案

半挖半填断面开挖根据工作面情况，采用横向台阶爆破法、纵向台阶爆破法以及边坡的光面爆破方案。

①分层横向台阶爆破法。分层横向台阶爆破方案适用于挖方较窄处，且对飞石要求严格控制地段，爆破布眼方案见图 4-2。

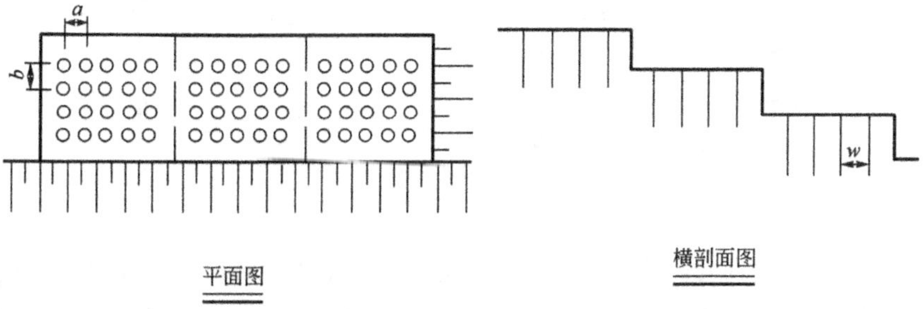

图 4-2　分层横向台阶布眼图

②分层纵向台阶爆破法。分层纵向台阶爆破方案适合于地势较平缓，离公路、河流较远路段，爆破布眼方案见图 4-3。

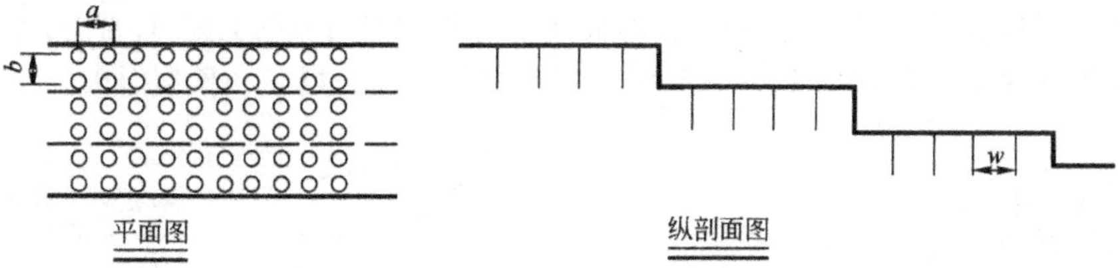

图 4-3　分层纵向台阶布眼图

③边坡开挖。按设计边坡度采用光面爆破开挖，孔径 $d = 38$mm，炮眼间距 $a = 500$mm，光面厚度 $w = 600$mm，装药量 0.20 ~ 0.30kg/m，布眼方案见图 4-4。

3. 深挖路堑开挖方案

1)施工顺序

深挖路堑路段总体施工顺序见图4-5。首先沿预定路基外侧向前形成一槽式堑沟(图中I部分);然后再爆破剩余部分(图中II部分),以阻止路基上部山体爆破岩石向下滚落。

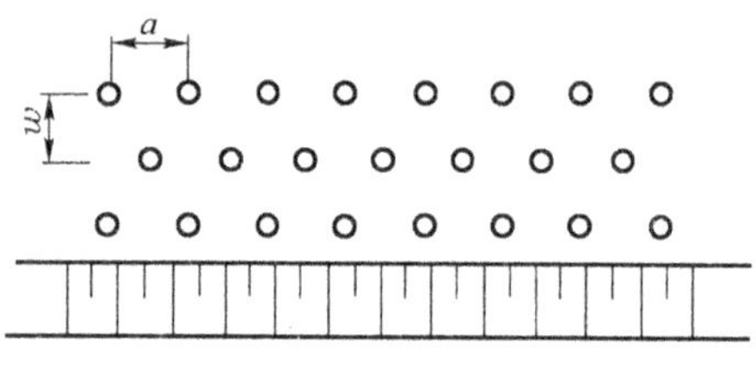

图4-4　光面爆破布眼图

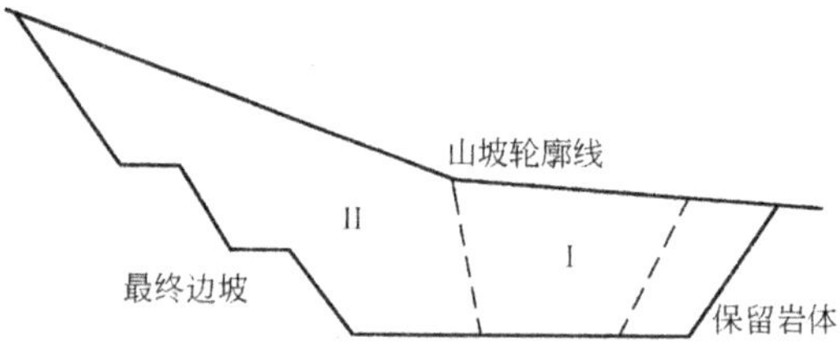

图4-5　深挖路堑总体施工顺序图

2)I部分岩体爆破参数的确定

(1)堑沟宽度如图4-6,考虑便于汽车装运、钻孔设备操作、爆破网络设计等因素,挖掘成10m宽的堑沟。

(2)炮孔直径 d 如图4-7,凿岩设备采用KQD100潜孔钻,开挖爆破与预裂爆破穿孔设备最好一致,以利于现场操作,拟采用 $d=90\text{mm}$, $W=2.6\text{m}$, $a=2.6\text{m}$。

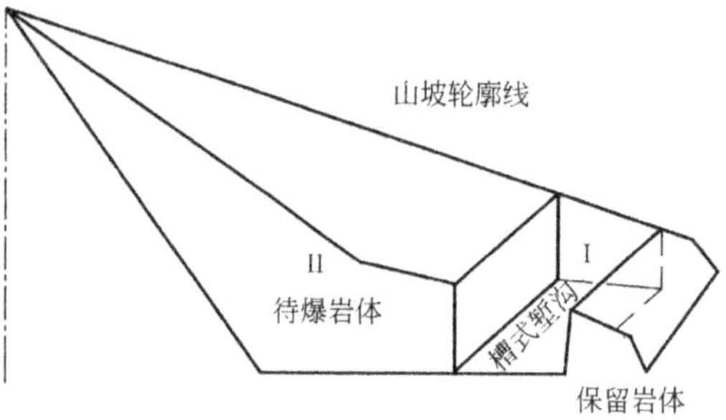

图4-6　"留靴"爆破最终效果图

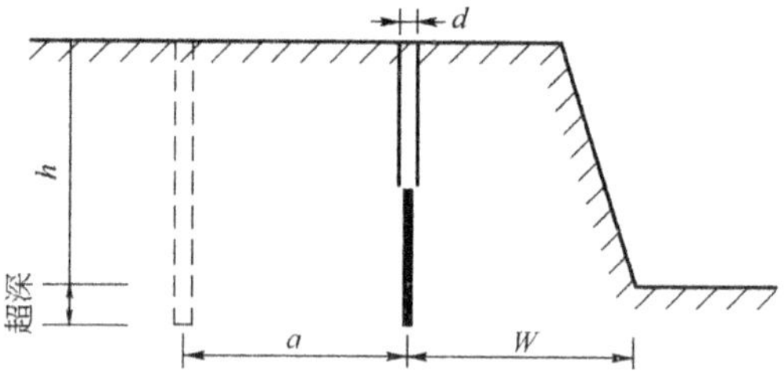

图4-7　爆破参数示意图

(3)布孔方式及微差间隔的确定布孔形式采用等三角形布置,以利于炸药能量均匀作用于岩石,实现理想的破碎效果。起爆顺序依次为0-1-2-3-4,如图4-8,首先起爆的炮孔位于上部山坡一侧,以控制爆堆前移方向,改善破碎效果,降低爆破震动。采用我国生产的毫秒微差雷管,排间时间间隔采用25ms。

3)II部分岩体施工顺序

由于地形对爆破施工的影响,确定施爆顺序时必须考虑山体的坡度,II部分总体爆破施工顺序见图4-9,由上到下依次为1-2-3,每一部分又分为压渣爆破和预裂爆破。

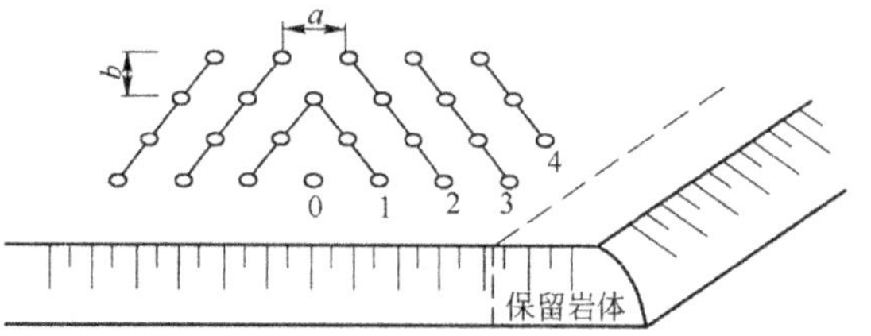

图4-8　I部分岩体爆破孔起爆顺序图

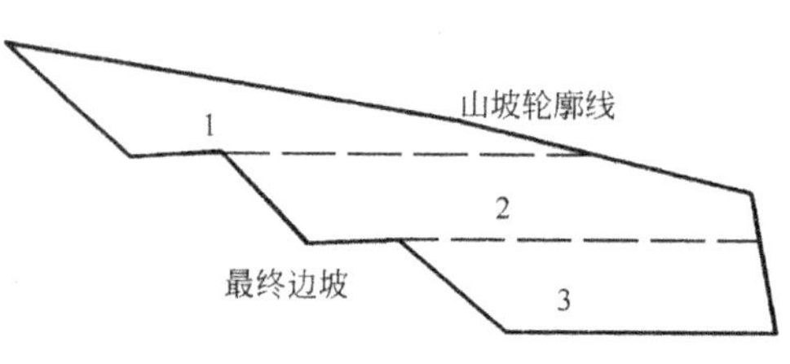

图4-9　II部分岩体台阶爆破顺序图

4）边坡控制方案

为确保边坡的稳定，不产生超挖和欠挖，边坡采用光面爆破。在节理裂隙较发育地段及某些特殊地段采用预裂爆破。

为获得良好的光面效果，宜采用低密度、高体积威力炸药，以减少炸药爆轰波的破碎作用和延长爆破气体的膨胀作用时间，使爆破作用呈准静态状态，拟采用国产 2 号岩石专用光爆炸药，以获得预期效果。

（1）光面爆破参数的确定

参照国内外岩石光面爆破施工经验，光面炮孔参数确定如下：

①最小抵抗线 W：$W=(0.5\sim0.8)H=1.0\sim1.6\text{m}$

本工程中取 $W=1.5\text{m}$，式中 H 为阶梯高度，此时取 2.0m。

②炮孔间距：$a=b\times W=(0.6\sim0.8)\times1.5=0.9\sim1.2\text{m}$

本工程取 $a=1.1\text{m}$。

③光面炮孔装药量：$Q=q\times a\times W=0.6\times1.5\times1.1=0.99\text{kg/m}$

式中，q 为松动爆破单位炸药消耗量，取 0.6kg/m^3。

光面爆破示意图见图 4-10。

（2）光面爆破装药结构

①药包制作：为保证在光面爆破时，不使药包冲击破碎炮孔壁，有必要在现场施工中采取措施使药包位于炮孔中心，见图 4-11。将药卷捆绑于竹竿上，各药卷间用导爆索相连，药包一端绑上起爆雷管即成。操作时将药包置于孔内，上部填塞好。

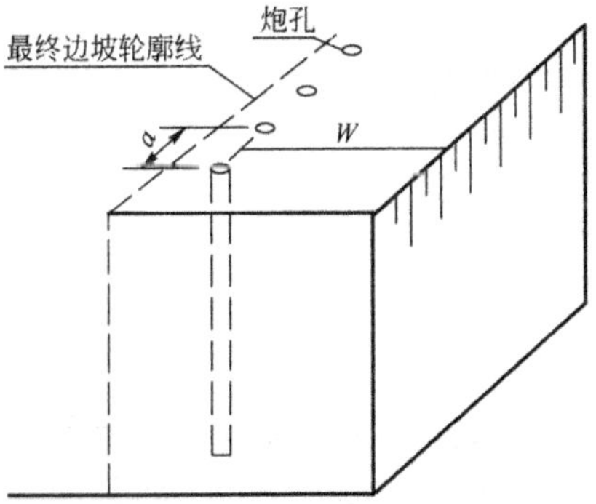

图 4-10　光面爆破示意图

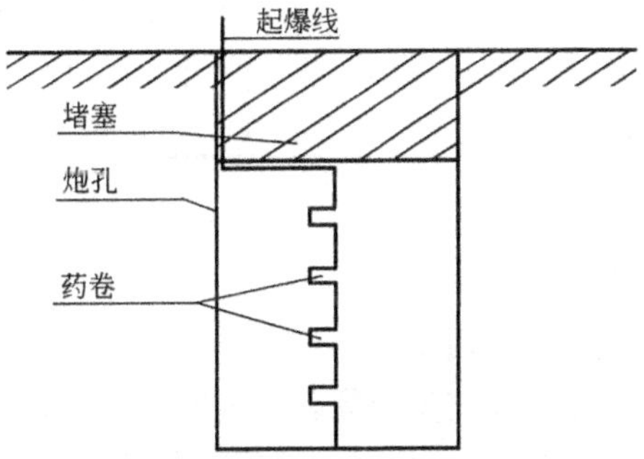

图 4-11　光面爆破装药结构图

②堵塞：良好的堵塞要保证高压爆炸气体不泄露所必需的堵塞长度，取炮孔直径的 12 ~ 20 倍，现场根据孔间距和光面厚度适当调整。

5）爆破块度控制

因石方爆破后部分作为填方材料，爆破块度要求控制在 10 ~ 35cm，为了达到良好的块度要求，可采取如下措施：

（1）根据实际岩性情况，不断优化炮孔参数；

（2）采取压渣挤压爆破，即在施爆岩体前面依次留下 2 ~ 4m 厚前次爆破的岩渣，这样有利于阻止施爆岩体前移和促使岩体充分破碎，见图 4-12。

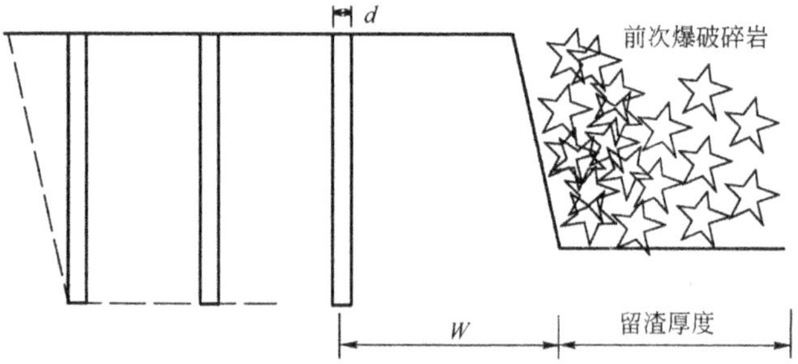

图 4-12　压渣爆破最终效果图

(3)采用孔内微差爆破技术,可加强孔底爆破作用,改善爆破效果,并且减震效果好。

(4)工作面开阔地带,可采用格式布孔,对角微差起爆,其布眼方式、起爆顺序见图 4-13。这种起爆方式,岩石抛掷距离双排间微差减少 30% 左右,大块率可下降到 0.9% 并可大幅度降低地震效应。

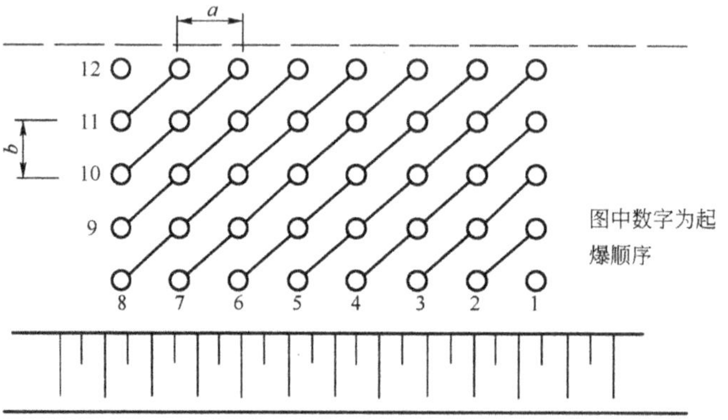

图 4-13　格式布眼、对角微差起爆顺序图

6)爆破安全

(1)爆破震动

根据《爆破安全规程》(GB 6722—2003)规定:对于一般砖房,非抗震的大型砖砌块建筑物,震速 $V<2\sim30\text{m/s}$,建筑物距爆破点不小于 50m,以此计算:

$$V = K(3\sqrt{Q/R})a$$

式中:Q——最大装药量(kg);

R——距爆源中心距离(m);

K——与介质特性有关系数,取 180;

a——与地形,地质等有关系数,取 1.8。

由上述公式计算得 $Q=136\text{kg}$,可见,对于 50m 外的一般建筑物,当某段起爆药量达 136kg 时,不会产生震动破坏。又由于爆源位于地势高处,待保护建筑物位于山脚,实际的爆破震动要比计算允许值低得多,因而本工程爆破震动不是主危害。

(2)爆破飞石

爆破场地位于山坡上,极易产生爆破飞石,对于飞石距离的计算公式,我国常用经验公式:

$$R = 20Kn^2W = 20 \times 1.5 \times 0.75^2 \times 2.4 = 40.5\text{m}$$

式中：K——安全系数，与地形、风向等有关，取1.5；

n——爆破作用指数，松动爆破时取 $n=0.75$；

W——抵抗线，取 $W=2.4$m；

可见，爆破飞石在一般地段在控制范围内，但在某些要求高的路段还未达到要求，还必须采取如下措施：

①采用"V"形工作面。

②预留隔墙和"留靴"等方式。

③高压线下石方爆破，采用松动爆破并用炮被覆盖，防止飞石。

④山坡下部（河道上方）做好挡墙，阻挡滚石落入河道。

⑤施爆过程，根据具体情况调整药量和布孔参数，保证良好的堵塞质量，结合微差及压渣爆破，保证岩石产生松动破碎，而非抛掷爆破。

7）爆破工作面组织

根据本合同段路基开挖高度及开挖工程量，设立两个作业面，两个深孔、一个浅孔爆破作业点。

（1）爆破设备配置

①浅孔凿岩机台班效率60m^3/台班，每个浅孔爆破作业点安排1台凿岩机作业。

②深孔凿岩机台班效率300m^3/台班，考虑与推土机之间的干扰，每个作业点配备2台KQD100型潜孔钻，另还配备1台浅孔7655型凿岩机用于破碎大石块及隔墙打眼爆破。

（2）劳动力配备：浅孔凿岩机每台配1台机械手，1名助手；潜孔钻每台配2名机械手，2台助手；爆破工每个作业面安排3人。总共安排凿岩工11人，助手11人；爆破工6人。

8）主要设备材料需要量

本合同段路基土石方爆破所需设备见表4-3。

石方爆破主要设备　　　　表4-3

序　号	名　称	型　号	单　位	数　量	备　注
1	潜孔钻机	KQD100	台	4	
2	浅孔凿岩机	7655	台	3	
3	空压机	EP200	台	1	20m^3
4		VY－12/7	台	1	12m^3
5		DY－9/7	台	1	9m^3
6		V－6/8	台	1	6m^3

（四）安全施工专项措施

（1）必须按设计规范施工。

（2）全部作业过程严格执行操作规程。

(3)路基施工准备

①机械设备配备:挖掘机、装载机、推土机、压路机、平地机、自卸翻斗车、供电设施、照明设备、混凝土车、汽车吊等。

②安全防护用品:安全帽、警示牌、口哨、指挥旗、标志牌、警示灯、安全带等。

(4)开工前检查:挖掘机、装载机、推土机、压路机、平地机、自卸翻斗车、供电设施、照明设备、混凝土车、汽车吊等是否处于良好状态,各项制动是否有效,电缆线有无破损等情况。

(5)施工安全注意事项

①在靠近公路、街道、交通繁忙地段或附近施工,需安排专人进行警戒。

②车辆通过较多、运输较繁忙的便道,弯道半径小于15m,特殊地段小于10m时,须挂安全隔离标志带及警示牌。

③施工现场便道急弯处、陡坡地段要求悬挂标志标识牌。

④严禁穿硬底、带钉子、易滑、高跟、拖鞋或赤脚进入施工现场。

⑤施工现场材料、设备摆放整齐有序。

⑥施工翻斗车不能行车载人及超载超速,其他施工机械不得超速行驶及违章作业。前后两车(机械)间距不应小于10m。

⑦路堑开挖严禁采取掏底开挖(忌挖神仙洞),以免坍塌。

⑧严禁在松动危石下、未熄火的大型机械旁作业和休息。

⑨弃土场的选址需避免泥石流沟。

⑨严禁在山坡上同一地段的上下不同时作业。

⑪人工挖掘作业人员横向间距不应小于2m,纵向间距不应小于3m。

⑫滑坡地段开挖,须从两侧向中部自上而下开挖,禁止全面拉槽开挖。

(五)危险因素及应对措施

1. 重大危险源的识别

高边坡施工的地形和地质水文条件复杂,从业人员的素质较低,因此它是高风险和易发生安全事故的施工作业。从人、机、料、法、环境6个因素综合分析,识别确认有4个可能造成人员伤害、财产损失的危险源为:机械伤害、爆破伤害、触电伤害、坍塌和滑坡。

2. 对重大危险源的评价

(1)机械伤害:机械运转工作时,因机械意外故障或违规操作可能造成人身伤害或机械损害。

(2)爆破伤害:爆破施工时,因违规操作而引起的人员和财产损害。

(3)触电伤害:工程外侧边缘距外电压线路未达到安全距离,用电设备未做接零或接地保护,保护设备性能失效,移动或照明使用高压,违规使用和操作电气设备,对人身造成伤害或损害。

(4)坍塌和滑坡:路基开挖时因施工方法不当,机械使用不当,造成的坍塌和滑坡,对人身或机械造成伤害或损害。

3. 预防措施

(1)对重大危险要采取前期控制和施工过程控制"两个控制"。

①前期控制:工程开工前在编制施工组织设计或专项方案时,针对工程的各种危险源,制

定出防控措施。

②施工过程控制:在工程施工过程中,严格按照各项 操作规程和专项安全施工方案施工和监督检查,认真落实整改。

(2)加强安全生产的综合管理。

①认真落实各级安全生产责任制,建立健全各项管理制度,杜绝一切人为事故的发生。

②加强对员工队伍人员的安全教育,提高作业人员素质和安全生产自我保护意识。

③增强各级管理人员安全责任意识,加强安全专业知识培训。

④严格加强各种危险源预防管理工作,结合工程特点,针对确认的危险源实施相应的预防控制措施。

(3)切实加强安全交底制度的落实。

①交底必须在施工作业前进行,任何项目在没有交底前不准施工作业。

②交底工作一般在施工现场项目部实施。

③交底必须履行交底人和被交底人的签字模式,书面交底一式二份,一份交底给被交底人,一份附入安全生产台账备查。

④被交底者在执行过程中,必须接受项目部的管理、检查、监督、指导,交底人也必须深入现场,检查交底后的执行落实情况,发现有不安全因素,应马上采取有效措施,杜绝事故隐患。

4. 危险源的具体预防措施

1)预防机械伤害事故的防护措施

为保证作业人员的安全,防止机械对人体的伤害事故,制定本措施。对所有各种机械设备进场后,必须由设备部负责人会同安全员和使用机械的人员共同对该机械设备进行进场验收,经验收发现安全防护装置不齐全的或有其他故障的应退回设备保障部门进行维修和安装。使用前要对设备使用人员进行必要的安全技术交底和教育工作,使用人员必须严格执行交底内容及按操作规程操作。使用中间经常对设备进行维修保养,停止使用后切断电源并锁好电闸箱。各种机械设备必须专人专机,凡属特种设备,其操作负责人要按规定每周对施工现场的所有机械设备进行检查,发现问题及隐患及时解决处理,确保机械设备的完好,防止机械伤害事故的发生。

2)预防坍塌和滑坡事故的防护措施

为防止高边坡开挖出现坍塌和滑坡事故,特制定防护措施。施工过程中,对施工开挖的地质情况、施工情况等信息尽心动态监测。对地质有出入的应联系设计部门进行相应设计修改。

高边坡监测:用于稳定性监测的位移边桩设置,一般纵向每隔 50 ~ 100m 左右设置一个观测断面,对于一些特殊情况可酌情增设观测断面。

充分考虑季节性气候对高边坡施工的影响,尽量避免安排在雨季施工。所有高边坡的施工必须提前做好截水沟和排水沟,截断山体水流。排水设施必须与实际地形和临近的沟渠顺接,确保雨季排水畅通,不积水。为防止水流下渗和冲刷,对截水沟应进行严密的防渗和加固,对地质不良地段和土质松软、透水性较大或裂缝较多的岩石路段的截水沟,以及对沟底纵坡较大的土质截水沟的出水口,均应采取加固措施防止渗漏和冲刷沟底及沟壁。

严格执行分级开挖分级防护,对不稳定的边坡采取开挖和防护相结合,避免开挖边坡暴露时间过长，使边坡松弛范围变大，造成新病害。

如有地下水露出，应将地下水排出引入排水系统，不可堵死。

严格按照批准的施工方案施工，特别是爆破施工，必须严加控制，严禁有大药量爆破现象出现，并按照要求制定好各种防飞石措施。

严格实行奖罚措施制度，对违反高边坡施工安全的各种行为必须严加惩罚。

5. *爆破施工的安全防护措施*

1)施工管理

(1)建立以项目部为指导的爆破作业指挥部，各工区负责人为现场负责人，设工区专职安全员和专业爆破员。

(2)建立爆破作业器材集中收发制度，按工作量发料，多余的爆破器材在当班施工完成后，应及时上交给发放人员回收，做到集中发料、统一制作、统一回收、集中保管，严格登记手续，避免爆破器材流入社会。

(3)安排好作业时间、爆破时间，并将爆破时间告示于周围居民。

(4)爆破总负责人负责施工组织、人员调配、生产安排，并对安全、生产负责。

(5)专职安全员负责现场安全检查，布置检查爆破警戒。

2)施工组织

本项目采用专业作业法施工。即专业班组专职从事爆破作业工作，负责清孔、装药、连线、爆破、处理瞎炮和哑炮。

3)安全技术措施

(1)严格按照技术交底中爆破技术要求施工，针对不同的地区、地质情况、岩层倾向、裂隙和周围情况选择不同的爆破方案。爆破药量根据实际爆破效果逐步进行调整。

(2)在离工棚或周围房屋比较近的爆破区域必须采取切实有效的防飞石措施。

(3)爆破在装炸药时，应特别注意防漏电，在装药前孔桩内所有的电器设备应提升至地面。在装药时，雷管的脚线应短接，连接爆破母线时应保证良好的绝缘性，严禁拖地接触泥水，雷雨天气应停止爆破作业。

瞎(哑)炮的处理：

在爆破作业完成后，检查人员应下到工作面检查瞎炮情况，并及时按爆破作业规程进行处理。另外在清查时发现瞎炮，应及时报告项目部，安排专业人员处理，禁止非专业人员私下处理。爆破器材属于危险物品，应进行严格处理。严格爆破器材的领用、发放、使用及回收制度。

4)预防触电事故的防护措施

(1)为了加强施工现场用电管理，保障施工现场用电安全，防止触电事故发生。施工现场专用的中性点直接接地的供电线路必须实行 TN－SR 接零保护系统，同时必须做到三级控制两级保护。电箱为标准电闸箱，并采取防雨、防潮措施。

(2)电气设备应根据地区或系统要求，做保护接零，或做保护接地，不得一部分设备做保护接零，另一部分设备做保护接地。必须由持有合格证件的专职电工，负责现场临时用电设施管理及安拆。对新调入工地的电气设备，在安装使用前，必须进行检测测试。经检测合格后方能投入使用。专职电工对现场电气设备每月进行巡查，项目部每月对施工用电系统、漏电保护器进行一次全面系统的检查。

(3)配电箱设在干燥通风的场所,周围不得堆放任何妨碍操作、维修的物品,并与被控制的固定设备距离不得超过3m。安装和使用按“一机、一闸、一箱、一漏”的原则,不能同时控制两台或两台以上的设备,否则容易发生误操作事故。

(4)配电箱应标明其名称、用途,并做出分路标志,门应配锁,现场停止作业1h以上时,应将开关箱断电上锁。照明专用回路设专用漏电保护器,灯具金属外壳做接零保护,室内线路及灯具安装高度低于2.5m的应使用安全电压。在潮湿和易触电及带电体的照明电源必须使用安全电压,电气设备架设或埋设必须符合要求,并保证绝缘良好,任何场合均不能拖地。线路过道应按规定进行架空或埋地,破皮老化线路不准使用。

(5)使用移动电气工具和混凝土振捣作业时,必须按规定穿戴绝缘防护用品。

(6)凡是从事与使用电气设备、工具有关的施工作业时,必须实行电工跟班作业。

第二节　长大隧道施工的预测预报技术

隧道施工地质超前预报由来已久,英、法、德等国家均将此列为隧道工程建设的重要研究内容。在我国,自根据矿巷施工进度和掌子面地质性状作出的矿巷前方将遇到断层并将引发塌方的成功预报开始,隧道施工地质超前预报的研究和应用已经展开。随着隧道施工技术的提高,对隧道施工地质超前预报提出了更高的要求。受地质勘察精度、经费等条件的限制,设计与实际不符的情况屡有发生。通过地质超前预报及时发现异常情况,预报掌子面前方不良地质体的位置、产状、类型及其围岩结构的完整性与含水的可能性,从而为隧道施工单位优化施工方案提供依据,为预防隧道突水、突泥、突气等可能形成的灾害性事故及时提供信息,使工程单位提前做好施工准备;通过预报可以了解掌子面前方短距离内的工程地质条件及围岩类别,为施工单位正确选择开挖断面、支护设计参数和施工方法提供依据。所以隧道施工地质超前预报对于安全科学施工,提高施工效率,缩短施工周期,避免事故损失,具有重大的社会效益和经济效益。

一、工程地质预测预报的主要内容

隧道工程地质超前预报是对隧道掌子面前方可能存在的足以影响施工人员安全、施工进度(工期)、工程结构稳定的不良地质体(带)的位置、规模及其性质进行科学的预测预报,工程地质预测预报的主要内容有:

(1)断层及其影响带、节理密集带的位置、规模及其性质。

(2)软弱夹层的位置、规模及其性质。

(3)岩溶层的位置、规模及其性质。

(4)不同岩类间接触界面位置。

(5)废弃矿巷的分布及其与隧道的关系。

(6)工程地质灾害可能发生的位置和规模。

(7)隧道围岩级别变化。

(8)隧道涌水水压及水量。

二、工程地质预测预报的技术

1. 地质法

包括掌子面编录预测法、地面地质体投影法、断层参数法等。主要根据隧道施工期掌子面地质条件,如岩体结构面产状及发育状况、岩体破碎程度、岩石变质程度等特征,结合地表地质调查结果,采用相关分析(包括结构面统计分析、构造相关分析等)进行超前预报。主要预报掌子面前方存在的断层、不同岩类间的接触界面、隧道前方围岩的稳定性及失稳破坏形式等。地质法隧道施工期地质超前预报是最早开展的,也是其他超前预报方法的基础。大秦铁路军都山隧道采用的是地质法结合钻孔测试法。

2. 超前导坑(超前平行导坑或隧道)法

该法利用已有隧道、超前导坑、超前平行导坑或隧道所遇地质情况对隧道进行施工期地质预报,这是隧道施工期地质预报的一种常用方法,特别是当两平行隧道间距较小时,利用超前平行隧道所遇地质情况预报效果更佳。大瑶山隧道施工采用了超前平行导坑法,秦岭隧道则采用了超前平行隧道法。

3. 超前水平钻孔法

超前水平钻孔法是隧道施工期地质超前预报方法中最直接的方法。通过钻孔钻进速度测试和对所采取的钻孔岩芯的观察及相关试验获取隧道掌子面前方岩石(体)的强度指标、可钻性指标、地层岩性资料、岩体完整程度指标及地下水状况等诸多方面的直接资料。采用此方法不仅可以确定隧道掌子面前方地质情况,而且可以起到探水的作用。渝怀铁路圆梁山隧道大量采用了该方法,超前水平钻孔总长度达到了 2 900m。

4. 超前钻孔声波测井及跨孔声波透视(包括 CT)

利用凿岩台车在隧道施工掌子面加接钻杆施作微倾角超前钻孔,采用声波探测技术,通过孔中测井或跨孔声波测试结果来进行隧道掌子面前方地质条件的超前预报。在大瑶山隧道采用了孔中测井或跨孔声波透视法。受钻孔的限制,该方法目前已发展为声波 CT 法。随着计算机技术的广泛应用和声波 CT 专用软件的成功开发,在原有跨孔声波测试基础上开发的岩土声波 CT 层析成像法已开始应用于隧道施工期地质超前预报。

5. 波反射法

该法是利用声波、超声波、地震波及电磁波在地层中传播、反射,通过信号采集系统接收反射信号,判释隧道掌子面前方反射界面(断层、软弱夹层等)距隧道掌子面的距离来进行隧道施工期地质超前预报。目前广泛采用的 TSP、HSP 和地震反射(负视速度法)预报方法均属波反射法。

6. 波反射层析成像法

波反射层析成像法是近年来发展起来的一种隧道施工期地质预报方法,采用反射地震层析成像(TRT,美国 NSA 工程公司)已成功地进行隧道掌子面前方岩脉、岩溶洞穴、废弃矿巷、富水破碎带和断层的预报,应用反射电磁波成像等波反射层析成像法进行隧道施工掌子面前方地质预报亦有所报道。

7. 综合超前地质预报方法

目前,常用的预报方法有:地面地质调查法、地质雷达、TSP 等。受各种条件的限制,不同的地质超前预报方法有各自的优缺点。地面地质调查法是长期超前地质预报方法。它是运用地下地表构造的相关性原理，对隧道周围的不良地情况进行宏观和较为粗略的预报，预报距离可以达到 200m 以上。它有可靠的理论基础，适用性强，成本低，但仅靠有限之“见”难以预报较大范围内的地质情况，特别是在地层岩性变化极为复杂（如强烈褶皱地层）的隧道中预报的难度很大。地质雷达是短期超前地质预报方法。它分辨率高、无损伤、探测和数据处理快、机动灵活，但其预报距离较短，只能预报掌子面前方 10～30m 以内。而且很难克服施工隧道内的干扰因素，影响探测成果的准确性，而较准确预报距离往往只有十几米。TSP 是长期超前地质预报方法之一。它利用地震波在不均匀地质构造中产生的反射波特性来准确预报隧道施工前方 150 m 范围内的地质条件和岩石特性变化；同时，还可以提供杨氏模量、泊松比等岩石力学参数，也可预测围岩级别，从而更清晰地反映前方的地质状况，为信息化施工顺利进行奠定基础。现在 TSP 已经被国内外广大技术人员和工程单位广泛采用。但它探测费用高，对隧道施工有细微干扰，受探测人员专业技术水平限制，存在多解性特点。在探测成果图中，断层、节理、软弱岩层界面，都以相近的异常带形式出现，差别甚小，在经验不足或解释水平不高的情况下很难区分。

综合预报手段是以上述 几种预报方法为基础，以系统科学理论为指导，配合科学的信息化管理技术，建立起来的预报手段。它联合以上 2 种或 3 种预报方法，根据其获得的信息，建立该隧道的工程信息数据库，利用反映介质相同或相似特性的不同方法之间的综合解释，最大限度地消除解释的非唯一性，推断以及分析前方的不良地质情况；同时它能够根据跟踪预报的结果及时地提供预测信息，从而为重大隧道工程提供理想的预报效果。

三、工程实例——TSP203 地质超前预报系统在××隧道施工中的应用

××特长隧道全长 2 752m。隧道洞身所通过的地层为太古界（Art）的一套花岗片麻岩，岩体完整。根据隧道岩性、埋深、构造等具体特点，预测黑云花岗片麻岩、石灰岩可能发生岩爆，隧道区通过的 F_3、F_2、F_1 三条断层时存在着突水、涌泥等地质灾害的可能，雨季时尤为突出。高地应力、岩爆、断层破碎带、突泥、涌水、岩溶等不良地质构成了本标段复杂多变的地质条件。

该隧道主要采用短期地质超前预报和 TSP203 长期地质超前预报相结合的预报方法。短期地质超前预报又称跟踪预报，它是在长期地质超前预报的基础上进行更加准确的预报，是正确指导施工必须采取的工作步骤。主要采用的手段有：掌子面编录预测法、水平超前钻孔法和地质雷达法。

1. TSP203 探测系统的工作原理

TSP203 超前地质预报系统探测的基本原理是应用了震动（声）波的回声原理。震动（声）波是由特定位置进行小型爆破所产生，布局一般是大约 24 个爆破点沿着隧道左壁或者右壁平行隧道隧洞底成直线排列，孔深 1.5m，点距 1.5m，由人工制造一系列有规则排列的轻微震源，形成地震震源断面。这些震源发出的地震波遇到地层层面、节理面，特别是断层破碎带界面和溶洞、暗河、岩溶陷落柱，淤泥带等不良地质界面时，将产生反射波。反射震动的信号由布置在单壁或是双壁的传感器接收，并将接收的数据传送给记录单元，由于反射信号的传送时间与到地质界面的距离成正比，反射信号的强度与相关界面的性质、界面的产状密切相关。从而通过

反射波数据分析系统，得出相关隧道剖面及围岩相关的物理力学参数。

2. 系统组成及技术性能

仪器系统主要由记录单元和接收单元两大部分组成。

(1)记录单元：记录单元的作用是地质信号记录和信号质量控制，其基本组成为完成地震信号 A/D 转换的电子元件和一台电脑，电脑控制记录单元的地震数据记录、储存以及评估。其主要技术指标如下：①12 道；②24 位 A/D 转换；③ 采样间隔：62. 5tzs；④ 带宽：8 000Hz；⑤记录长度：7 218 采样点；⑥动态范围：120dB。

(2)接收单元：接收单元用来接收地质信号，安置在一个特殊的金属套筒中，套管和围岩之间采用锚固剂或双组分环氧树脂牢固地结合。接收单元在接收前必须插入到该金属套筒中。接收单元由一个极灵敏的三分量的地震加速度检波器组成，频宽 10 ~ 5 000Hz，包含了所需的动态范围，能够将地震信号转换成电信号。尽管总长为两米的接收传感器被分为三段，传感器的安装仍然非常简单和快速。其主要技术指标如下：①三分量加速度地震检波器；②灵敏度：1 000mV/g ± 5mV/g；③频率范围：0. 5 ~ 5 000Hz；④横向灵敏度 > 1 ；⑤工作环境温度 0 ~ 65℃。

附件和引爆设备：在安装接收单元前，一个特殊的套管必须固定到接收器安装孔上。出于此目的，在附件箱中找到一套特定工具箱和一电子水平测量仪。附件箱中还包含接收单元和记录单元连接电缆及引爆设备。

3. TSP203 系统的数据采集

1)数据采集的观测系统

炮点布置在隧道隧洞的一侧，共 24 个炮点，炮孔深度 1. 5m，间距 1. 5m，炮孔孔位应尽量保持在水平面的一条直线上，炮孔成形后要测量各炮孔倾角。接收器布置在与隧道轴线垂直的铅垂面上，可以单壁或双壁布置，接收炮孔位于距其最近的炮孔位置 20m 处，孔深2. 0m，与炮孔成一条直线。TSP203 系统的观测系统几乎是固定不变的，在实际条件不允许的情况下可以作少许改变，但是要做好详细记录，以便资料的解释。

2)数据采集时应注意的问题

原始数据是结论的基础，为了保障解释的合理性，确保原始数据的可靠性，尽量减少干扰因数，因此在数据采集过程中，应该注意以下问题。

(1)接收器的放置

接收器是把波的振动信号转换为电信号的装置，能否接收到信号，接收信号质量的好坏与接收器直接相关。放置接收器时应力求使波在最短的时间内传至接收器，所以当应用地质力学和构造地质的理论，能确定掌子面前方主要构造破碎带和不良地质体的主要产状时，可用一个接收器接收，此时应把接收器放在隧道的前进方向和构造线的走向夹角成钝角的一侧，因为这样会在最短的时间内接收到最多的有用信息，如果不能用地质力学的理论推测出前方不良地质体的产状，则应该在两侧分别放置一个接收器才能接收到较好的信号。

(2)震源炸药的选择和填充

在 TSP203 探测中。炸药是人工激发波动信号的来源，震源炸药的选择应保证炸药有较高的爆速和与待测的岩石介质有相匹配的波阻抗，同时，应严格控制炸药的用量以避免产生不必要的噪声信号和对高频信号的抑制，尽可能产生有力脉冲信号(宽频带信号)。填装炸药力求与钻孔紧密接触，必要时向孔内注水，一则保证炸药密实，二则保证炸药与钻孔有良好的耦合，减少能量的损耗。

(3)线圈的放置

因数据的采集过程就是把机械的波动信号转换为电压信号的过程，所以波动信号的改变意为着电压信号的改变，如果采集数据时传输电缆仍缠在线圈上则会由于线圈的感抗作用产生较大阻抗。使电压信号发生变化而在成图和地质解释时误认为是地质条件的变化，故采集数据时应把线圈放开，避免产生较大的阻抗电压。

(4)雷管的选择

在数据采集时，触发器的功能是保证炸药的引爆与主机的信息采集能同步，这里有个假设条件是炸药的引爆不需要时间，但实际并非如此，电雷管的工作原理是电流的热效应。据焦耳定律，达到一定的温度需要有一定的时间，这个时间就是比主机开始采集数据滞后的时间，这会造成主机采集数据与引爆的不同步或者说主机用于真正采集数据的时间减少，即相应的有效探测距离降低，同时数据的质量也差。因此，在雷管的选用上应尽可能选用灵敏度高的，一则延期小，二则延期误差小。

(5)接收器和震源的位置

接收器有效接收段的中点位置应与所有爆破点的中心位置在同一条直线上，其误差不应过大。且此直线应与隧道的轴线平行，如直线不是水平直线而是倾斜的，此时的结果图是以此直线为假定水平直线的平面图和剖面图，图中不良地质的产状，如倾角是相对隧道轴线的而非真实的，在这一点上，用 TSP203 方法和用其他地质方法相比较时应注意。如果隧道的轴线不是直线而是折线(指有坡度)，此时应通过坐标 z 值的改变加以调整，但沿整个爆破点断面的高差(z 值)不应多于 3m。仪器的计算原理是：每一炮点到接收器的距离是确定的，每一炮点的直达波到达接收器的时间可以测出，这样就可以计算出岩体的平均波速，利用它和波到达波阻抗面的时间就可以计算出波阻抗面的位置和产状，如果实际的炮点到接收器的距离与输入值有偏差，则会造成波速有误，进而造成计算出的波阻抗面位置和产状的错误，因此在布点时，力求实际位置与输入的坐标相一致。

(6)套管的埋设

套管是为了节省接收器但不降低接收器的接收效果而设置的，因此套管的埋设，应力求与周围的介质紧密接触，且锚固剂的波阻抗应与岩石介质的波阻抗尽可能相近，这样就可预防套管不正当的振颤，降低波动能量在套管周围界面上的能量损失。为防止钻孔底部出现空洞未灌实的现象，锚固时应设排气管。

(7)对拒爆震源的处置

如果引爆时仅仅是雷管起爆或只有一部分炸药起爆，那么可输入正确的爆破点数重复引爆。此时，应绝对保证实际的爆炸点位与其坐标相对应，避免产生实际点位与输入坐标的差异，这样两个数据在处理时会相互叠加，产生较好的数据；但如果是数据质量不好，如振幅超限或是第一次转折后，出现低频振荡数据，则如有可能应删除记录后重新记录。

4. K54 +010 ~ K54 +114 段测量进行举例

(1)已开挖段围岩的工程地质特征评价(略)。

(2)TSP 现场采集参数(略)。

5. TSP探测结果的工程地质评价

(1)K54+114~K54+130。岩石属硬岩,结构面较发育,围岩呈整体巨块状结构,围岩级别为II级。

(2)K54+130~ K54+155。岩石属硬岩,节理发育,围岩呈整体块状结构,围岩级别为II级。但较第1段差。

(3)K54+155~ZDK54+234。岩石属硬岩,结构面较发育,围岩呈整体巨块状结构,围岩级别为II级。

6. 施工建议

探测段 K54+114~ K54+234 范围内未发现大的异常,按照II级围岩施工即可,但层间结合一般,应注意拱顶的掉块,应防护。

7. 附解译结果图

(1)P波波速分布图(略)。

(2)P波反射层的混合偏移图(略)。

(3)围岩结构面俯视图和纵剖面图(略)。

(4)岩石参数变化情况图(略)。

第三节　大跨径桥梁施工安全控制要点

桥梁作为一种跨越地面障碍的结构物,由于其施工周期长、交叉作业面多、设备投入量大、特殊工种多,且均为露天作业等,所以在施工过程中风险性大,不安全因素多。事故的发生,不仅危害人身安全,而且影响施工进度,这样不仅造成重大的经济损失,也带来不良的社会影响。没有施工安全,进度、质量、效益根本无从谈起。因此,桥梁施工安全生产贯穿于自开工到竣工的施工生产全过程,安全工作存在于桥梁工程的每一个部分,每道工序中。

一、拱桥施工的安全技术要求

(1)拱架应具有足够的强度、刚度和稳定性,拱架须经验算,必要时应经试验或预压,并应满足防洪、防流冰、排水、通航等安全要求。采用上牛拱架时,亦应采用相应的安全措施,保证拱圈砌筑的安全。

(2)拱架安装及拆除的方法及程序,应符合有关安全规定的要求。

(3)拱石加工时,应注意锤头或飞石伤人,作业人员应保持一定的安全距离。

(4)拱石或预制混凝土块,应按砌筑程序编号,依次运到工地,随用随运,不得过多地堆积在拱架或脚手架上,抬运块件不得碰撞拱架。

(5)砌筑拱圈,应按施工要求搭设脚手架及作业平台。拱上建筑施工必须严格按设计加载程序分段、对称进行。

(6)拱圈砌筑,应随时用仪器观测拱架变形状况,必要时应进行调整,以控制拱圈变形过大。卸架装置应有专人负责检查。

(7)拱架拆除工作必须按设计程序进行。拱架脱离拱圈时,应经检查确认安全后方可继续进行拱架拆除工作。拱架拆除时,应听从统一指挥。严禁在拱架上、下同时进行作业,并严禁使用机械强拽拱架，使之倾倒的做法。

(8)无支架拱桥施工时，应遵守下列规定：

①大中跨径拱桥施工，应验算拱圈的横向稳定性。分段吊装的单肋合拢后应用缆风绳稳固。第二肋安装后应用横夹木临时横向连接。

②双曲拱、箱形拱、纵横向悬砌拱桥施工时，在墩、台顶设置的扣架底部固定应牢靠，架顶应设缆风绳；缆风绳设置必须对称，缆风地锚环应埋设坚固。

③在河流中设置缆风绳时，必须采取可靠的防护措施。

二、斜拉桥、悬索桥施工的安全技术要求

(1)斜拉桥和悬索桥施工，应根据结构、高度及施工工艺制定相应的安全技术措施和操作细则。

(2)电气设备和线路的绝缘必须良好，各种电动机械必须接地，接地电阻不得大于4Ω。电气设备和线路检修时，应先切断电源。

(3)施工现场要有防火措施并备有灭火器材，要防止电焊火花溅落在易燃物料上。

(4)施工期间宜与当地气象台站建立联系，做好灾害性天气的预防工作。

(5)索夹及索夹螺栓，应经检查合格后使用。索夹安装应与主索连接紧密，确保吊杆承载后不滑移。为防止主索磨损，可在索夹与主索之间垫物隔离。

(6)索塔应设置上下扶梯和塔顶作业平台。索鞍的安装应保证位置准确。

(7)悬索桥采用重力式锚碇时，锚碇体的施工应按有关规定进行混凝土浇筑或砌体工程。锚碇体必须达到坚实牢固，高程、倾角等应符合设计要求。

(8)斜拉桥、悬索桥在施工中应配备水上救护船只。

(9)纵、横梁吊装时，应加强作业中的安全防护，已安装的横梁应随时连接风构斜撑。

(10)斜拉桥的斜拉索如为工地自行制作时，应符合下列规定。

①编束时宜用梳型板梳编，每1.5~2.0m段用铁丝绑扎，防止扭曲。

②冷铸镦头锚在环氧树脂高温固化时，应确保控温仪的精密度和实际通电时间。

③制成的斜拉索应架空放置，严防在地面上拖拉或硬性弯折。

④斜拉索制成后，应进行预拉以检查冷铸锚，测定每索钢丝拉力、延伸和回缩；测定的钢索测力仪的读数，以便正式张拉时校核。

(11)采用成品斜拉索时应符合下列规定。

①放索时应有制动设施，并应防止卷盘的缆索自由散开时造成伤害。

②放开展平的缆索应防止在地面上拖磨。

③锚头应加设防护，防止碰撞。

④缆索应保持顺直，不得扭曲。

(12)预应力混凝土斜拉桥采用挂篮悬臂浇筑时，应按《公路工程施工安全技术规程》(JTJ 076—1995)中“悬臂浇筑法施工”的有关规定办理。

(13)采用钢叠合梁或钢与钢筋混凝土叠合梁施工时，应符合下列规定：

①成品钢构件应编号成套，对号存放，防止损坏变形。

②起吊前应了解所吊构件的重量、重心位置，以采用相适应的起吊方法。

③构件组拼前应进行全面检查，如有缺陷、变形，应在组拼前予以矫正。

④钢构件组拼时，必须用足够的定位冲钉定位。钢构件全部插入高强螺栓后，方可松除吊钩。

(14)悬索桥施工中临时架设的工作索、牵引索安装完成后，应对索具、吊具等进行全面检查。施工中使用的吊篮、平台等应具有足够的强度，设置的防护围栏高度不得小于1.0m。

三、钢桥施工的安全技术要求

(1)架梁用的扳手、小工具、冲钉及螺栓等物，应使用工具袋装好，严禁抛掷。多余的料具要及时清理，并堆放在安全地点。

(2)钢梁上的各种电动机械和电缆线、照明线路等，必须保持绝缘良好，应有专人值班进行管理。

(3)钢梁杆件组装，应在平整的作业台上进行，其基础应有足够的承载力。

(4)浮运吊装时，应按"水上运输"及"起重吊装"中有关规定办理。

(5)悬臂拼装法安装大跨径钢桥时，应按《公路工程施工安全技术规程》(JTJ 076—1995)中的有关规定办理。

(6)拼装杆件时，应安好梯子、留绳、脚手架。斜杆应安装保险吊具。杆件起吊时，先提升0.3m左右，确认安全后再继续起吊。

(7)装拆脚手架、上紧螺栓、铆合等作业，应上下交替进行，避免双层作业。杆件拼装对孔时，应用冲钉探孔，严禁用手指伸入检查。

(8)杆件对孔作业中，吊车司机、信号员、架梁人员应操作准确，动作协调。

(9)在通航的江河上施工，应符合港航监督管理部门"水上作业"的有关安全规定。

(10)钢梁表面涂漆作业，应有防毒保护措施。

四、跨线桥施工的安全技术要求

(1)公路桥跨越铁路或其他线路时，施工前应与铁路或其他有关部门协商有关事宜，并签订必要的安全协议。其内容应包括利用列车间隔时间进行安装的计划、安全防护以及在发生紧急情况时的应急处理措施等。

(2)在铁路路基附近挖基、钻孔时，不得损坏铁路的各种信号设施，不得影响行车的瞭望视线。作业处应设围栏、支撑及其他安全防护措施。施工中应防止列车振动导致基础坍陷或路基坍方。

(3)对上面作业、下面通行车辆或行人的跨越铁路或公路立交桥施工时，除设置防护设施外，应设岗哨监视管理。

(4)对结构复杂，施工期较长的大型立交桥施工，其安全防护设施必须完善，制订的跨越铁路的架梁吊装方案必须安全可靠。尽量避免在列车通过的情况下进行吊梁安装作业。

五、工程实例——苏通长江公路大桥

(一)工程概况

苏通长江公路大桥位于江苏省东部南通市(南通农场)和苏州市(常熟市)之间，工程北起南通境内小海互通立交，与连盐、通启高速公路相接，南至常熟境内董浜互通立交，连接苏嘉杭、沿江高速公路。该桥西距江阴大桥约80km,东距长江入海口约110km,是交通运输部规划的黑龙江嘉荫至福建南平国家重点干线公路跨越长江的重要通道,也是江苏省公路主骨架的重要组成部分。

苏通长江公路大桥是目前世界上最大跨度双塔斜拉桥,主桥跨径组合为100 +100 +300 +1 088 +300 +100 +100(m),桥位区江面宽约6km,大桥全长8 206m。其中C1标段墩位区水深流急,航运繁忙。钢护筒长(70.2m)、重量大(达126t),分节最大长度达46m;钻孔桩深度大(132m);钢筋笼吊装分节长度大(40m);钢套箱体积庞大(117.75m ×52.1m ×18m)、首节单块吊装尺寸达52.1m ×54.75m,起重量大(达1 000t);江面宽阔,受台风影响大,施工水域水深、航运繁忙;工期紧,施工作业船舶及机械设备数量多,密度大。辅助墩墩身高度达59.952m。主塔高306m。桥轴断面主槽呈"V"形,略偏南岸,-10m等深线以下水域宽约1 800m,-20m等深线以下宽约1 100m,最深点高程约-31.3m,北索塔位置的床底高程为-22.7m。

(二)施工现场危险点分析及预控措施

根据项目的特点,进行了详细的危险源分析并确定了预控的重点及应该采取的预控措施,见表4-4。

施工现场危险点分析及预控措施　　表4-4

预控项目	预控重点	预控措施
一般规定	1.人员	(1)人员体检,项目部统一发高空作业许可证; (2)全员"三不伤害"教育,"三宝"用品规范穿戴,特殊工种持证上岗; (3)水上深井施工安全教育和保护
	2.环境	(1)天气预报送达现场,6级以上大风控制作业; (2)周围设护栏和安全警戒线; (3)施工通信联络采用对讲机; (4)水上平台和上下船设施应有防滑措施; (5)施工用"三相四线"制,保证起码的接零。一部分使用"三相五线"制,置规范的接零和接地
	3.过程	(1)起重作业坚持"十不吊",合理选择吊点、索具,指挥信号规范、统一; (2)工具传递严禁抛掷,氧气、乙炔瓶装框后再吊运提升; (3)按安全检查"三单"(整改通知单、催办通知单、查封通知单)制度整改事故隐患
主要机械(吊车、浮吊、龙门吊、搅拌站、卷扬机等)	1.荷载	(1)吊车、桅杆吊、浮吊最大吊幅处的吊重留有安全系数; (2)卷扬机最大负重留有安全系数
	2.作业过程	(1)控制龙门吊拼装、起吊、行走的全过程; (2)控制吊车、桅杆吊、浮吊的落钩、起吊旋转的全过程; (3)高压混凝土拖泵的输送管卡、弯头与结构物固结,防止长距离混凝土管跳动、爆管; (4)龙门吊的动力传输电缆分5m一段附着标准节绑扎,防止电缆摩擦损伤和坠线过长导致线路坠断; (5)厂方每月定期校核龙门吊、桅杆吊的安全性
重叠作业	1.防高空坠落物体打击 2.防上下层相互碰撞	(1)严格执行作业"三件宝"; (2)做好脚手架临边防护,脚手架有作业设计和安全设计; (3)施工现场禁止闲人入内,施工人员通行设安全信道棚,材料堆放有秩序; (4)重叠作业设分隔棚

续上表

预控项目	预控重点	预控措施
大型船舶、机械作业	1. 防机械设备事故 2. 防水上航行事故	(1)严格执行操作规程; (2)严格执行保养制度; (3)遵守水上航行规则和停靠制度
用电操作	1. 防漏电 2. 防电气伤人	(1)场电路要有作业设计、平面设计,电器拉线、设闸要规范,按照方案操作; (2)用电器要有漏电保险装置,一一保险; (3)大风或雨后启用电器前,要有专业人员检查,电路电闸要严格防潮防雨
冬季作业	1. 人员	(1)注意用火、取暖安全,严禁擅自燃火取暖、使用电炉、私接电线等; (2)夜间值班、作业人员由项目部统一发放防寒服装; (3)医务室备足防寒抗冻药品
	2. 机械设备	(1)油料内掺入防冻剂; (2)车辆轮胎安装防滑铁链
防台风作业	1. 人员	(1) 施工人员停止作业,作好防台风准备工作,并撤离各作业点; (2) 后勤和物资人员备足防台风抗汛的生活、医疗、抢险等物资; (3) 现场留守值班、抢险人员配备救生、手电、对讲机等; (4)避台风人员不得请假外出
	2. 船舶、机械设备	(1)水上船舶提前脱离到避风锚地; (2)对施工现场所有设施做好加固工作; (3)将车辆、电机、水泥等不防水设备转移至高处
钢平台	设计	根据南科院的冲刷模型试验结果进行结构设计,同济大学进行计算复核
	沉桩	(1)超长桩起吊、下沉遵守作业规程; (2)严格按模型试验成果的顺序沉桩
	搭设平台	(1)钢管桩施打完毕,桩帽、横梁水上安装就位和焊制时,防止人员落水和起重伤害; (2)按设计要求完成平联和纵横梁安装
钢护筒作业	运输	护筒用专用运输架配合捆扎,防止移动
	下沉、接高	(1)钢护筒沉放按设计顺序完成,随时监控泥面冲刷; (2)起重工索具有足够安全系统,起重船有富余; (3)振动锤起振时,先点击,防止溜桩,振动锤油泵、配电箱、脚手板、电焊机、氧气瓶等固定牢靠; (4)接高对位后,先临时固定,减少波浪影响; (5)接高下沉要连续,严禁接高后不下沉脱钩; (6)采用气体保护自动焊,快速完成焊接工作; (7)钢护筒与振动锤连接牢固
钻孔桩作业	钻机安装	(1)钻机安装就位时,钻机轨道安装在平台设计的承重构件上; (2)钻杆、钻头等设备均按设计要求布置
	成孔	(1)严格按照规定的钻孔顺序施工; (2)钻进时,控制泥浆相对密度,对埋钻、卡钻、断杆、塌孔、涌沙等及时处理
	钢筋笼安装	(1)钢筋笼下入时用缆风绳定位,合理选吊环; (2)钢筋笼接长采用高效、快速的机械接头

续上表

预控项目	预控重点	预控措施
钢套箱作业	设计	钢吊箱按各种工况设计，并由同济大学复核
	制作	(1)场地基础坚固，平台可靠； (2)起吊、翻身指挥协调，不超载
	运输	(1)遵守超大、超长构件装运规则； (2)捆扎牢固，防止风浪使构件移位； (3)选择风浪小的时间运输，配备备用拖轮护航
	吊装	(1)钢套箱起吊就位，吊索、吊具均要有安全系数，留有安全余地，先试吊，并布设监控组件； (2)钢套箱就位入水锚泊能力足够，防止摆动
	接高、下沉	(1)钢套箱接高及时焊接加固，防止倾倒； (2)制定详细的监控方案，定期观测
施工水域	水域作业	(1)与当地水上安全监督部门联系，施工水域布置及航道设施报主管部门批准； (2)大型起重船作业申请港监和航道部门现场协助； (3)所有作业船舶严格执行相关规章制度

(三)主桥基础施工安全控制要点

1. 施工平台安全控制要点

(1)施工水域船舶多，施工期间需在施工水域设置警告标识，注意施工船舶施工安全。加强水上瞭望，防止意外撞击事故发生。

(2)起重用工索具严格按相关规范要求取用安全系数，保证其使用安全。在使用前必须对工索具进行检查，确保安全。

(3)由于钢管桩及钢护筒长度长，重量重，在起吊中应严格执行安全操作规程，指挥起吊时，信号必须统一，手势明显，哨音清晰，不得含糊。

(4)施工中严格执行安全规定，严格执行穿好救生衣、戴好安全帽、不准穿拖鞋的规定。在连接平联的过程中，系好安全带，穿好救生衣，并加工好临时施工平台，保证施工安全。

2. 钻孔灌注桩安全控制要点

(1)施工期间运渣船运渣过程中，须按规定航道航行，夜间必须照明，确保航行安全。

(2)钻孔平台、泥浆池等设施，应保持足够强度和稳定性或使用保证。并经常检查，严格按操作规程办事。

(3)钻孔平台四周应设栏杆，并放一定数量的救生圈，平台上部随时将杂物、工具清理整齐，所有结构应牢固，夜间应有足够的照明设施。进入施工现场人员，必须戴安全帽，穿救生衣及防滑鞋。

(四)主桥承台施工安全控制要点

1. 钢套箱拼装及下沉安全控制要点

北主塔墩钢吊箱为世界最大钢吊箱，长 118m，宽 52.3m，高 18.5m，重达 6 180t，其设计制作和沉放封底是苏通大桥继桩基础施工之后的又一世界级难题。

1)钢吊箱安装工艺流程图(图 4-14)

2)安全措施

(1)钢吊箱下水浮运。在出发港海事部门办理好各种运输手续,在浮运前应通知项目部,保持和项目部的联系,当钢吊箱运至桥区19号航标时,由主拖拖轮用高频06频道与航工503拖轮取得联系,航工503拖轮在与钢吊箱主拖拖轮取得联系时,应及时通知航工804拖轮,备车做好应急准备并及时赶至现场,进行引航,通过北塔施工区上游施工水域,把钢吊箱引航至1号墩北面,进行临时固定。

(2)当项目部接到钢吊箱起运信息后,提早和大桥海事处联系,争取海事部门的支持,在钢吊箱进入19号航标时,及时申请海事部门派遣海事巡逻艇进行现场维护。

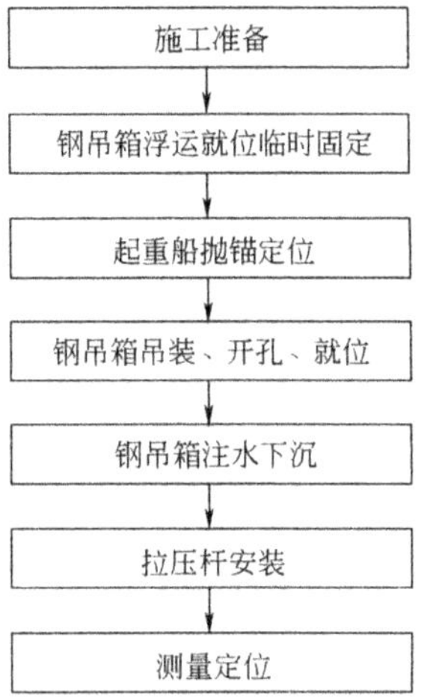

图4-14　钢吊箱安装工艺流程图

(3)钢吊箱浮运至安装现场,由专人负责指挥钢吊箱的临时固定和浮吊船的抛锚就位。钢吊箱的临时固定,依靠焊接在钢吊箱上的系船栓,用钢丝绳固定在1号墩平台桩上,浮吊就位采用抛前后八字锚,抛锚角度约成45°定位,在钢吊箱吊起后,在浮吊正前方设置一前进缆绳,系缆于1号墩平台桩上,前进方向依靠浮吊上卷扬机牵引。在抛上游锚时,应充分考虑水下电缆位置,如果影响水下电缆应调整抛锚方向及锚链长度,确保水下电缆安全。

(4)钢吊箱吊装前,由专人负责组织督促浮吊作业人员对起重设备、起重吊索具和安全装置进行安全检查,对不符合安全使用规定的要及时更换和修理,统一指挥信号,起重臂下和起重物下严禁站人,司机和起重指挥人员必须是经过培训、考试持有特种作业操作证的人员,严禁无证操作。

(5)钢吊箱的吊装,由专人负责统一指挥,进行试吊,把钢吊箱吊离水面0.24m的高程时,停10min,由专人负责观察、检查钢吊箱的变形及吊点的焊缝情况,有无异常变形及焊缝有无开裂。如无以上情况将钢吊箱吊离水面停10min,再次观察,检查钢吊箱有无上述情况出现,如无上述情况发生,则钢吊箱试吊装完成,方可进行下一步安装工作。安装时机选择平潮位约为黄海高程+0.0m,钢吊箱吊装起吊至+7.5m(黄海基面)的高度后,先依靠前进缆将钢吊箱移至墩台上方,依靠首尾锚及前进缆调整钢吊箱上四侧壁板的中心线与墩台上系梁的标志线重合后,即应停止作业,整改后,方能进行再次安装。在风力大于6级时,禁止吊装作业。

(6)钢吊箱起吊入水后,钢吊箱底板入水下沉3.24m即维持平衡,浮吊即可松钩,钢吊箱水上固定主要依靠手拉葫芦。手拉葫芦使用前应仔细检查吊钩链条及轮轴是否有损伤,传动部分是否灵活,挂上重物后,先慢慢拖动链条,等起重链条受力后再检查一次,看齿轮口齿合是否妥当,链条自锁装置是否起作用。确认各部分情况良好后,方可使用。在使用中不得超过额定的起重量,手拉动链条时,应均匀和缓,不得猛拉,不得在与链轮不同平面内进行,以免造成跳链、卡环现象。

(7)钢吊箱吊装到位后,由专人负责组织拉压杆的焊接和支座板的焊接,由专人负责对焊接件的检查,对不符合要求的,要及时进行补焊或重焊。

(8)进行潜水作业时,潜水工须经系统训练,掌握了水下作业的常识,方准单独进行水下作业,工作前必须了解水下环境、工作特点以及水下情况,制定安全措施。潜水前对铜头、气管、气泵、水衣、通信联络等工具设备，必须仔细检查，水下作业时要有专人负责气管引绳和供气，供气量应与作业时的水深压力保持相应水平，防止潜水阀处压力差过大，造成潜水员窒息至伤和放漂、下坠事故。潜水员作业时，其潜水深度，水下作业时间以及下潜、上升过程中的加压、减压的水下的深度和时间均应符合规定的标准。潜水员应缓缓上升，以免碰到水面物体。衣服脱下后，须做轻便工作和动作，不得马上睡觉。

(9)所有作业人员必须穿好救生衣，戴好安全帽，现场准备4~5个救生圈，准备一艘交通船现场值班守护。钢套箱吊装完毕后及时焊好护栏，铺设好跳板、焊好上下梯子，确保人员上下安全。

2.封底及承台大体积混凝土浇注安全控制要点

(1)封底混凝土施工时注意封底高程控制，避免局部封底过薄。

(2)吊箱抽水前内撑必须加固好，抽水过程中应随时观测吊箱的变形，发现问题及时处理。

(3)吊箱拉压杆体系转换时，压杆焊缝必须达到设计要求。

(4)承台应根据计算分层浇注，避免浇注方量过大，造成吊箱超载，引起施工危险。

(5)承台模板施工时，必须保证模板加固牢固。

(五)主桥墩施工安全控制要点

1.导轨爬升安全控制要点

(1)导轨爬升前应做好以下工作：

①安装上部爬升连接螺杆并及时检查其实际位置与理论位置是否一致，不符合要求的应进行相应的调整。爬升悬挂件安装好后，应派专人检查其连接螺栓是否完全到位。

②用棉纱清洁导轨，并在导轨表面涂上润滑油。

③导轨爬升时，液压装置应由专人操作，现场施工负责人必须到场。

④与试验室联系确认混凝土强度是否已达到20MPa以上。

(2)确认爬升准备工作完全符合要求后，才打开液压油缸的进油阀门、启动液压控制柜，拆除导轨顶部楔形插销，开始导轨的爬升。

(3)导轨爬升时，外爬架0号平台及1号平台上各配3人和1台对讲机，并选用专用频道，以保证通信畅通。

(4)轨道每爬升一格时应通过对讲机联络，并确认上下爬箱是否都到位，到位后才可开始下一格爬升。

(5)导轨爬升过程中要注意保险钢丝绳的牢固，但不得影响导轨的爬升。

(6)导轨爬升至接近上部埋件支座的高度时暂停，复核导轨与埋件支座上导轨槽口的位置是否一致，若不一致，调节下方的支撑脚，使导轨能够顺利地通过埋件支座的导轨槽口。

(7)导轨爬升到位后，应从右往左插上导轨顶部楔形插销，以确保插销锁定装置到位。下降导轨使顶部楔形插销与埋件支座完全接触。

(8)关闭油缸进油阀门、关闭控制柜、切断电源，完成导轨的爬升。

(9)拆除下层爬架悬挂件，取出混凝土内的预埋锚锥，及时修补螺栓孔，以便进行爬架的爬升。

(10)发现导轨爬升不同步及出现其他异常情况时应停下来研究处理。

2. 爬架爬升安全控制要点

(1)爬架爬升前应做好以下准备工作:

①应清除爬架上不必要的荷载(如钢筋头、氧气乙炔空瓶等)。

②抬起爬升导轨底部支撑脚,并旋转伸长使其垂直顶紧塔身混凝土面。

③将承重架下支撑的支撑脚完全缩回。

④检查爬架长边与短边的连接(如电线)等是否已解除及安全保护绳是否已套牢。

⑤检查爬架主电缆的长度,保证爬架爬升时电缆有足够的长度。

⑥爬架爬升时,液压装置应由专人操作,现场施工负责人必须到场。检查上节段混凝土修补是否已符合要求。

(2)经确认爬架爬升准备工作已完全符合要求后,打开液压油缸的进油阀门、启动液压控制柜,拔去安全插销,开始导轨的爬升。

(3)爬升时,外爬架0号平台各配3人和1台对讲机,并选用专用频道,以保证通信畅通。1号平台两端各安排1人观察。

(4)爬架架体荷载通过导轨来传递后,拔去承重销。

(5)在轨道上每爬升一格需通过对讲机联络,让爬架爬升操作者确认上下爬箱是否都完全到位,到位后才可开始下一格爬升。

(6)当爬架爬升到位后,应及时插上承重销及安全插销。

(7)关闭油缸进油阀门、关闭控制柜、切断电源,完成爬架的爬升工作。

(8)当爬架爬升不同步及出现其他异常情况时,应停下来研究处理。

(9)爬架爬升到位后,检查所有平台的滚轮是否顶紧混凝土面。

3. 模板施工安全控制要点

模板采取的施工保证措施主要有:

(1)等混凝土达到一定强度后,拆除模板系统的对拉杆及附着在模板上的堵头螺栓。

(2)模板拆除后应及时进行确定爬架悬挂预埋件位置的工作,在此过程中,操作工人应严格按现场技术人员所提供的数据进行作业,同时值班技术员应跟班作业。

(3)每次模板安装前,应通知测量人员测放相应施工节段的模板底高程。

(4)模板按测量所放理论位置安装到位后,应及时通知测量人员复核。

(5)应确保模板下口与已浇节段混凝土的结合严密。同时应保证模板间接缝严密。

(6)浇筑过程中应派专人观察模板的变形及偏位情况,并及时处理。

(六)施工水域采取的安全措施

1. 施工水域封闭管理

(1)航道水域上下游各布置一警示标牌平台,警示过往船舶不得随意进入施工航道。

(2)水上交通封闭水域航道设置浮标,防止船舶进入浅滩搁浅。

(3)临时施工栈桥设置警示防雾灯、通航口位置设置导航灯,防止船舶撞击。

(4)白天设置人员瞭望值班,防止非施工船舶进入水上交通封闭水域。

2. 施工水域防撞设施

警示平台布置原则:由于封闭水域两侧是浅滩,船舶不能进入,故在上游航道旁边布置一个警示平台,警示下行船舶;距下游施工栈桥若干距离布置一个警示平台,警示上行船舶。

警示平台布置位置：上游警示平台布置在水山码头下游，距离临时施工栈桥约4km，距离航道南面边线约70m；下游警示平台布置在临时施工栈桥约2km，距离航道南面边线约70m。

3. 船舶防搁浅措施

（1）施工进场后，先对施工水域河床及水位进行测量，并根据测量结果设置标志。

（2）对施工水域河床每隔6~7个月测一次，随时掌握河床淤积变化情况。

（3）大型施工船舶和拖轮须配置测深仪，随时掌握航道河床情况。

4. 船舶防撞措施

（1）施工水域上下游通过加密标识进行封闭。

（2）对施工区域进出港航道进行标识。

（3）施工水域上下游400~500m设防撞警戒船。

（4）施工水域管理由海事部门负责，施工单位积极配合，加强瞭望和指挥。

（5）航工503及航工804拖轮分别停靠上下游。

（6）平台上面设置高频喇叭及灯光提示。

5. 船舶防雾措施

（1）船舶防雾的配置要求

各机动船应按规定配置号笛一个、号钟一只，非自航船应当配备号钟或者其他有效响具一只。

船舶长度≥30m的船舶，号笛可听距离≥2km，船舶长度<30m的船舶，号笛可听距离≥1km。

号钟或者其他具有类似声响特性的器具所发出的声压级，在距它1m处，应当不小于110dB，船舶长度为30m以上的船舶，号钟口的直径不小于300mm，船舶长度未满30m的船舶，应当不小于200mm，钟锤的质量应当不小于号钟质量的3%。

号笛的安装应使最大声响距朝着正前方或特定方向上，在船上尽可能高的地方，使发出的声音少受遮蔽物的阻截，并使人员听觉受损的危险降低到最低程度。

（2）施工平台防雾的配置要求

在4号平台、2号平台上下游各安装1只高音喇叭，配置语音播放机及相关配套设施。

（3）能见度不良的定义

在内河，根据规定，由于雾、霾、下雪、暴风雨、沙暴等原因使白天的船舶、夜间的航行灯的能见度下降到2级或2级以下，即能见距离为50~1 000m时，即为能见度不良。

（4）能见度不良时应采取的各项措施及规定：

能见度低于500m时，原则上禁止各船开航。能见度在500~1 000m时的措施及规定：船舶航行应当以适合当时环境和情况的安全航速行驶，加强瞭望，并按规定发出声响信号。装有雷达设备的船舶观测到他船时，应当判定是否存在着碰撞危险。若是如此，应当及早地与对方联系并采取协调一致的避让行动，除已判定不存在碰撞危险外，每一船舶当听到他船雾号不能避免紧迫局面时，应当将航速减到能维持其航向操纵的最低速度。

船舶在能见度不良的水域中航行，首先应根据当时情况下的能见度距离、风、浪、流、通航密度、航道情况、周围环境以及本船的操纵性能，确定本船的航行速度，以适合当时环境和情况的安全航速行驶。以便能够采取有效的避让行动，并能达到防止碰撞和浪损的目的。

航行中，派人到船头或船队首驳进行“瞭头”，增加人员到船舷侧倾听声响等，安装有雷达的船舶应开启雷达，并连续观察雷达，密切注意周围环境和附近船舶动态，谨慎驾驶，同时机舱的值班人员也应随时作好准备，以满足能见度不良时船舶操纵的应急需要。

在航的机动船应当每隔 1min 鸣放声号一长声（指历时约 4 ~6s 的笛声）。锚泊时，必须派专人按规定每隔 1min 急敲号钟或其他有效声响器具约 5s。锚泊的船舶在听到其他来船的声号后，应当不间断地急敲号钟或其他有效响器，直到判定来船已对本船无碍时为止。

安装有甚高频设备的船舶，应根据自己所行驶的航道，按规定正常守听并呼叫，及时通报本船的船位及动态，以引起他船对本船的注意，了解周围船舶的动态，力求及早协调，交换意图，统一避让行动。

应当极其谨慎地驾驶船舶，必要时应当及早选择安全地点锚泊。当听到他船雾号时，首先要减速，必要时停车、稳舵，同时使用雾号表示本船的存在，切不可仅根据一次来船声号的方位，想当然地盲目操舵转向。通过多次听到声号，或经过多次雷达观测而判明他船位置和动向，双方意图协调一致已不存在碰撞危险，再动用车和舵，要考虑到船舶的操纵性能、船队大小、航行方向的航道条件、当时天气和视距会不会突然发生变化，有无适当掉头地点和锚地等，在综合分析周密考虑后，决定继续航行还是停泊。随时保持与 VTS 中心及南通海事局苏通大桥现场维护指挥部联系。施工平台在能见度不良时应及时播放语音警报，并将警报音量开到足够大，提醒过往船舶注意。等能见度良好之后，方可停播。

6. 船舶防台风（大风）措施

（1）做好施工人员“安全第一、预防为主、综合治理”的防台风安全宣传教育，提高全员的安全意识，及早、主动做好防大风、防台风的准备工作，避免由于思想松懈、麻痹大意造成重大事故和损失。

（2）以“宁可防而不来，不可来而无备”的指导思想，把安全责任落实到个人，认真实施各项措施，确保人员、船舶及设施的安全，尽量减少损失，使工程顺利进行。

（3）成立以项目经理为组长的领导小组：其职责是统一安排、统一组织、统一指挥，参与本工程施工人员的防台风工作。

（4）成立应急抢险队，其职责是根据局防台风领导小组的指令，参与紧急或意外情况下的各项抢险工作。

（5）及时接收台风预报信息，加强与气象部门与海事部门的联系，购置气象预报接收器和利用办公电话，确保气象预报接收准确及时。

（6）设置防台风调度室，职责是：

①根据防台风领导小组的指示，统一调度人力和船机设备。

②负责与指挥部联系落实防台风锚地、拖轮及人员配合等事宜。

③从 7 月 1 日起开始 24 小时值班，与南通气象部门联系接收气象预报，并作好记录，标示台风走向，及时向防台风领导小组汇报。

④负责督促检查项目部防台风措施和落实情况。

（7）施工船舶的安全：

①各船舶船长、驾长及项目部有关人员，利用航工交通一号前往施工地点较近的避风锚地水域查看，了解沿途情况和避风停泊水域情况，做到心中有数。

②6 月中旬前由各船舶船长、驾长对本船的锚机、缆绳、刹车、救生设备、通信设备进行全面检查,发现问题及时报告项目部,对所需物资提出计划,交船机部,应配置的设备、救生用具必须全面配齐,保证防台风的需要。6 月 30 前各项目部对所有船舶进行全面检查,进一步落实各类防台风物资、措施、查处隐患,确保防台风安全。

③每条驳船位于甲板上的各种舱口,透气口应安装好压盖和螺丝,在防台风拖航前予以密封,上好螺丝,防止涌浪渗入。

④各船舶甲板上的可移动附属设备和施工用材,应于防台风拖航前给予固定,防止因移动而导致船舶失衡发生意外。

⑤所有船舶均应备好油料、淡水、各种食品、蜡烛等生活用品。

(8)后勤保障

①统一指挥,合理调配。

②防台风季节应备足防台风所需的塑料布、彩条布、绑扎铁丝、编织袋等。

③考虑到受台风影响的种种困难和恢复生产的需要,适量储备:

a. 水管和附件;b. 电线、电缆、开关;c. 机械设备用油料;d. 人员常用药品;e. 消毒用药品;f. 储存部分生活用水、粮食、方便面、矿泉水、照明用蜡烛。

④白天由办公室值班,夜间值班每班两人,从 19 时至第二天 7 时 30 分。值班人员要坚守岗位,不得睡觉,随时与上级主管部门、项目领导联系,认真履行职责,做好值班记录。

⑤及时了解水上施工平台、船舶的防台风情况,并传达到相关部门负责人和有关人员。

⑥遇紧急情况时及时汇报值班领导,采取果断措施。

(七)施工船舶安全管理措施

根据苏通大桥施工内容(主桥主塔、近塔辅助墩、远塔辅助墩和过渡施工平台搭建施工),为保证施工作业的顺利进行和过往船舶的通航安全,特制定了以下安全措施:

(1)遵守国家的有关安全生产法规,加强安全生产管理,建立健全安全生产责任制,落实各项安全措施。

(2)施工作业前,应按有关规定向主管机关申请《水上水下施工作业许可证》,并申请发布航行通告。

(3)所有进入桥区施工船舶(打桩船、浮吊、驳船、拖轮、交通船)必须证照齐全,按规定配置足够的船员,机械性能完好,能满足施工要求,并及时到海事监督部门签证。

(4)根据船舶进入苏通大桥施工的不同时间,由项目部船机管理负责人和安全员,对所有船员进行安全教育,介绍施工水域情况、配合施工作业的要领及注意事项。

(5)船舶抛锚定位前,必须通知项目部水上施工负责人,在指定的施工水域内不影响航道及通航的前提下进行抛锚定位。

(6)所有施工船舶、设施除按规定信号显示外,白天悬挂施工专用旗一面,夜间垂直显示紫色环照灯两盏;配备甚高频无线电话,由 VHF06 频道联系。

(7)负责保持桥区施工水域的通航环境,严格在核定的施工水域内作业,夜间施工作业照明灯应妥善遮蔽,以免影响过往船舶航行安全。桥区水域内除在航施工作业的工程船之外的其他辅助工程船舶,应当主动避让顺航道行驶船舶。

(8)现场安全管理人员要经常与和海事监督部门联系,每周将工程计划、作业船舶、设备等情况书面报海事监督处；将近期水上施工所需海事监督部门配合协调的事宜及存在的问题报海事监督处，争取得到海事部门的帮助，尽快把施工水域存在的隐患整改完善。

(9)及时清除施工水域的碍航物体和撤离施工水域的临时作业船舶，严禁随意倾倒废弃物，保持通航和作业环境良好。

第四节　深基坑工程安全监测

一、深基坑工程安全监测的目的和要求

1. 基坑监测的目的

检验设计所采取的各种假设和参数的正确性，指导基坑开挖和支护结构的施工，确保安全；确保基坑支护结构和相邻建筑物的安全；积累工程经验，为提高基坑工程的设计和施工的整体水平提供依据。

2. 基坑监测的要求

监测工作必须是计划的；监测数据必须是可靠真实的；监测数据必须是及时的；监测数据需在现场及时计算处理，计算有问题可及时复测，尽量做到当天报表当天出；埋设于结构中的监测元件应尽量减少对结构的正常受力影响，埋设水土压力监测元件、测斜管和分层沉降管时的回填土应注意与岩土介质的匹配；采用多种方法、实行多项内容的监测方案，各项监测内容的结果可以互相印证、互相检验，从而对监测结果有全面正确的把握；对重要的监测项目，应按照工程具体情况预先设定预警值和报警制度，预警值应包括变形或内力量值及其变化速率；基坑监测应整理完整的监理记录表、数据报表、形象的图表和曲线，监测结束后整理出监测报告。

二、深基坑工程安全监测实例(润扬大桥南汊悬索桥南锚碇基础安全监测)

(一)基础冻结排桩法设计施工

润扬大桥南汊桥为跨径为 1 490m 的单孔双铰钢箱梁悬索桥，为目前“中国第一、世界第三”大跨径桥梁。润扬大桥的南汊悬索桥南锚碇距长江大堤 540m，第四系覆盖层总厚 27.80 ~29.40m，其中上部 22m 为淤泥质亚黏土及亚黏土与粉砂互层，下部 7m 左右为粉细砂和中粗砂层。南锚碇工程包括锚体与基础两部分，锚碇基础为矩形结构，其平面尺寸为 70.5m × 52.5m × 29m(长 × 宽 × 高)，为特大型嵌岩明挖深基础工程，该工程采用冻结排桩法施工方案，其基本原理是以含水地层冻结形成冻结帷幕墙体作为基坑的封水结构，以排桩及内支撑系统抵抗基坑外侧水土压力。这种施工方法是国内首次应用于深大基坑开挖的一项创新工法。

1. 设计方案

南锚碇基础底部坐落在全风化岩顶面，沿基坑周边布置 140 根 ϕ1.5m 的钻孔灌注桩，为了满足冻结壁封水需要，144 个冻结孔与排桩采用插花布置，经冻结形成冻结帷幕，冻结孔的横、纵向间距与排桩相同，轴线与排桩轴线相距 1.4m，深度 40m。在冻结孔外在冻结帷幕外侧设置了 74 个嵌岩注浆孔，通过对基岩与预注浆，减小基底扬压力和涌水量，避免地下水对冻结帷幕的冲刷。为了降低冻胀对排桩结构的影响，在冻结帷幕外侧设置了 288 个泄压孔，孔内充填泥浆，减小了冻胀力。

2. 南锚碇基础施工

润扬大桥南锚碇的施工工艺流程为：首先进行冷冻站的安装，同时进行冻结段下部注浆施工、钻孔灌注桩、冻结帷幕钻孔、冻胀泄压孔施工、安装冻结器及冻结沟槽施工，然后进行冻结帷幕冻结、开挖设施安装、冠梁施工、基坑开挖、支护结构施工、基坑底板施工、基础混凝土填芯、基础顶板施工，在基础混凝土填芯时，逐步停止冻结。注浆及排桩施工于 2001 年 5 月开工，至 2001 年 8 月基本完成，从 2001 年 11 月起开始积极冻结，随即进行了基础土方开挖及支撑。

润扬大桥南锚碇基坑面积约为 3 520m^2，开挖深度为 29m，基坑挖土共分 8 层，首层由反铲挖掘机挖至第一道支撑底高程。支撑施工采用顺作法施工，后一层开挖待前一道支撑混凝土强度达到 80% 设计强度后进行开挖，开挖采用机械下坑双级接力的施工方法。3 ~7 层每层均用反铲挖掘机及推土机在坑内挖土装入桅杆吊提斗和垂直提升机提斗内，垂直出土至坑外，再用自卸式汽车将土运至弃土区。

(二)信息化安全监测

1. 排桩冻结维护体系信息化安全监测的目的

(1)通过对施工过程围护体系进行实时监测，并对监测数据与设计报警值进行对比，判断“排桩冻结”围护体系的实时安全性。

(2)通过对施工监测数据进行反演和正演分析，验证设计参数的取值合理性，为“排桩冻结”围护应用积累经验。

(3)通过对南锚碇基础施工过程的监测和数据分析，为施工全过程动态控制(动态设计、动态施工)提供技术支持。

(4)依据信息化施工这种手段，可以使新技术、新工艺的工程应用提前实现。

(5)信息化施工使工程设计、施工、科研链条一体化。

2. 信息化施工的内容和方法

(1)监测内容(表 4-5)

南锚碇工程信息化施工的内容　　表 4-5

监测项目 \ 施工工况		基坑围护结构施工及开挖期间	大体积混凝土浇筑及养护期间	锚体施工及锚索受力初期
变形监测	坑外地表沉降	√	√	√
	圈梁水平位移	√	√	√
	冻结帷幕墙体水平位移	√	√	√
	坑外土体水平位移	√	√	√
	立柱桩垂直位移	√		
结构应力应变	桩身混凝土应变	√		
	桩身钢筋应力	√		
	坑外土体应力	√		
	支撑轴力	√		
地下水位监测	坑内、外地下水位	√		
温度监测	冻结帷幕温度	√	√	

注：“√”为监测项目的监测阶段。

(2)测点布置平面图

11 项监测内容中,温度监测测点布置、支撑轴力测点布置、墙体水平位移测点布置相对复杂且具有代表性,这 3 项测点布置平面图详见图 4-15 ~ 图 4-18。

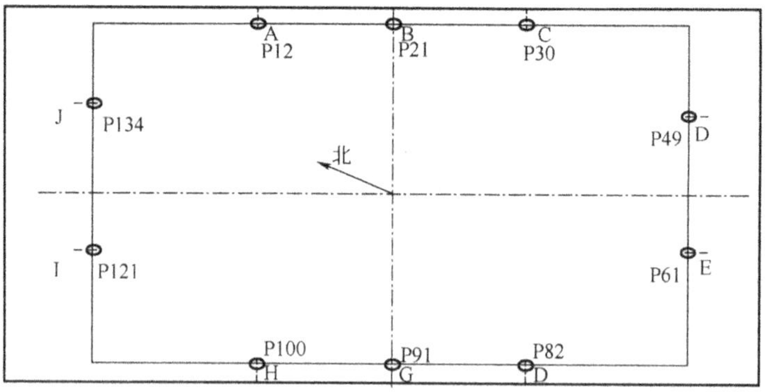

图 4-15　温度监测测点平面布置图

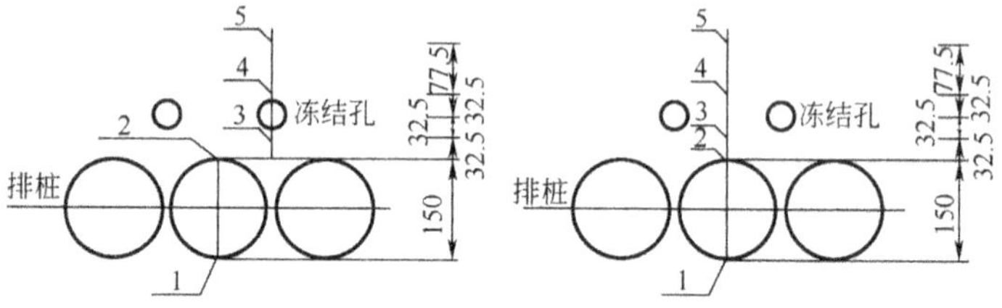

B、D断面大样图

A、C、E、F、G、H、I、J断面大样图

注:图中尺寸以cm计。

图 4-16　测温断面大样图

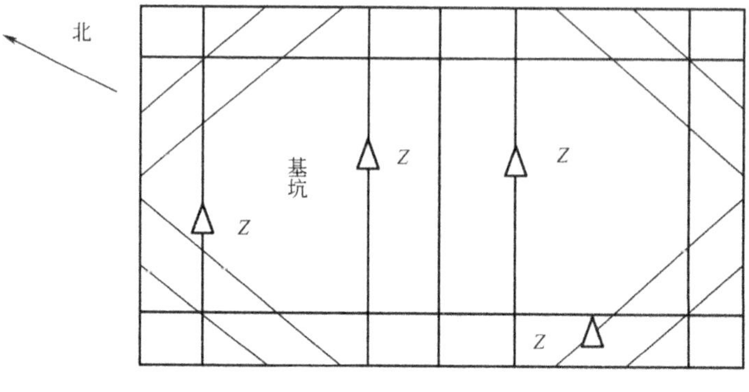

图 4-17　支撑轴力平面布置图

注:仪器编号由右至左分别为 Z_{n-1}、Z_{n-2}、Z_{n-3}、Z_{n-4},其中 n 为每道支撑的代表值。共有 8 道支撑,32 个测点。

(3)信息化施工成果

①成果综述。配合南锚碇基础工程的现场施工情况,根据各项监测数据和理论设计对南锚碇排桩冻结维护体系进行信息化监控,认真剖析温度变化、结构变形、结构应力和应变、水位变化规律等,通过正演、反演分析冻胀和冻胀力的情况,判断冻结帷幕“交圈”发展状况,修正设计参数,实现动态控制。

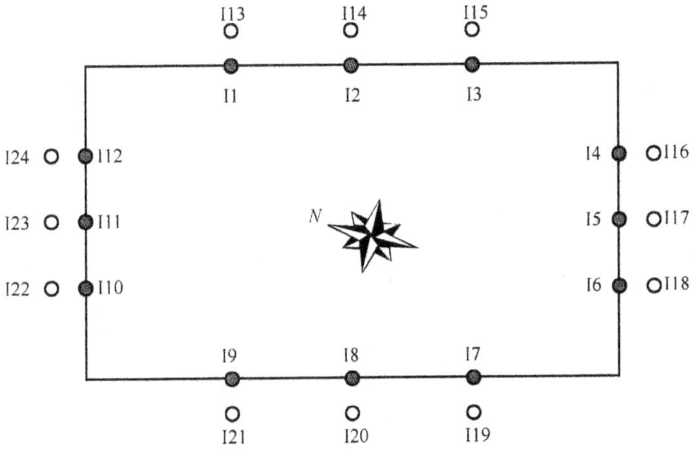

图 4-18　墙体水平位移测点布置图

②信息化施工指导设计。2001 年 1 月 5 日积极冻结完成，南锚碇开始进行第二层土方开挖。在施工过程中，监测数据生成整理后，根据现场施工情况分析受力、变形监测项目的最大状态。到 2002 年 2 月 15 日，第一道水平支撑斜撑（Z_{1-1}监测位置处）的轴力已经达到 1 050t（10 500kN），排桩的位移（最大位移处为 I8 监测点）亦大于设计计算值。按照信息化管理程序，通过正演、反演手段进行了分析，认为造成此种现象的主要原因是冻胀力过大。

按照施工预案和分析探讨后的研究情况，将原设计进行了更改。

设计调整 1：原泄压孔位置后移 70cm，施工泄压槽，锚坑东西两侧采用钻孔成槽（泄压孔孔深 20m，孔径 25cm），锚坑南北两侧采用射水卸压槽施工（射水泄压槽宽 22cm，深 16.5m），卸压槽施工于 2002 年 2 月 27 日全部完成，通过卸压槽施工前后的支撑轴力监测资料分析，起到了一定的卸压作用。

设计调整 2：协同设计单位通过计算分析，在第二道支撑上面增加一道支撑，亦即加大其截面尺寸（在原基础上扩大一倍），以加强支撑抵抗能力。同时恢复 7 道水平支撑，加密支撑间距，加大支撑截面尺寸。即：第 7 道支撑的平面布置、支撑截面尺寸及配筋和第一道支撑相同，并将第 3 ~ 6 道支撑的竖向位置做适当调整，增大第 3 道支撑的截面尺寸，与原第 4、第 5 道支撑截面尺寸相同（圈梁 1 000mm × 1 600mm，主撑 900mm × 1 300mm，角撑 800mm × 900mm）。在以后的施工过程中通过监测资料分析，这些措施控制了排桩位移和支撑轴力的进一步的增大，保证了结构的整体安全。

设计调整 3：积极冻结于 1 月 5 日完成，通过对温度监测资料的分析，怀疑冻结帷幕存在局部突破的情况，根据监测资料进行系统分析和现场检查后，认为冻结帷幕确实存在局部突破的情况。按照施工预案，决定采取液氮冻结局部补强，确保了冻结帷幕的整体止水性。

③指导施工。冻结排桩工法是首次使用的全新工法，信息化施工作为现场施工的“千里眼”和“顺风耳”，对现场施工进行了全过程监控。通过分析各项监测数据的动态变化，动态调整施工组织设计和现场施工工序，在保证结构整体安全的情况下确保了现场施工安全的顺利进行。

坑内外水位监测情况表明，坑内原有的 12 口真空降水井不能有效降低坑内水位，另外，由于冻结帷幕出现局部被击破的情况，坑内外产生了水力联系，于是在第三层、第四层土方开挖过程中增加坑内井点降水。通过这些措施，有效地降低了坑内水位，减少了坑内外的水力联系，加强了冻结帷幕的整体安全性，确保了土方机械的工作效率，提高了整体开挖速度。

监测资料告诉我们，随着基坑开挖的不断深入，支护排桩的水平位移逐渐增大，冻结帷幕外的土体变形也呈现逐渐增大这种不符合常规的趋势，经过分析后认为冻胀力过大是主要原因。尽管设计方案进行了一定的更改，但加快施工现场的施工进度，减少排桩的暴露时间，尽快完成开挖后的支撑浇筑，尤其是对撑浇筑，才是保证整体结构的安全的根本措施。按照这一原则，优化了施工组织设计，编制了《南锚碇基坑单层开挖及支撑浇注施工进度》，按照先中间对撑—后南部支撑—再北部支撑的原则，形成每层土方开挖、出土、支撑浇筑的流水作业，将南锚碇基坑单层开挖及支撑浇筑时间由 20d 缩短到 10d 左右，将对撑浇筑缩短到了 5d，最大限度地减少了排桩的暴露时间，保证了南锚碇基坑的整体安全。

为了保证冻结期的正常工作，共投入 8AS-17 型低压机 7 台，8AS-12.5 型高压机 5 台，最大制冷量 149.5×10^4kcal/h，为设计制冷量 99.3×10^4kcal/h 的 1.5 倍。冷冻盐水循环泵 4 台（2 台备用泵）。

根据监测资料和监测分析，判断了冻结帷幕的交圈，研究了冻结帷幕的发展情况，整体分析了冻结帷幕的发展趋势和冻结帷幕的发展速度后，进一步指导冻结站的工作，随时调整冻结盐水温度、冻结盐水流量，确保了冻结帷幕的正常发展。

第五节　公路地质灾害及防治措施

地质灾害，是指在自然或者人为因素的作用下形成的，对人类生命财产、环境造成破坏和损失的地质作用（现象）。地质灾害可划分为 30 多种类型。由降雨、融雪、地震等因素诱发的称为自然地质灾害，由工程开挖、堆载、爆破、弃土等引发的称为人为地质灾害。2004 年国务院颁发的《地质灾害防治条例》规定，常见的地质灾害主要指危害人民生命和财产安全的崩塌、滑坡、泥石流、地面塌陷、地裂缝、地面沉降等 6 种与地质作用有关的灾害。其中与交通建设密切相关的是崩塌、滑坡、泥石流和地面塌陷（主要是岩溶塌陷）。

近年来，由于公路（铁路）边坡施工导致的安全事故时有发生。2003 年 5 月 11 日凌晨 1 时 55 分，贵州省三穗县台烈镇宏头村三穗至凯里高速公路正在施工的平溪特大桥 3 号墩附近发生山体滑坡，滑体总方量约 20 余万方，其中右侧部分约 3 万方淹埋了 ××工程局三标段施工项目经理部一栋工棚（17 间）及棚内 35 人。2002 年湖南某高速公路施工现场边坡塌坍，导致车毁人亡。云南元磨高速公路 147km，30m 以上高边坡 370 余个，修建时已滑坡 177 次以上。2007 年 11 月中旬发生的湖北宜万高速铁路隧道洞口崩塌导致 30 多人死亡。

2005 年，国家制定了地质灾害的防治措施和相应的应急救援预案。为此，作为公路施工企业的技术人员在地质灾害严重的地区施工时，除了要注意按照设计要求进行施工以外，还要特别注意对地质灾害的调查和识别。充分认识边坡，了解边坡，减少边坡病害和消除边坡事故隐患，是公路建设者任重而道远的使命。

一、崩塌

崩塌，是指在一定的自然条件与地质条件下，组成斜坡的部分岩土体，在以重力为主的作用下,向下(多数悬空)崩落的块体运动。规模大的称山崩,有可能崩落的岩体称危岩体。

(一)崩塌形成的条件

1. 岩土类型

岩、土是产生崩塌的物质条件。一般而言,各类岩、土都可以形成崩塌,但不同类型,所形成崩塌的规模大小不同。通常,岩性坚硬的各类岩浆岩、变质岩及沉积岩类的碳酸盐岩、石英砂岩、砂砾岩、初具成岩性的石质黄土、结构密实的黄土等易形成规模较大的崩塌,页岩、泥灰岩等互层岩石及松散土层等往往以小型坠落和剥落为主。

2. 地质构造

各种构造面,如节理、裂隙面、岩层界面、断层等,对坡体的切割、分离,为崩塌的形成提供脱离母体(山体)的边界条件。坡体中裂隙越发育,越易产生崩塌,与坡体延伸方向近于平行的陡倾构造面,最有利于崩塌的形成。

3. 地形地貌

江、河、湖(水库)、沟的岸坡及各种山坡、铁路、公路边坡、工程建筑物边坡及其各类人工边坡都是有利崩塌产生的地貌部位,坡度大于45°的高陡斜坡、孤立山嘴或凹形陡坡均为崩塌形成的有利地形。

岩土类型、地质构造、地形地貌三个条件,又统称地质条件,它是形成崩塌的基本条件。

(二)崩塌的防治

(1)清除坡面危石。

(2)坡面加固。

(3)危岩支顶。

(4)拦截防御。

(5)调整水流。

二、滑坡

滑坡,是指在一定的自然条件与地质条件下,组成斜坡的部分岩土体,在以重力为主的作用下,沿斜坡内部一定的软弱面(带,一个或多个)发生剪切而产生的整体下滑破坏。滑坡的下滑速度,一般较慢,但有的为高速。

(一)斜坡的失稳条件

有下列情况之一者,该斜坡具备失稳条件。

(1)各种类型的危岩体。

(2)斜坡岩体中有倾向坡外、倾角小于坡角的结构面存在。

(3)斜坡被两组或两组以上结构面切割,形成不稳定棱体,其底棱线倾向坡外,且倾角小于斜坡坡角。

(4)斜坡后缘已产生拉裂缝。

(5)顺坡走向卸荷裂隙发育的高陡斜坡或凹腔深度大于裂隙带。

(6)岸边裂隙发育、表层岩体已发生蠕动或变形的斜坡。

(7)坡足或坡基存在缓倾的软弱层。

(8)位于库岸或河岸水位变动带,渠道沿线或地下水溢出带附近,工程建成后可能经常处于浸湿状态的软质岩石或第四系沉积物组成的斜坡。

（二）滑坡的调查

滑坡区及其邻近稳定地段，一般包括滑坡后壁外一定距离（滑坡滑动会影响和危害的区域），滑坡体两侧自然沟谷和滑坡舌前缘一定距离或江、河、湖水边；注意查明滑坡的发生与地层结构、岩性、断裂构造（岩体滑坡尤为重要）、地貌及其演变、水文地质条件、地震和人为活动因素的关系，找出引起滑坡或滑坡复活的主导因素；调查滑坡体上各种裂缝的分布特征，发生的先后顺序、切割和组合关系，分清裂缝的力学属性，如拉张、剪切、鼓胀裂缝等，借以作为滑坡体平面上分块、分条和纵剖面分段的依据，分析滑坡的形成机制；通过裂缝的调查，借以分析判断滑动面的深度和倾角大小。滑坡体上裂缝纵横，往往是滑动面埋藏不深的反映；裂缝单一或仅见边界裂缝，则滑动面埋深可能较大；如果基础埋深不大的挡土墙开裂，则滑动面往往不会很深；如果斜坡已有明显位移，而挡土墙等依然完好，则滑动面埋深较深；滑坡壁上的平缓擦痕的倾角，与该处滑动面倾角接近一致；滑坡体的差速裂缝两壁也会出现缓倾角擦痕，同样是下部滑动面倾角的反映；对岩体滑坡应注意调查缓倾角的层理面、层间错动面、不整合面、假整合面、断层面、节理面和片理面等，若这些结构面的倾向与坡向一致，且其倾角小于斜坡前缘临空面倾角，则很可能发展成为滑动面。对土体滑坡，则首先应注意土层与岩层的接触面构成的滑带形态特征及控制因素，其次应注意土体内部岩性差异界面；调查滑动体上或其邻近的建、构筑物（包括支挡和排水构筑物）的裂缝，但应注意区分滑坡引起的裂缝与施工裂缝、填方基础不均匀沉降裂缝、自重与非自重黄土湿陷裂缝、膨胀土裂缝、温度裂缝和冻胀裂缝的差异，避免误判；调查滑带水和地下水情况，泉水出露地点及流量，地表水自然排泄沟渠的分布和断面，湿地的分布和变迁情况等；围绕判断是首次滑动的新生滑坡还是再次滑动的古（老）滑坡进行调查。

（三）滑坡的防治

对滑坡体的治理通常采用削坡、减重反压、设置抗滑挡墙、设置抗滑桩、锚固和预应力锚固、设置抗滑键等方法。

1. 削坡

一是岩体受节理、裂隙切割，较为破碎，可能产生崩塌坠石、边坡局部失稳现象，可采取剥除“危岩”削缓边坡顶部。二是对土质滑坡体，削缓边坡，减小滑动体厚度，以减小滑动力，注意对坡脚下部可能阻滑部分不可削减。边坡高度较大时，可分级留出平台，提高边坡稳定性。

2. 减重反压

主要适用于推移式滑坡体，特别是滑动面上陡下缓或接近圆弧形时，或滑坡体前缘厚度特别大时，减重效果尤为显著。减重就是挖除滑体上部的岩（土）体，减少上部岩石体重量造成的下滑力。反压则是在滑体前部抗滑地段采取加载措施以增大抗滑力。在减重反压后的边坡，应及时整平，做好防排水措施和坡面绿化，以免裂隙裸露，雨水乘隙渗入边坡内部。

3. 抗滑挡墙

挡墙是目前较为广泛的抗滑建筑物，借助于挡墙本身重量，支挡滑体的剩余下滑力，有抗滑片垛、抗滑片石竹笼、浆砌石抗滑挡墙、混凝土或钢筋混凝土抗滑挡墙、空心抗滑挡墙（明洞）及沉井式抗滑挡墙等。

4. 抗滑桩

抗滑桩系穿过滑体深入于滑床的桩柱，用以支挡滑体的滑动。作为阻滑支撑工程，具有破坏山体少、施工安全、方便、工期短、省工省料的优点，已在国内外广泛采用。

5. 锚固和预应力锚固

在有裂隙的坚硬岩石边坡，为了增强滑面的正压力，以提高沿滑面的抗滑力，或为固定松动危岩，可采用锚固或预应力锚固措施。一般方法是打钻孔，内插锚杆。

6. 固化

用物理化学方法改善滑坡带土石性质。

(1)焙烧法：是利用导洞焙烧滑坡脚部的滑带上，使之形成地下"挡墙"而稳定滑坡的一种措施。利用焙烧法可以治理一些土质滑坡。用煤焙烧砂黏土时，当烧土达到一定温度后，砂黏土会变成像砖块一样，具有相同高的抗剪强度和防水性，同时地下水也可从被烧的土裂缝中流入坑道而排出。

用焙烧法治理滑坡，导洞须埋入坡脚滑动面以下0.5～1.0m处。为了使焙烧的土体成拱形，导洞的平面最好按曲线或折线布置。导洞焙烧的温度，一般土为500～800℃。通常用煤和木柴作燃料，也可以用气体或液体作燃料。焙烧程度应以塑性消失和在水的作用下不致膨胀和泡软为准。

(2)电渗排水：是利用电场作用而把地下水排除，达到稳定滑坡的一种方法。这种方法最适用于粒径0.05～0.005mm的粉质土的排水，因为粉土中所含的黏土颗粒在脱水情况下就会变硬。施工的过程是：首先将阴极和阳极的金属桩成行地交错打入滑坡体中，然后通电和抽水。一般以铁或铜桩为负极，铝桩为正极。通电后水即发生电渗作用，水分从正极移向由一花管组成的负极，待水分集中到负极花管之后，就用水泵把水抽走。

(3)爆破灌浆法：是一种用炸药爆破破坏滑动面，随之把浆液灌入滑带中以置换滑带水并固结滑带土，从而达到使滑坡稳定的一种治理方法。目前这种方法仅用于小型滑坡。施工步骤是：首先用钻孔打穿滑动带，在钻孔中爆破，使滑坡床岩层松动；再将带孔灌浆管打入滑带下0.15m，在一定的压力下将浆液压入，使其在滑动带中将裂缝充满，形成一个稳定土层，借以增大滑带土的抗滑能力。在我国黄土区的一些滑坡，曾用石灰、水泥和黏土浆液压注裂缝的方法来加固滑带土，取得了一定的成效。

三、泥石流

泥石流，是指在一定的自然条件与地质条件下，沟谷中或斜坡上，饱含大量泥土和大小石块等固、液两相流体，呈黏性层流或稀性紊流。泥石流形成、爆发的主要条件是：有利的地形，丰富的土石固体物质，大量且集中的水源。

(一)泥石流的形成条件

形成泥石流的三个基本条件：

(1)流域中有丰富的固体物质补给泥石流。

(2)有陡峭的地形和较大的沟床纵坡。

(3)流域的中、上游有强大的暴雨或冰雪强烈消融等形成的充沛水源。

（二）泥石流的调查

泥石流沟谷在地形地貌和流域形态上往往有其特殊反映，典型的泥石流沟谷，形成区多为高山环抱的山间盆地。流通区多为峡谷，沟谷两侧山坡陡峻，沟床顺直，纵坡梯度大。堆积区则多呈扇形或锥形分布，沟道摆动频繁，大小石块混杂堆积，垄岗起伏不平。对于典型的泥石流沟谷，这些区段均能明显划分，但对不典型的泥石流沟谷，则无明显的形成区、流通区与堆积区。研究泥石流沟谷的地形地貌特征，可从宏观上判定沟口是否属泥石流沟谷，并进一步划分其区段。调查范围应包括沟谷至分水岭的全部地段和可能受泥石流影响的地段，主要包括泥石流的形成区、流通区、堆积区。应了解下列内容：

（1）冰雪融化和暴雨强度、前期降雨量、一次最大降雨量，一般及最大流量，地下水活动情况。

（2）地层岩性、地质构造、不良地质现象、松散堆积物的物质组成、分布和储量。

（3）沟谷的地形地貌特征，包括沟谷的发育程度、切割情况、坡度、弯曲、粗糙程度。划分泥石流的形成区、流通区和堆积区，圈绘整个沟谷的汇水面积。

（4）形成区的水源类型、水量、汇水条件、山坡坡度、岩层性质及风化程度，断裂、滑坡、崩塌、岩堆等不良地质现象的发育情况及可能形成泥石流固体物质的分布范围、储量。

（5）流通区的沟床纵横坡度、跌水、急弯等特征，沟床两侧山坡坡度、稳定程度，沟床的冲淤变化和泥石流的痕迹。

（6）堆积区的堆积扇分布范围、表面形态、纵坡，植被，沟道变迁和冲淤情况；堆积物的性质、层次、厚度、一般和最大粒径及分布规律。判定堆积区的形成历史，划分古泥石流扇和新泥石流扇，测定新泥石流扇的堆积速度，估算一次最大堆积量。

（7）泥石流沟谷的历史。历次泥石流的发生时间、频数、规模、形成过程、爆发前的降水情况和爆发后产生的灾害情况。区分正常沟谷还是低频率泥石流沟谷。

（8）开矿弃渣、修路切坡、砍伐森林、陡坡开荒及过度放牧等人类活动情况。

（9）当地防治泥石流的措施和建筑经验。

（10）调查泥石流已经造成的损失，泥石流进一步发展的影响范围及潜在损失。

（三）泥石流的防治

防治方案可分以下几种：

1. 以抑制泥石流发生为主的方案

采取蓄、引水工程、植树造林等控制形成泥石流的水源和松散固体物质的聚积和启动，以行政管理、法令措施消除激发泥石流的人为因素，从而在源头上抑制泥石流的发生。

2. 以疏导泥石流过境为主的方案

采取拦挡、排导、疏通等河道改造工程，调节泥石流流量、消减龙头能量，促使泥石流分流或解体，拦挡泥石中石块，降低其冲击力，从而控制通过保护区河道的泥石流流量、流速，使其顺利过境而不危及两岸保护区的安全。

3. 以避让泥石流危害为主的方案

在泥石流发生前，采取预防措施，发生过程中采取警报措施，并对危害原保护对象采取临时加固、撤离等措施，使泥石流过境时灾害损失减少至最低。

4. 综合防治方案

针对被保护目标的性质和重要性,采取工程、生物、预警、行政等措施对泥石流进行抑制、疏导、局部避让等,以求达到最佳治理效果和节省投资。

四、岩溶塌陷

岩溶塌陷在我国90%以上发生在可溶岩上有松散土层覆盖的岩溶区。塌陷主要产生在土层中,所以也称为"土层塌陷"。

1. 容易产生岩溶塌陷的地段

(1)浅部岩溶发育强烈,可溶岩顶面起伏较大,并有洞口或裂口,岩溶洞穴空间无充填或充填物少,且充填物为砂、碎石和亚黏土的地段。

(2)采、排地下水点附近和地下水位降落漏斗范围内(特别是地下水的主要补给方向上),以及地下水位变动明显的区域(浸没导致水位上升)。

(3)构造断裂带,背、向斜轴部,可溶岩与非可溶岩的接触部位。

(4)岩溶洼地、积水低地和池塘。

(5)第四纪土层为砂、轻亚黏土、亚黏土,且厚度小于10m的地段。

2. 岩溶塌陷的调查

调查过程中首先要依据已有资料进行综合分析,在基本掌握区内岩溶发育、分布规律及岩溶水环境的基础上,查明岩溶塌陷的成因、形态、规模、分布密度、引发因素、土层厚度与下伏基岩岩溶特征。地表、地下水活动动态及其与自然和人为因素的关系。调查岩溶塌陷对已有建筑物的破坏损失情况,圈定可能发生岩溶塌陷的区段。

3. 岩溶塌陷工程处理

(1)疏导:对岩溶水宜疏不宜堵。一般可以明沟、泄水洞等加以疏导。

(2)跨越:以桥涵等跨越流量较大的溶洞、暗河。

(3)加固:采用加固的方法防止溶洞塌陷和处理岩溶水害。

(4)堵塞:对基本停止发展的干涸溶洞,一般以堵塞为宜。

(5)钻孔充气:通过钻孔,可消除岩溶在封闭条件下所形成的真空腔的作用。

(6)恢复水位:是从根本上消除因地下水位降低造成地面塌陷的一种措施。

(7)桥位宜选在难溶岩层分布区或无深、大、密的溶洞分布的地段。

(8)隧道应避开漏斗、落水洞和大溶洞,并不与暗河平行。

附:交通部关于加强公路沿线地质灾害防治工作的紧急通知

各省、自治区交通厅,北京、重庆市交通委员会,天津市市政工程局,上海市市政工程管理局,新疆生产建设兵团交通局:

2003年5月11日凌晨1时55分,贵州省三穗县台烈镇宏头村三穗至凯里高速公路正在施工的平溪特大桥3号墩附近发生山体滑坡,滑体总方量约20余万方,其中右侧部分约3万方淹埋了××工程局三标段施工项目经理部一栋工棚(17间)及棚内35人。灾害发生后,党中央、国务院领导十分重视,国务院立即派出调查组赶赴现场协助贵州省全力以赴抢救被埋人员,尽一切可能减少伤亡,做好善后工作,查明山体滑坡灾害原因,制定防治措施。在贵州省委、省政府的领导下,经全力抢险救灾,避免了灾害进一步扩大,但被淹埋的35人无一幸存。

这次事故尽管主要是山体滑坡自然灾害造成的,但也给我们增强建设项目安全隐患防范意识敲响了警钟。雨季将至,公路沿线特别是山区地质条件复杂路段极易发生灾害。为认真吸取"贵州省三穗县台烈镇宏头村'5.11'山体滑坡灾害"教训,举一反三做好各方面工作,现将有关事项通知如下:

一、各级交通主管部门要切实加强公路建设安全监督管理,全面落实安全生产责任制,做到常抓不懈,警钟长鸣,坚决杜绝重大灾害、安全、质量事故。各省、自治区、直辖市交通厅(局、委)应组织省交通质量监督站、各项目法人单位立即对在建工程施工现场容易引发地质灾害、高空坠落、坍塌、触电、爆炸等关键部位和施工工序进行重点安全检查,加大对防灾、质量、安全生产的监督力度;加强对农民工的岗前培训和现场技术指导,加强施工机械、设备的维修保养,防止因机械失灵诱发安全事故;及时发现安全生产隐患和薄弱环节,堵塞漏洞,消除事故隐患,将防灾、质量、安全生产管理工作制度化、规范化、标准化。

二、防灾预案是做好地质灾害防治工作的关键环节,各省、自治区、直辖市交通厅(局、委)要密切配合国土资源行政主管部门编制年度公路沿线地质灾害防灾预案,报同级人民政府批准后组织实施。各级交通行政主管部门应根据防灾预案在汛期前组织有关单位对公路沿线地质灾害隐患点进行排查,并做好监测和预警工作,责任到人,发现险情,要及时采取防范措施。

三、加强公路建设前期工作。在自然条件恶劣,地形、地质条件复杂,新构造运动活跃,地震活动频繁地区修建公路,一定要慎之又慎。应采用航测、遥感、地质判释、GPS等综合勘察设计手段,加强基础资料的收集和调查工作;在路线方案比选中要综合考虑生态环境保护、水土保持、地质灾害等影响因素,特别注意设计方案实施的可能性;新建公路工程应避免设计高陡边坡、深挖路堑,路堤高度大于20m应采用高架桥,路堑深度大于30m应采用隧道方案,对岩石破碎、易于发生石块崩落的路段,应及时封闭坡面并设置牢固的坡面防护系统,确保安全。

四、地质灾害危险性评估有助于预防地质灾害。建设、设计、施工及监理等单位必须充分重视评估报告提出的防治建议,在公路基本建设各阶段,采取切实可行的防治地质灾害措施。设计文件上报时应附环境保护、水土保持、地质灾害危险性评估意见;招标文件应明确对环境保护、水土保持、地质灾害危险性评估意见的工程处置措施;工程监理应增加预防地质灾害记录。

五、在自然环境恶劣,地质条件复杂的地区修建公路,项目法人和监理要监督施工单位按照安全生产的有关规定选择临时办公、居住地及设备安置场地,要特别注意避开易于发生崩塌、滑坡、泥石流、岩溶或洞穴坍陷等地质灾害的高陡边坡、不稳定斜坡和沟口低洼处,以避免地质灾害造成人员伤亡和经济财产损失。

六、公路施工过程,将改变岩土体的自然稳定状态,易于诱发崩塌、滑坡等重力地质灾害。各级交通行政主管部门要责成建设或项目法人单位、勘察、设计、施工、监理单位详细查明公路沿线的危岩、不稳定斜坡等地质灾害隐患点,及时制定防治措施,并应加强施工过程中的预加固、截排水等辅助施工措施和监测预警工作。

七、省级公路管理机构,应提前做好公路防汛抢险预案工作和报警制度,对公路沿线排水系统和防护设施欠缺的老路及易发生水毁等自然灾害的路段,要加大汛前检查力度,做好排险加固工作,及早做好抢险机械设备和筑路材料等必要的技术和物资储备;当水毁等自然灾害发生后,公路养护部门应立即组织抢修或修筑临时便道、便桥,尽一切可能确保公路运输安全畅通。

第六节　施工机械设备安全控制要点

机械安全是从人的需要出发,在使用机械的全过程(使用、维修、保养)的各种状态下,达到使人的身心免受外界因素危害的存在状态和保障条件。

一、一般规定

(1)正确选型,合理调配。任何一种机械由于自身的性能、结构等特性,都有一定的使用技术要求。如能严格地按规定合理使用机械,就能充分发挥机械效率,减少机械磨损,延长使用寿命,降低使用成本。因此,在安排施工生产任务时,就要使工程项目与机械设备的使用规范相适应。切勿大机小用,还要防止"精机粗作"、"小马拉大车"等不合理使用现象的发生。

(2)对于各项目部之间的机械调配问题,做到提前及时地掌握各个施工项目的工程进度与机械设备方面的需求、退场信息,安排好机械设备调用过程中的二次保养维护工作,解决好使用与保养的矛盾冲突。

(3)正确使用,及时保养,"用养修"相结合。机械危险,是指由于机械设备及其附属设施的构件、零件、工具、工件或飞溅的固体和流体物质等的机械能(动能和势能)作用,可能产生伤害的各种物理因素以及与机械设备有关的滑绊、倾倒和跌落危险。为此,在机械设备的使用过程中,操作人员与指挥人员一定要按照相关设备的安全操作规程正确使用该设备。

(4)做好特种设备的安全检测。特种设备就是与人身、财产安全,人体健康密切相关的承压和载人设备的总成,在生产过程中,比一般性生产设备具有更大的潜在危险性。由于特种设备是属于危险性较大的设备,易发生事故造成操作者本人或他人的伤害,以及机械设备,公共设施等重大的财产损失,为保证其正常运行,必须进行定期和巡回检测检验,以避免机械事故的发生,保障生产安全和生命安全。

(5)特种设备必须经技术检测部门检测合格取得合格证后才能投入使用。可以结合实际情况,对分布于各个项目部的试验仪器、计量系统仪器、架桥机、筑路机械、拌和楼、压力容器等特种设备,除建立相应的设备管理卡对其进行维修与检测方面的台账记录之外,在其工作的过程中,还应当进行设备(特别是重大、危险设备)的安全监察、动态控制,提前做好设备的安全检测换证工作。

(6)人员培训,持证上岗人员培训包括作业技能的培训与人员的安全教育培训。对机械的操作和维修人员,不仅要对其进行安全技术理论方面的培训,还要确保其实际操作技能的培训落到实处,重点是提高操作人员的安全操作技能和预防事故发生的实际能力以及设备危险性意识和处理事故的能力,有效控制特种设备事故的发生。

做到机械设备的持证上岗率100%,坚决杜绝无证作业和持超过复审期的作业证件操作机械,同时,对于那些虽然持有机械设备操作证件,但已经连续六个月以上没有从事过本机械操作的人员,单位对其进行上岗前的再培训。

二、采购、租赁、自制和协作队伍自带设备的安全控制要点

(1)施工单位采购、租赁、使用的特种设备应当具有特种设备制造许可证、产品合格证、制造监督检验证明。

(2)自购特种设备的施工单位在特种设备首次安装前,应当持特种设备制造许可证、产品合格证和制造监督检验证明到本单位工商注册所在地县级以上地方人民政府建设主管部门办理备案。

(3)有下列情形之一的设备,不得租赁、使用:

①属国家明令淘汰或者禁止使用的。

②超过安全技术标准或者制造厂家规定的使用年限的。

③经检验达不到安全技术标准规定的。

④没有完整安全技术档案的。

⑤没有齐全有效的安全保护装置的。

(4)自购设备施工单位,应当建立设备安全技术档案,设备安全技术档案应当包括以下资料:

①购销合同、制造许可证、产品合格证、制造监督检验证明、安装使用说明书、备案证明等原始资料。

②定期检验报告、定期自行检查记录、定期维护保养记录、维修和技术改造记录、运行故障和生产安全事故记录、累计运转记录等运行资料。

③历次安装验收资料。

(5)设备安装完毕后,施工单位应当组织出租、安装、等有关单位进行验收,或者委托具有相应资质的检验检测机构进行验收。设备经验收合格后方可投入使用,未经验收或者验收不合格的不得使用。实行施工总承包的,由施工总承包单位组织验收。设备在验收前应当经有相应资质的检验检测机构监督检验合格。检验检测机构和检验检测人员对检验检测结果、鉴定结论依法承担法律责任。

(6)施工单位应当履行下列安全职责:

①根据不同施工阶段、周围环境以及季节、气候的变化,对设备采取相应的安全防护措施。

②制定设备生产安全事故应急救援预案。

③在设备活动范围内设置明显的安全警示标志,对集中作业区做好安全防护。

④设置相应的设备管理机构或者配备专职的设备管理人员。

⑤指定专职设备管理人员、专职安全生产管理人员进行现场监督检查。

⑥设备出现故障或者发生异常情况的,立即停止使用,消除故障和事故隐患后,方可重新投入使用。

(7)施工单位应当对在用设备及其安全保护装置、吊具、索具等进行经常性和定期的检查、维护和保养,并做好记录。在设备租期结束后,施工单位应当将定期检查、维护和保养记录移交出租单位。

(8)设备在使用过程中需要附着的,施工单位应当委托原安装单位或者具有相应资质的安装单位按照专项施工方案实施,并按照规定组织验收。验收合格后方可投入使用。

设备在使用过程中需要顶升的，施工单位委托原安装单位或者具有相应资质的安装单位按照专项施工方案实施后，即可投入使用。

(9)施工总承包单位应当履行下列安全职责：

①向安装单位提供拟安装设备位置的基础施工资料，确保设备进场安装、拆卸所需的施工条件。

②审核设备制造许可证、产品合格证、制造监督检验证明、备案证明等文件。

③审核安装单位、使用单位的资质证书、安全生产许可证和特种作业人员的特种作业操作资格证书。

④审核安装单位制定的设备安装、拆卸工程专项施工方案和生产安全事故应急救援预案。

⑤审核使用单位制定的设备生产安全事故应急救援预案。

⑥指定专职安全生产管理人员监督检查设备安装、拆卸、使用情况。

(10)特种设备的拆卸工、起重信号工、起重司机、司索工等特种作业人员应当经主管部门考核合格，并取得特种作业操作资格证书后，方可上岗作业。

(11)协作队伍自带设备必须符合相关的安全技术要求，设备操作人员要有相关的资质证书，并和总包单位签订设备安全管理协议，明确双方的责任。

(12)对于自制的设备和临时设施，必须经过设计、计算、试验、检验，试运行并须相关部门的检验认可后才能用于施工。

(13)施工企业之间相互租用或借用施工设备的管理。施工设备租(借)用合同要符合《合同法》等法律法规的有关规定。合同条款中要明确双方的安全质量责任，租(借)用来的施工设备在投入使用前必须进行严格的质量检验。对于没有规范的技术参数及使用说明的临时性装置，原则上不得使用和相互租(借)用。

三、建筑起重机械安全监督管理规定

第一条 为了加强建筑起重机械的安全监督管理，防止和减少生产安全事故，保障人民群众生命和财产安全，依据《建设工程安全生产管理条例》、《特种设备安全监察条例》、《安全生产许可证条例》，制定本规定。

第二条 建筑起重机械的租赁、安装、拆卸、使用及其监督管理，适用本规定。

本规定所称建筑起重机械，是指纳入特种设备目录，在工地安装、拆卸、使用的起重机械。

第三条 国务院建设主管部门对全国建筑起重机械的租赁、安装、拆卸、使用实施监督管理。

县级以上地方人民政府建设主管部门对本行政区域内的建筑起重机械的租赁、安装、拆卸、使用实施监督管理。

第四条 出租单位出租的建筑起重机械和使用单位购置、租赁、使用的建筑起重机械应当具有特种设备制造许可证、产品合格证、制造监督检验证明。

第五条 出租单位在建筑起重机械首次出租前，自购建筑起重机械的使用单位在建筑起重机械首次安装前，应当持建筑起重机械特种设备制造许可证、产品合格证和制造监督检验证明到本单位工商注册所在地县级以上地方人民政府建设主管部门办理备案。

第六条 出租单位应当在签订的建筑起重机械租赁合同中，明确租赁双方的安全责任，并出具建筑起重机械特种设备制造许可证、产品合格证、制造监督检验证明、备案证明和自检合格证明，提交安装使用说明书。

第七条 有下列情形之一的建筑起重机械，不得出租、使用：

（一）属国家明令淘汰或者禁止使用的；

（二）超过安全技术标准或者制造厂家规定的使用年限的；

（三）经检验达不到安全技术标准规定的；

（四）没有完整安全技术档案的；

（五）没有齐全有效的安全保护装置的。

第八条 建筑起重机械有本规定第七条第（一）、（二）、（三）项情形之一的，出租单位或者自购建筑起重机械的使用单位应当予以报废，并向原备案机关办理注销手续。

第九条 出租单位、自购建筑起重机械的使用单位，应当建立建筑起重机械安全技术档案。

建筑起重机械安全技术档案应当包括以下资料：

（一）购销合同、制造许可证、产品合格证、制造监督检验证明、安装使用说明书、备案证明等原始资料；

（二）定期检验报告、定期自行检查记录、定期维护保养记录、维修和技术改造记录、运行故障和生产安全事故记录、累计运转记录等运行资料；

（三）历次安装验收资料。

第十条 从事建筑起重机械安装、拆卸活动的单位（以下简称安装单位）应当依法取得建设主管部门颁发的相应资质和建筑施工企业安全生产许可证，并在其资质许可范围内承揽建筑起重机械安装、拆卸工程。

第十一条 建筑起重机械使用单位和安装单位应当在签订的建筑起重机械安装、拆卸合同中明确双方的安全生产责任。

实行施工总承包的，施工总承包单位应当与安装单位签订建筑起重机械安装、拆卸工程安全协议书。

第十二条 安装单位应当履行下列安全职责：

（一）按照安全技术标准及建筑起重机械性能要求，编制建筑起重机械安装、拆卸工程专项施工方案，并由本单位技术负责人签字；

（二）按照安全技术标准及安装使用说明书等检查建筑起重机械及现场施工条件；

（三）组织安全施工技术交底并签字确认；

（四）制定建筑起重机械安装、拆卸工程生产安全事故应急救援预案；

（五）将建筑起重机械安装、拆卸工程专项施工方案，安装、拆卸人员名单，安装、拆卸时间等材料报施工总承包单位和监理单位审核后，告知工程所在地县级以上地方人民政府建设主管部门。

第十三条 安装单位应当按照建筑起重机械安装、拆卸工程专项施工方案及安全操作规程组织安装、拆卸作业。

安装单位的专业技术人员、专职安全生产管理人员应当进行现场监督，技术负责人应当定期巡查。

第十四条　建筑起重机械安装完毕后，安装单位应当按照安全技术标准及安装使用说明书的有关要求对建筑起重机械进行自检、调试和试运转。自检合格的，应当出具自检合格证明，并向使用单位进行安全使用说明。

第十五条　安装单位应当建立建筑起重机械安装、拆卸工程档案。

建筑起重机械安装、拆卸工程档案应当包括以下资料：

（一）安装、拆卸合同及安全协议书；

（二）安装、拆卸工程专项施工方案；

（三）安全施工技术交底的有关资料；

（四）安装工程验收资料；

（五）安装、拆卸工程生产安全事故应急救援预案。

第十六条　建筑起重机械安装完毕后，使用单位应当组织出租、安装、监理等有关单位进行验收，或者委托具有相应资质的检验检测机构进行验收。建筑起重机械经验收合格后方可投入使用，未经验收或者验收不合格的不得使用。

实行施工总承包的，由施工总承包单位组织验收。

建筑起重机械在验收前应当经有相应资质的检验检测机构监督检验合格。

检验检测机构和检验检测人员对检验检测结果、鉴定结论依法承担法律责任。

第十七条　使用单位应当自建筑起重机械安装验收合格之日起30日内，将建筑起重机械安装验收资料、建筑起重机械安全管理制度、特种作业人员名单等，向工程所在地县级以上地方人民政府建设主管部门办理建筑起重机械使用登记。登记标志置于或者附着于该设备的显著位置。

第十八条　使用单位应当履行下列安全职责：

（一）根据不同施工阶段、周围环境以及季节、气候的变化，对建筑起重机械采取相应的安全防护措施；

（二）制定建筑起重机械生产安全事故应急救援预案；

（三）在建筑起重机械活动范围内设置明显的安全警示标志，对集中作业区做好安全防护；

（四）设置相应的设备管理机构或者配备专职的设备管理人员；

（五）指定专职设备管理人员、专职安全生产管理人员进行现场监督检查；

（六）建筑起重机械出现故障或者发生异常情况的，立即停止使用，消除故障和事故隐患后，方可重新投入使用。

第十九条　使用单位应当对在用的建筑起重机械及其安全保护装置、吊具、索具等进行经常性和定期的检查、维护和保养，并做好记录。

使用单位在建筑起重机械租期结束后，应当将定期检查、维护和保养记录移交出租单位。

建筑起重机械租赁合同对建筑起重机械的检查、维护、保养另有约定的，从其约定。

第二十条　建筑起重机械在使用过程中需要附着的，使用单位应当委托原安装单位或者具有相应资质的安装单位按照专项施工方案实施，并按照本规定第十六条规定组织验收。验收合格后方可投入使用。

建筑起重机械在使用过程中需要顶升的，使用单位委托原安装单位或者具有相应资质的安装单位按照专项施工方案实施后,即可投入使用。

禁止擅自在建筑起重机械上安装非原制造厂制造的标准节和附着装置。

第二十一条 施工总承包单位应当履行下列安全职责:

(一)向安装单位提供拟安装设备位置的基础施工资料,确保建筑起重机械进场安装、拆卸所需的施工条件;

(二)审核建筑起重机械的特种设备制造许可证、产品合格证、制造监督检验证明、备案证明等文件;

(三)审核安装单位、使用单位的资质证书、安全生产许可证和特种作业人员的特种作业操作资格证书;

(四)审核安装单位制定的建筑起重机械安装、拆卸工程专项施工方案和生产安全事故应急救援预案;

(五)审核使用单位制定的建筑起重机械生产安全事故应急救援预案;

(六)指定专职安全生产管理人员监督检查建筑起重机械安装、拆卸、使用情况;

(七)施工现场有多台塔式起重机作业时,应当组织制定并实施防止塔式起重机相互碰撞的安全措施。

第二十二条 监理单位应当履行下列安全职责:

(一)审核建筑起重机械特种设备制造许可证、产品合格证、制造监督检验证明、备案证明等文件;

(二)审核建筑起重机械安装单位、使用单位的资质证书、安全生产许可证和特种作业人员的特种作业操作资格证书;

(三)审核建筑起重机械安装、拆卸工程专项施工方案;

(四)监督安装单位执行建筑起重机械安装、拆卸工程专项施工方案情况;

(五)监督检查建筑起重机械的使用情况;

(六)发现存在生产安全事故隐患的,应当要求安装单位、使用单位限期整改,对安装单位、使用单位拒不整改的,及时向建设单位报告。

第二十三条 依法发包给两个及两个以上施工单位的工程,不同施工单位在同一施工现场使用多台塔式起重机作业时,建设单位应当协调组织制定防止塔式起重机相互碰撞的安全措施。

安装单位、使用单位拒不整改生产安全事故隐患的,建设单位接到监理单位报告后,应当责令安装单位、使用单位立即停工整改。

第二十四条 建筑起重机械特种作业人员应当遵守建筑起重机械安全操作规程和安全管理制度,在作业中有权拒绝违章指挥和强令冒险作业,有权在发生危及人身安全的紧急情况时立即停止作业或者采取必要的应急措施后撤离危险区域。

第二十五条 建筑起重机械安装拆卸工、起重信号工、起重司机、司索工等特种作业人员应当经建设主管部门考核合格,并取得特种作业操作资格证书后,方可上岗作业。

省、自治区、直辖市人民政府建设主管部门负责组织实施建筑施工企业特种作业人员的考核。

特种作业人员的特种作业操作资格证书由国务院建设主管部门规定统一的样式。

第二十六条　建设主管部门履行安全监督检查职责时，有权采取下列措施：

（一）要求被检查的单位提供有关建筑起重机械的文件和资料；

（二）进入被检查单位和被检查单位的施工现场进行检查；

（三）对检查中发现的建筑起重机械生产安全事故隐患，责令立即排除；重大生产安全事故隐患排除前或者排除过程中无法保证安全的，责令从危险区域撤出作业人员或者暂时停止施工。

第二十七条　负责办理备案或者登记的建设主管部门应当建立本行政区域内的建筑起重机械档案，按照有关规定对建筑起重机械进行统一编号，并定期向社会公布建筑起重机械的安全状况。

第二十八条　违反本规定，出租单位、自购建筑起重机械的使用单位，有下列行为之一的，由县级以上地方人民政府建设主管部门责令限期改正，予以警告，并处以 5 000 元以上 1 万元以下罚款：

（一）未按照规定办理备案的；

（二）未按照规定办理注销手续的；

（三）未按照规定建立建筑起重机械安全技术档案的。

第二十九条　违反本规定，安装单位有下列行为之一的，由县级以上地方人民政府建设主管部门责令限期改正，予以警告，并处以 5 000 元以上 3 万元以下罚款：

（一）未履行第十二条第（二）、（四）、（五）项安全职责的；

（二）未按照规定建立建筑起重机械安装、拆卸工程档案的；

（三）未按照建筑起重机械安装、拆卸工程专项施工方案及安全操作规程组织安装、拆卸作业的。

第三十条　违反本规定，使用单位有下列行为之一的，由县级以上地方人民政府建设主管部门责令限期改正，予以警告，并处以 5 000 元以上 3 万元以下罚款：

（一）未履行第十八条第（一）、（二）、（四）、（六）项安全职责的；

（二）未指定专职设备管理人员进行现场监督检查的；

（三）擅自在建筑起重机械上安装非原制造厂制造的标准节和附着装置的。

第三十一条　违反本规定，施工总承包单位未履行第二十一条第（一）、（三）、（四）、（五）、（七）项安全职责的，由县级以上地方人民政府建设主管部门责令限期改正，予以警告，并处以 5 000 元以上 3 万元以下罚款。

第三十二条　违反本规定，监理单位未履行第二十二条第（一）、（二）、（四）、（五）项安全职责的，由县级以上地方人民政府建设主管部门责令限期改正，予以警告，并处以 5 000 元以上 3 万元以下罚款。

第三十三条　违反本规定，建设单位有下列行为之一的，由县级以上地方人民政府建设主管部门责令限期改正，予以警告，并处以 5 000 元以上 3 万元以下罚款；逾期未改的，责令停止施工：

（一）未按照规定协调组织制定防止多台塔式起重机相互碰撞的安全措施的；

（二）接到监理单位报告后，未责令安装单位、使用单位立即停工整改的。

第三十四条　违反本规定，建设主管部门的工作人员有下列行为之一的，依法给予处分；

构成犯罪的,依法追究刑事责任:

(一)发现违反本规定的违法行为不依法查处的;

(二)发现在用的建筑起重机械存在严重生产安全事故隐患不依法处理的;

(三)不依法履行监督管理职责的其他行为。

第三十五条 本规定自2008年6月1日起施行。

第五章　水运工程安全生产技术

第一节　桩基工程施工安全技术

一、桩基施工特点

1.基桩类型

钢筋混凝土桩:其中包括预应力和非预应力钢筋混凝土桩。桩型有管桩、实心或空心方桩、板桩、灌注桩和其他形状的钢筋混凝土桩。

钢桩:其中包括钢管桩、钢板桩、H 型钢桩和其他形状的钢桩。

组合桩:一般组合桩的上部为混凝土桩,下部为钢管桩或其他形状的钢桩。钢桩的桩尖多采用开口形或半开口形。

木桩:其中包括圆木桩、方木桩、木板桩和其他形状的木桩。

2.沉桩方式

常用的沉桩方式主要有锤击式、水冲式和振动式三种方式。在特殊环境条件下,也有采用静压沉桩和锤击与水冲、振动与松土相结合的沉桩方式。

3.常用锤型

锤击式沉桩的常用锤型有单作用液压锤、双作用液压锤、空冷式柴油锤、水冷式柴油锤、空气锤、蒸汽锤和自落锤等。

振动式沉桩的常用锤型有高、中、低频电动振动锤和液压振动锤。当使用两台以上振动锤振沉同一物体时,必须装设同步装置。

4.锤击式锤型的选择

(1)桩锤的能量应满足基桩设计承载力的要求。

(2)应根据桩型、材质的不同和基桩的入土深度、土层情况、标贯击数等,选择不同类型的桩锤。

(3)相同能量的桩锤施打混凝土桩时,应选择冲击体质量大、落距小的桩锤。

(4)在沉桩条件允许的情况下,还应考虑沉桩速度的要求。

5.桩基施工主要设备

1)陆上沉桩主要施工设备

测量定位仪器、陆用打桩机(打桩架)、桩锤、运桩拖车、起重机及其辅助设施。

2)水上沉桩主要施工设备

GPS测量定位系统或测量定位仪器、打桩船、桩锤、运桩船、拖轮、锚艇、其他辅助船舶及其辅助设施。

3)水冲沉桩主要施工设备

测量定位仪器、沉桩设备、高压水泵、起重船机、供电系统及其辅助设施。

4)振动沉桩主要施工设备

测量定位仪器、起重机、振动锤、动力站、沉桩架及其辅助设施。

5)灌注桩主要施工设备

起重机、泥浆泵、泥浆池、卷扬机、冲击钻及钻架或成孔钻机及其附属设施。

6)挖孔桩主要施工设备

起重设备、挖掘工具、取料筒、人行爬梯、低压照明设备、空气质量检测仪等。

二、陆上桩基施工

1.陆上沉桩准备

(1)桩基施工前,应对施工现场进行踏勘,并对临近建筑物、岸坡、架空线路及管线等,制定监测、防护措施。

(2)陆上施工场地,应平整,无障碍物。地基承载能力应满足打桩机、起重机行走或作业的要求。

(3)陆上沉桩作业区应设置明显的安全警示标志。非工作人员或机械设备不得进入沉桩作业区。

(4)施工前,必须向参加基桩施工的全体人员进行书面安全技术交底,并履行签认手续。

(5)打桩作业人员,均应持证上岗,并正确配戴和使用安全防护用品、用具。

(6)作业前,应检查沉桩设备、安全保护装置是否处于良好状态。吊桩绳扣、滑车、索具等均应计算后选用。

(7)轨道式打桩机的轨道铺设应平顺,轨距应用道尺固定,轨端应设置车挡,枕木摆放应均匀,轨道应垫平。严禁将轨道直接压在已打完的桩顶上。

(8)打桩架上的电梯笼,必须设有防坠落安全装置。升降开关应设置在电梯笼内。

(9)施工时,必须明确指挥人员和其他人员的岗位及责任分工。统一指挥信号或手势,严禁违章指挥或操作。

2.陆上吊立桩

(1)桩的吊点数量和位置,应根据设计要求或经计算确定。混凝土桩捆绑位置的偏差不得大于20cm。吊索与桩身轴线的夹角不得小于45°。

(2)打桩机必须在允许的吊重和跨距范围内吊桩,桩的两端应设控制绳。

(3)吊桩时,桩锤应置于桩架底部。捆桩扣应采取防滑措施。严禁斜拉或越钩吊桩。

(4)在吊桩、起锤或沉桩过程中,机械操作人员不得擅自离开工作岗位。

(5)打桩架上作业人员,应站在电梯笼内操作,不得乘桩锤或替打升降,不得手拉、脚蹬运行中的滑轮、钢丝绳等。

(6)套戴替打时,指挥人员必须密切注视架上操作人员的站位和桩、锤移动等情况,指挥信号、手势必须准确无误。

(7)操作人员在架上作业时,必须使用专用工具,严禁将身体任何部位进入替打下方或置于桩与滑道之间。

(8)施打斜桩时,打桩机应缓慢变幅,严禁超过变幅限值。

3. 陆上锤击沉桩

(1)锤击沉桩过程中,桩架上或电梯笼内不得有人。架下人员应退至安全区域监视。

(2)在沉桩过程中,柴油锤的油门绳、液压锤的控制器,必须设专人操控。

(3)锤击沉桩过程中,指挥和操纵油门绳或控制器的人员,必须随时观察桩、锤、替打的运行状态,发现异常,应立即停锤。

(4)需对桩锤加油或修理时,必须停止锤击,并应将起升桩锤的装置进行封固。

(5)凡低于地面的桩孔或高于地面 0.8m 以下的管桩孔,必须设置安全护栏或盖板,并应设置安全警示标志。

(6)遇有雷雨或风力≥6 级或能见度不良无法看清被吊物等恶劣天气时,应停止陆域沉桩作业。

(7)打桩作业停止后,必须将替打和桩锤落地,吊桩钩亦应落地封固。

三、水上桩基施工

1. 水上沉桩准备

(1)水上桩基施工前,应对施工现场进行踏勘,并对临近建筑物、岸坡、架空线路及管线等,制定监测、防护措施。

(2)水上沉桩施工前,应进行必要的水深及岸坡测量,并清除水下障碍物。

(3)水上沉桩的施工船舶,应按规定显示号灯、号型。沉桩区两端应设置昼夜显示的安全警示标志。非作业船舶不得进入沉桩区域。

(4)作业前,应检查船机设备、安全保护装置是否处于良好状态。吊桩绳扣、滑车、索具等均应计算后选用。

(5)运桩驳船应铺设底楞,底层桩应设置防止滚动或滑移的阻挡装置。桩垛两端应用绳索封固。

(6)水上打桩船、运桩驳船驻位时,应按船舶驻位图抛设锚缆,并应设置浮鼓。

(7)船舶在陆域设置的地锚及缆绳,必须在明显的位置设立警示标志,必要时,应有专人看守。

(8)基桩施工前,必须向施工船舶的船员及全体打桩人员进行书面安全技术交底,并履行签认手续。

(9)必须明确船舶和打桩指挥人员,统一指挥信号或手势。施工船舶及打桩班组内的其他人员应明确其岗位及责任分工。严禁违章指挥或操作。

(10)船员及打桩人员均应持证上岗,并正确配戴和使用安全防护用品、用具。

2. 水上吊立桩

(1)吊桩时,桩锤应置于桩架底部。捆桩扣应采取防滑措施。严禁斜拉或越钩吊桩。

(2)桩的吊点数量和位置,应根据设计要求或经计算确定。混凝土桩捆绑位置的偏差不得大于20cm。吊桩绳索与桩身轴线的夹角不得小于45°。

(3)立桩时,打桩船应退离运桩驳船一定距离,并应缓慢、均匀地升降两个吊钩。

(4)在吊立桩、起锤或沉桩过程中,打桩船操作人员不得擅自离开工作岗位。

(5)打桩架上的作业人员,必须站在电梯笼内操作。电梯笼必须设有防坠落安全装置,升降开关应设在电梯笼内。升降时,应使电梯笼回至原位,并插牢固定销。

(6)吊桩入抱桩器和套戴替打时,指挥人员必须密切注视架上操作人员的站位和桩、锤移动等情况,指挥信号、手势必须准确无误。操作人员必须使用工具,严禁身体任何部位进入替打下方或置于桩与滑道之间。

(7)作业人员不得乘桩锤或替打升降,不得手拉、脚蹬运行中的滑车、卡环、钢丝绳等。

(8)桩在自沉或压锤沉桩过程中,严禁进行解除吊桩扣的工作。

(9)打桩船进退、转向或调面作业时,应注意锚缆位置,防止锚缆绊桩或兜曳其他物件。如桩顶或物件被水淹没,应在其上设置安全警示标志。

3. 水上锤击沉桩

(1)锤击沉桩过程中,桩架或电梯笼内不得有人。架下人员应退至安全区域监视。

(2)在沉桩过程中,柴油锤的油门绳、液压锤的控制器必须设专人操控。

(3)锤击沉桩过程中,指挥人员必须随时观察桩、锤、替打的运行状态,发现异常,应立即停锤。

(4)遇可能溜桩的地质条件,应认真分析地质资料,并采取预防溜桩的措施。

(5)沉放封闭式桩尖的钢管桩时,应采取防止钢管桩上浮措施。在砂性土中沉放开口或半封闭桩尖的钢管桩时,应采取防止管涌措施。

(6)当风、浪、流速等超过船舶作业性能时,必须停止水上沉桩作业。

(7)水上打桩作业停止后,必须将桩锤和替打封固在桩架底部。吊桩钩亦应进行封固。

(8)当日停止打桩作业后,所有施工船舶应与已打桩保持一定的安全距离,并严禁在已打好的桩上系缆。

(9)水上沉桩后,应及时进行临时夹桩。当夹桩荷载较大时,宜采用吊挂式夹桩。大浪来临前,必须检查夹桩系统是否牢固,必要时应采取加强措施。

四、水冲沉桩

(1)水冲沉桩的导桩架应根据桩重、桩长、桩径和加载重量等,进行计算和设计,导桩架的强度、刚度和稳定性必须符合施工要求。

(2)加载重量应根据桩的入土深度、土质情况经计算确定。加载物与导桩架滑道、桩顶应设置可靠的连接装置。

(3)高压水泵的射水管接头绑扎、连接应牢固。试射水时,应将射水头固定牢固,施工人员应避开管路接头和水流喷射方向。

(4)高压水泵的供电系统必须符合现行《施工现场临时用电安全技术规范》(JGJ 46—2005)的相关规定。

(5)高压水泵的供电缆线应使用防水绝缘电缆,其接头必须进行防水处理。

(6)水冲沉桩时,应根据不同土质合理控制射水嘴的入泥深度,严防射水嘴一次入泥过多,造成射水管或接头爆裂。

(7)水冲沉桩时,应根据土质和加载情况随时调节射水压力,控制沉桩速度。

(8)水冲沉桩后,应及时与邻桩或固定结构连接固定。

五、振动沉桩

(1)施工前,应对施工现场进行踏勘,并对临近建筑物、岸坡、架空线路及管线等,制定监测、防护措施。

(2)振动沉桩前,应对施工机械设备、安全保护装置等进行检查,并处于良好状态。起重绳扣、滑车、索具等均应计算后选用。

(3)电动振动锤使用前,应测定电动机的绝缘值,且不得小于0.5MΩ,并应对电缆芯线进行导通试验。电缆绝缘层必须完好无损。

(4)振动沉桩前,必须进行夹持力和减振效果的试验,符合要求后方可振动沉桩。

(5)水上悬吊振动沉桩,应设置固定桩位的导桩架和工作平台。导桩架和工作平台应牢固可靠,并在工作平台的外侧设置安全护栏。

(6)振动沉桩时,作业人员均应离开工作平台,退至安全区域监视。

(7)在沉桩过程中,振动锤的控制器必须设专人操控。沉桩或拔桩时,工作电流不得超过规定值。

(8)振动锤的电缆线,应采取有效的保护措施,防止磨损、碰撞。

(9)振动系统中,凡属螺栓连接的部位,均应对螺栓进行封固。

(10)振动沉桩时,遇有雷雨或风力≥6级等恶劣天气时,应停止陆域沉桩作业。

(11)遇有雷雨或风、浪、流速等超过船舶作业规定的恶劣天气时,应停止水上沉桩作业。

六、灌注桩施工

(1)安装钻机时,应对钻机及配套设备进行全面检查,钻机安设必须平稳、牢固,钻架应加设斜撑或风缆绳。

(2)钻架不得超负荷作业。提升钻头受阻时,严禁强行提拔。

(3)冲击型钻机,必须经常检查冲锤钢丝绳、绳卡和吊臂等的磨损或变形。开孔时,应低锤密击。正常冲击时,应根据土质的软硬程度,调整冲程,最大冲程不宜超过4m,并严防“空锤”发生。

(4)泥浆池的周围应设置安全护栏和明显的安全警示标志。

(5)钢筋笼吊立时,必须对吊点进行加固。必要时,还应对钢筋笼纵向采取加固措施。

(6)水上钢筋笼分节吊装时,宜在工作平台上设置悬吊装置,以便于进行钢筋笼的对接。

(7)使用钻架浇筑混凝土时,必须对钻架、吊臂、钢丝绳和索具等进行受力验算。

(8)在溶洞区成孔过程中地面发生大面积坍塌时,作业人员必须及时撤离。

(9)当钻孔内有承压水时,护筒顶高程应高于稳定后的承压水位1.5~2.0m。

(10)群桩同时钻孔时,相邻钻孔应保持一定的安全距离,以防相互干扰。

七、挖孔桩施工

1. 挖孔桩准备

(1)挖孔桩施工前，必须认真分析地质及地下水等资料，制定专项安全技术措施。

(2)挖孔桩直径不宜小于1.0m，孔深不得大于40m。土质应为较密实的土或岩层，土层中无地下水或无较大渗透水。

(3)桩孔内外的联络必须畅通，桩孔周边应设置防坠落设施。

(4)相邻两桩同时成孔施工时，其间距应≥3 倍桩径。当桩孔间距 <3 倍桩径时，必须间隔跳挖。

(5)挖孔人员上下井孔时，必须采用专用爬梯，爬梯宽度宜为 50.0cm，步距宜小于40.0cm，强度应满足 2 人同时攀爬的要求。严禁挖孔人员随吊桶上下井孔。

(6)孔深超过 10.0m 或孔内存在有害气体时，必须采取强制通风措施。挖孔桩内的空气质量，必须符合《环境空气质量标准》(GB 3095—1996)的规定。

2. 挖孔桩施工

(1)挖孔桩开挖前，应对空气和护壁质量等进行检查，合格后方可下井开挖。

(2)挖孔人员在井下作业时，必须戴安全帽、系安全带和穿防水绝缘胶鞋。安全带的保险绳，必须固定在井口上，配合人员不得擅离职守。

(3)井孔内的照明，应采用防水灯具，电压应为12V，电缆线应为防水绝缘电缆。

(4)挖孔桩施工的场地应平整，排水应通畅，孔圈应高出原地面 0.3m。距桩孔 5.0m 范围内，不得堆积弃土、重物或机具，并禁止车辆通行。

(5)挖孔桩的绞车、吊桶、吊绳和连接部件，应经常检查，必须牢固、可靠。

(6)挖孔时，应及时进行护壁。地质较好时，每段护壁高度宜为 1.0m。地质较差时，每段护壁高度宜为 0.3 ~0.5m。

(7)桩孔内遇有孤石，应采用膨胀法破碎。采用浅眼松动爆破时，应严格遵守现行国家标准《爆破安全规程》(GB 6722—2003)的相关规定，并经通风排烟，空气质量符合标准后，方可下孔作业。

(8)浇筑护壁混凝土前，必须将上下段护壁的钩拉钢筋绑扎牢固。拆除护壁模板时，混凝土强度必须达到 10MPa 以上。

(9)严禁雨天、夜间进行挖孔桩的挖土、孔壁支护等井下作业。

第二节　沉箱预制、移运下水及浮运拖带施工安全技术

一、沉箱预制

1. 钢筋工程

1)钢筋吊运、存放

(1)成捆钢筋吊运时，应确定吊点的数量、位置及捆绑方法。严禁一点起吊成捆钢筋。

(2)运送钢筋通过跳板或临时便桥时，必须严格控制每次运送的钢筋重量。

(3)船舶运送钢筋时,应均衡摆放,不得超载或偏载。

(4)吊运成捆钢筋时,起吊、旋转和降落的速度,应缓慢、平稳。钢筋处于悬吊状态下,严禁碰撞架空电线或其他临时电器。

(5)吊装成形钢筋骨架时,必须对吊点及钢筋骨架进行加固,并设置控制骨架摆动的风缆绳。吊起后,任何人不得在骨架下方停留或通过。

(6)成捆钢筋及半成品,应按品种分类存放,垛底及垛中应分层铺设垫木,垛高不宜超过1.5m,摆放应稳定,并应设置标牌。

2)钢筋加工

(1)钢筋加工作业区,应设置明显的警示标志,非作业人员不得进入。

(2)钢筋加工人员进入现场后,必须按规定正确配戴或使用劳动保护用品或用具。留有长发的作业人员,必须戴工作帽。

(3)钢筋加工车间内的照明灯,必须加设安全网罩。雷雨天气时,严禁露天进行钢筋加工作业。

(4)钢筋切断机、弯筋机、对焊机、除锈机、调直机等的电闸箱,必须按照规定安装有效的漏电保护装置。使用前,应进行试运转。

(5)钢筋对焊机应安装在室内,并设有可靠的接地、接零装置。多台并列安装时,其间距不得小于3.0m。对焊作业时,闪光区四周应设置挡板。

(6)切断长料时,应设置钢筋托架,并由专人扶稳待切钢筋。切断小于30cm的钢筋短头时,应使用套管夹具,严禁直接用手扶握。

(7)弯曲钢筋时,弯曲半径内或机身未设固定销的一侧,不得有他人站立或停留。

3)钢筋冷拉

(1)钢筋冷拉前,施工技术人员必须对全体作业人员进行安全技术交底。张拉人员必须遵守安全操作规程。

(2)展开盘条钢筋时,应用卡具将端头固定牢固,切断前应压稳断口处,防止盘条回弹伤人。

(3)冷拉卷扬机、钢丝绳、滑轮组、地锚、夹具及防护装置等必须安全可靠。

(4)冷拉钢筋的卷扬机,应设置在距钢筋纵轴线侧面5.0m以外。

(5)冷拉钢筋的纵轴线两端,必须设置安全防护墙及明显的警戒标志。冷拉时,任何人不得进入冷拉作业区。

(6)冷拉夹具必须与冷拉钢筋相匹配,并应卡牢。

(7)冷拉时,操作应平稳、均匀。钢筋或牵引钢丝绳两侧3.0m内及冷拉线两端,严禁站人或通行。

(8)钢筋在冷拉过程中突然停电,必须立即切断电源。

4)钢筋绑扎

(1)绑扎的钢筋骨架应有足够的刚度和稳定性。

(2)绑扎钢筋处或钢筋骨架本身高度超过2.0m时,必须设置带有安全护栏的承重脚手架,作业人员不得直接爬踏在钢筋骨架上绑扎或攀登骨架上下。

(3)沉箱钢筋绑扎时,不得在承台底板上集中堆放或超重码放钢筋。

(4)钢筋骨架绑扎时,应由下至上分层绑扎,并对骨架采取加固措施,严禁上下立体交叉作业。

(5)钢筋骨架需焊接时,必须由持证电焊工施焊。雨天,严禁露天进行钢筋焊接。

2. 模板工程

1)安全技术准备

(1)沉箱模板的设计应根据混凝土的自重力、侧压力、风力和施工荷载等,计算其强度、刚度和稳定性。

(2)在设计沉箱模板时,必须同时设计支拆模板和浇筑混凝土时的工作平台及人行爬梯,并应设置防护栏杆和限载标志。

(3)超高、超重、大跨度模板的设计图及支撑系统,必须由总工程师审核签字后,方可实施。

(4)模板的材料和制作,应符合下列规定:

①模板的钢材不得有扭曲、重皮和开裂。

②不得使用腐朽、扭裂、多孔洞和横节疤等木料。

③模板制作场地,应具有消防通道,配备防火器具,四周应设置围栏。

④钢木结合的模板制作时,应将钢木加工场地分开,并及时清除锯末、刨花和木屑。

⑤加工模板的材料,应堆放稳固。组合钢模板的堆放高度不宜超过2.0m。

(5)各作业工种、施工机械及电器设备,必须制定安全操作规程,施工人员应严格遵守。

(6)开工前,必须向参加施工的全体人员进行书面安全技术交底,并履行签认手续。

2)模板安装

(1)采用机械吊运模板前,应检查起重机械、索具、绳扣、吊点板的安全性和可靠性。并应封固或清除模板上的易坠落物件。

(2)起吊时,严禁纵、横斜拉起吊。起吊后,起重臂和模板下面不得站人或通行。

(3)吊运过程中,必须在模板上设置牵引控制绳,起升或旋转速度应缓慢、平稳,并不得碰撞其他物件。

(4)机械吊立模板时,必须设专人指挥。模板下放到距基准面1.0m且稳定后,作业人员方可抓扶和支立模板。

(5)模板安装就位后,必须立即进行支撑和固定。支撑和固定未完成前,严禁升降或移动吊钩。

(6)模板安装处距地面或水面的高度超过2.0m时,必须搭设脚手架和工作平台,其上并应设置护栏和限载标志。

(7)在突风频发区或台风到来前,必须对支设的沉箱模板采取加固措施。

(8)雷雨或风力≥6级时,不得进行模板的吊运和安装作业。

3)模板拆除、存放

(1)承重模板拆除时,必须待混凝土强度达到能够承受自重及其他可能叠加的荷载,或在混凝土强度符合表5-1的规定后方可拆除。

(2)模板拆除时,应按顺序分层分段拆除,不得留有松动或临时悬挂的模板。

(3)模板拆除时,严禁从事上下立体交叉作业。

混凝土结构拆模时所需混凝土强度　　表 5-1

序号	结构形式	结构跨度(m)	达到设计强度标准值的百分率(%)
1	板	<2	50
		2~8	>75
		>8	100
2	梁	≤8	75
		>8	100
3	悬臂构件	≤2	75
		>2	100

注:混凝土设计强度标准值,系指与设计的混凝土强度等级相应的混凝土立方体抗压强度标准值。

(4)拆除模板时,严禁单机同时吊运两片及以上模板。作业人员不得站在吊起的模板上。

(5)模板应按规定的区域存放,各区之间应保持一定的距离。模板存放场地,必须坚实、平整。

(6)大型模板必须存放在专用模板架内,不得直靠在其他模板或构件上。

(7)清理模板或刷脱模剂时,必须将模板支撑牢固。两片模板间距应留有足够的人行通道。

(8)在突风频发区或台风到来前,必须对存放的大型模板采取加固措施或卧倒平放。

3. 混凝土工程

1)混凝土拌和

(1)混凝土拌和机必须按设计要求安装在有足够承载力和稳固的基础上。操作平台四周应设置安全护栏。

(2)混凝土拌和前,必须确认拌和系统、供料系统、控制系统正常,各岗位人员均应处于正确位置。

(3)维修、保养或清理拌和系统、供料系统时,必须关闭电源,悬挂"严禁合闸"安全警示标志。必要时,应派专人看守。

(4)疏通拌和机砂石下料口时,严禁作业人员站在砂石料堆上操作。

(5)拌和机在运转中,严禁作业人员将手臂伸入料斗或搅拌筒内探摸。

(6)混凝土拌和系统、供料系统的传动部分,必须设置有效的安全防护装置。

(7)袋装水泥堆放时,必须压茬码放整齐,高度不得超过 10 袋,且不得紧靠墙壁。

2)混凝土浇筑

(1)运送砂石料和混凝土的车辆,均不得超载运行。严禁任何人站在驾驶室外的任何部位随车行驶。

(2)运送车辆在转弯、倒车或倾卸砂石料、混凝土时,应有专人指挥。清理残留在车上的物料时,作业人员不得站在翻起的车斗上。

(3)采用吊罐浇筑混凝土时,起吊、运送、卸料必须由专人指挥,吊罐下方不得站人。

(4)吊运、升降、旋转吊罐时,均应缓慢,并应设置牵控晃绳;吊罐停稳后,作业人员方可抓扶。卸料时,应由专人操纵卸料口的开关把手。

(5)混凝土振捣器必须安装漏电保护装置,接地或接零应安全可靠。移动振捣器时,应切断电源，并严禁使用自身电缆线直接拉动。

(6)混凝土振捣器的电缆线，必须具有良好的绝缘和防水性能。振捣人员必须穿戴绝缘鞋、靴和手套，否则，不得上岗作业。

(7)孔道高压灌浆时，喷嘴与孔口必须紧固，输浆管与灰浆泵必须连接牢固。排浆或堵孔时，严禁作业人员面对排浆孔。

(8)泵送混凝土时，应遵守下列安全规定：

①混凝土输送泵的安装，应平整、稳定、牢固。管道布设应平顺，接头和卡箍应密封、紧固。管道敷设后，应进行耐压试验。

②泵送混凝土时，操作人员应随时监视各种仪表和指示灯，出现故障，应立即停机检查。

③浇筑混凝土时，应设专人牵引或移动出灰软管。

④浇筑结束，清洗管道时，作业人员不得靠近管道端部的软管。管道出口端前方10.0m内，严禁站人。

⑤拆卸混凝土输送管道接头前，必须排除管内剩余压力。

3)混凝土养护

(1)使用覆盖物养护混凝土时，预留孔洞周围应设置安全护栏或盖板，并设置安全警示标志，不得随意挪动。

(2)使用电热法养护混凝土时，应设置围栏和安全警示标志，无关人员不得进入养护区域。

(3)使用洒水养护混凝土时，应避开周围电气设备。

(4)沉箱预制过程中或养护时，上下沉箱的通道宜设置人行塔梯，梯阶高度宜为30cm，通道两侧及塔梯顶部四周，均应设置护栏。

(5)高处混凝土养护时，宜采用自动喷淋或涂刷养护液等工艺。

二、沉箱移运下水

1. 台车、滑道工艺移运沉箱下水

(1)沉箱顶升、纵横移运和溜放前，必须制定专项施工方案和安全技术措施，并应对操作人员进行安全技术交底或培训。

(2)沉箱顶升前，应根据沉箱重量、台车高度，选择千斤顶的吨位、行程和数量；顶升位置应沿沉箱外墙中心线方向布置，严禁顶在沉箱底板的悬臂上。

(3)检查千斤顶各部件及连接油管是否漏油，机械运转是否正常。顶升时，全部千斤顶应采用分级加荷、控制顶升速度，并使其同步起升。

(4)沉箱移运前，应对横、纵移轨道、台车、斜架车、场地等进行检查，并清理障碍物。

(5)台车进入沉箱底部时，严禁施工人员随车进入或在沉箱下方作业。

(6)沉箱移运时，应统一指挥，缓慢启动，匀速运行，牵引绳两侧严禁站人。

(7)沉箱溜放前，必须检查水上、水下轨道处有无障碍物和固定轨道的螺栓是否符合要求，必须检查钢丝绳、滑车、卷扬机等牵引系统是否正常。

(8)沉箱下水前，必须对沉箱和通水阀门、操纵系统等进行检查，防止沉箱下水后发生渗漏水现象。

(9)沉箱溜放前,应掌握气象与海况情况,当风力≥5级、波高≥1.0m时,不得进行沉箱的溜放。

(10)当装载沉箱的纵移车移到斜架车上后,应将纵移车与斜架车进行封固,确认各部位无误后,方可溜放。

(11)沉箱溜放时,必须明确指挥信号及联系方式,严禁信号不明时动车。

(12)沉箱处于漂浮状态之前,应同步按规定向沉箱各舱格内注水,并应满足浮游稳定的要求。

2. 气囊移运沉箱

(1)气囊移运沉箱前,应编制专项施工方案和安全技术措施,并应对操作人员进行安全技术交底或培训。

(2)牵引系统、后溜系统、锚定设施、高压气囊等,必须进行受力核算。机械设备、制动系统、限位装置、通信设备等,应进行检查、维修和保养。

(3)距气囊移运作业区周边20.0m处,应设置安全警戒线,无关人员严禁进入施工现场。

(4)气囊移运沉箱的通道、斜坡道,必须坚实、平整、不得有尖锐物及障碍物。地基承载力,应满足施工荷载的要求。

(5)气囊使用前,必须对额定工作压力进行充气检验。气囊实际承受的载荷,必须小于额定工作压力。

(6)气囊充气或放气时,作业人员严禁站在空压机输气管口或气囊充气嘴前方。充气或放气应同步缓慢进行,严禁部分气囊超过额定压力。

(7)气囊摆放的间距应均匀,宜为沉箱运行方向尺度的1/40～1/30。气囊摆放的数量,应经计算确定。

(8)气囊使用时,应符合规范规定和厂家提出的使用要求,并按期进行检验。

(9)气囊顶升沉箱或垫、拆沉箱支座时,严禁施工人员进入沉箱底部作业。

(10)沉箱移动前,应观察气囊是否全部展开。移动时,必须观察气囊是否自扭或相互叠压。

(11)气囊移运沉箱的牵引和后溜系统,应配置同型号的卷扬机,牵引速度宜为1.2～1.5m/min,且应同步作业。移运中,钢丝绳两侧不得站人,并严禁跨越行走。

(12)沉箱移运时,必须统一指挥。指令应清晰明确,操作应准确无误,严禁违章指挥或违章作业。

(13)沉箱移运过程中,发现异常情况或信号不明时,必须立即停止移运。停滞时间超过1h,应对沉箱进行支垫,不得长时间以气囊作为支座。

3. 移运沉箱装半潜驳

1)气囊移运沉箱装半潜驳

(1)气囊移运沉箱装半潜驳前,应根据现场情况、沉箱种类等,编制专项施工方案和安全防护措施。并对全体作业人员进行安全技术交底。

(2)气囊移运沉箱的牵引设备及辅助机械必须处于完好状态,制动系统应灵活有效。地锚、围缆、牵引绳、拖曳点、滑车、卡环等,均应计算后确定。

(3)沉箱装半潜驳前,必须对沉箱和通水阀门、操纵系统等进行检查,防止沉箱下水后发生渗漏水现象。

(4)出运沉箱的码头岸壁,必须设置与半潜驳相匹配的搭接承台。

(5)出运码头与半潜驳船艏间的搭接装置必须牢固,并应铺设钢板。气囊通过接缝时,不得受到局部挤压或剪切。

(6)沉箱移入半潜驳时,必须确保施工水位始终满足半潜驳的重载吃水,且最小富余水深不得小于0.5m。

(7)沉箱移入半潜驳时,必须统一指挥,及时调整压载水、控制牵引速度,甲板面与搭接承台应始终保持在同一水平面上,且半潜驳亦应始终保持纵横平衡状态。

(8)沉箱移至半潜驳的预定位置后,应在沉箱底部码放厚度相同垫木,并用钢丝绳将其固定在半潜驳上。

(9)沉箱坐稳后,应用缆绳将沉箱与半潜驳系牢。

(10)当风力、波高、流速超过半潜驳作业规定或遇雷雨、能见度不良等恶劣天气时,应停止装驳作业。

2)台车移运沉箱装坐底式半潜驳

(1)出运沉箱的码头岸壁前,应按半潜驳的船型、结构等,设置与半潜驳相匹配的坐底构筑物。

(2)半潜驳坐底时,应使半潜驳的轨道与陆域轨道的轴线重合。

(3)沉箱装驳前,应正确安装半潜驳与岸壁间的连接轨道。

(4)沉箱移运时,应遵守台车、滑道工艺移运沉箱的有关安全规定。

(5)沉箱移入半潜驳后,应将台车与半潜驳进行封固,并系牢沉箱顶部的控制缆绳。

(6)半潜驳重载起浮时,应缓慢调节压载水,船底脱离坐底构筑物且富余水深满足要求后,方可将半潜驳拖离。

三、沉箱浮运拖带

1.沉箱近程浮运拖带

(1)沉箱近程浮运拖带前,应编制专项施工方案和应急救援预案,对各船和施工人员应进行安全技术交底,并履行签认手续。

(2)沉箱拖运前,应对拖航沿线的水深、航道宽度、暗礁、浅点、渔网和水产养殖区等察勘清楚,并在海图上标明。

(3)沉箱下水后,必须进行不少于24h的漂浮试验,以检验沉箱的渗漏水情况。

(4)沉箱近程浮运拖带,可进行简易封舱。当沉箱的干舷高度,不能满足规范规定时,必须进行水密封舱。

(5)拖带沉箱的航道,应有足够的水深和宽度。进、出港航道的富余水深不宜小于0.5m,航道宽度应大于2倍的拖轮长度。港外拖带时的水深,还应考虑可能出现的波高值。

(6)沉箱近程拖带前,应掌握中短期气象、海况预报资料。当风速≤6级、波高≤1.0m时,方可起航拖运。

(7)沉箱吃水、压载、浮游稳定,必须按照相关规范进行计算,并满足要求。当使用液体进行压载时,还应计算自由液面对浮游稳定的影响。

(8)沉箱拖带力,除按相关规范进行计算外,还应充分考虑风、浪、水流等因素对拖带力的影响。

(9)沉箱近程拖带的拖轮,宜选用船体短、回转自由度大、功率足够的拖轮。

(10)沉箱顶部应设置明显的航行标志。围缆、拖缆、索具的规格及围缆悬吊位置,应符合施工技术要求。起航后,沉箱上不得有人。

(11)沉箱在浮运拖带中,应遵守海事部门及海上拖带作业的规定,在进出港区的航道上,应配备护航船并加强瞭望、观察。

2. *沉箱远程浮运拖带*

(1)沉箱在远程浮运拖带前,必须对航线进行调查,制定拖航计划和应急处理预案,选好避风港址。

(2)建立健全拖带指挥系统和作业组织,负责沉箱拖带全过程的指挥、协调和实施工作。并对各船和施工人员应进行安全技术交底。

(3)沉箱远程浮运拖带,应遵守近程浮运拖带的有关规定。

(4)拖航前,应掌握本次航行区间的中长期气象和海浪预报,且前三天内的风速应≤6 级,波高应≤1.5m。

(5)沉箱远程拖带,应根据拖力计算和水域情况,选用功率足够、船体长、吃水深、有收放拖缆设施的拖船。(功率足够系指:拖船的功率能在顶风 $v=20\text{m/s}$(8 级),顶流 $v=1\text{m/s}$ 情况下,保持被拖物航向。)

(6)根据拖轮性能和航区海况情况,应配备不同类型的辅助船舶、水泵、动力设备、抢险、堵漏材料及具有海上施工经验的潜水等作业人员。

(7)远程拖带的沉箱,必须进行水密封舱,并应在封舱盖板上设置防滑、护栏等安全设施。盖板的结构应根据施工荷载经计算确定。

(8)沉箱顶部应设置号灯、号型等信号标志,其高度不得低于 2.5m,且应明显、牢固。

(9)远程拖带的沉箱的拖曳点,可采用预埋拖环,其位置宜设在沉箱的浮心与重心之间,且靠近浮心,拖带时的倾覆力矩为零处。

(10)在沉箱舱格内,宜设置自动水位报警装置或在沉箱外壁上标绘明显的吃水线。

(11)拖航时,主拖船与基地、随航船只之间,应有良好的通信联络设备,并随时与基地有关部门通报拖航情况。

(12)航行中,应随时观察拖缆和沉箱吃水变化,并做好记录。如遇有突发事件,应迅速启动应急预案。

第三节 构件安装施工安全技术

一、构件安装通用安全技术

(1)起重吊装作业前,必须对起重船、运载构件的驳船和安装人员等进行安全技术交底。对大型及较复杂构件的安装,还应制定专项施工方案,并进行典型施工。

(2)吊装前,必须明确指挥人员,统一指挥信号和作业人员分工,并对起重绳扣、索具、滑车等进行受力计算。

(3)构件装驳前,应根据驳船的稳性绘制装驳布置图。装驳时,应按布置图进行。

(4)当起吊的物件重量达到或超过起重设备额定起重能力的90%时,应进行试吊。

(5)起重船、机起吊构件时,驻位必须得当。起吊异型构件时,应进行试吊,以防偏心或吊绳受力不均。

(6)起重吊装的指挥人员和操作人员,严禁站在边缘、死角等无法撤离的危险部位。

(7)一台起重设备的两个吊钩起吊同一重物时,吊钩升降应协调,且每钩吊重不得大于额定负荷。

(8)两台起重设备起吊同一重物时,必须制定专项起吊方案。起吊前应确定其重心位置,合理布置吊点。吊运过程中必须协调。各起重设备的实际起重量,不宜超过其额定起重能力的80%,且钩绳必须处于垂直状态。

(9)起重机临时安放在驳船上作业时,必须制定专项安全技术措施,附具船舶稳性和结构强度验算结果。并应对起重机的吊重能力、作业半径做出规定。起重机、吊臂及吊钩,必须设置封固装置。

(10)水下吊装时,应服从潜水人员的指挥,升降、回转速度应缓慢,不得砸、碰水下构件及船舶锚缆。

(11)起重吊装作业时,起重机吊臂与架空输电线路的安全距离,应符合表5-2的规定。

起重机吊臂与架空输电线路的安全距离 表5-2

电压(kV)	<1	1~15	20~40	60~110	220
垂直方向安全距离(m)	1.5	3.0	4.0	5.0	6.0
水平方向安全距离(m)	1.0	1.5	2.0	4.0	6.0

(12)起重钢丝绳及索具等,应有制造厂签发的产品质量和技术性能的有效证明文件。当无证明文件时,必须经过试验或检验合格后,方可使用。

(13)陆用或船用机械设备配设的钢丝绳,其安全系数应符合陆用或船用机械设备规格书或说明书的规定。

(14)起重吊装用钢丝绳的安全系数,应根据被吊物的重量、工况条件和起吊方法等经计算后确定,并不宜小于表5-3的规定。

钢丝绳安全系数表 表5-3

用　途	安全系数	用　途	安全系数
缆风绳	3.5	吊重用绳	5.0~6.0
封固用绳	4.0	捆绑吊索用绳	7.0~8.0
卷扬机用绳	5.0	载人升降用绳	14.0

注:机械制造行业规定:U形卡环的安全系数为6.0;手拉葫芦的安全系数为4.0;滑车或滑车组的安全系数为4.0;螺旋扣(松紧器)的安全系数为3.0~4.0;吊钩的安全系数为3.0~5.0。

(15)采用绳卡固接钢丝绳时,与钢丝绳直径相匹配的绳卡数量、间距应符合表5-4的规定。绳卡的滑鞍(夹板)应设在钢丝绳受力的一侧,不得正反交错使用,且最后一个绳卡距绳头的长度，不得小于140mm。

与绳径匹配的绳卡的数量及间距表　　表5-4

钢丝绳直径(mm)	10以下	10~20	21~27	28~36	37~40
最少绳卡数(个)	3	4	5	6	7
绳卡间距(mm)	80	140	160	220	240

(16)起重吊装前，应检查钢丝绳及其连接部位，当钢丝绳在一个节距内断丝根数达到或超过表5-5规定时，应予报废。

钢丝绳报废标准(一个节距内的断丝数)　　表5-5

采用的安全系数	钢丝绳规格					
	6×19+1		6×37+1		6×61+1	
	交互捻	同向捻	交互捻	同向捻	交互捻	同向捻
6以下	12	6	22	11	36	18
6~7	14	7	26	13	38	19
7以上	16	8	30	15	40	20

(17)当钢丝绳表面锈蚀或磨损使钢丝绳直径显著减少时，应按表5-6规定进行折减，并将折减后的断丝数按表5-6的报废标准报废。

钢丝绳表面锈蚀或磨损时报废标准的折减系数　　表5-6

钢丝绳表面锈蚀或磨损量(%)	10	15	20	25	30~40	大于40
折减系数(%)	85	75	70	60	50	报废

(18)吊装绳扣的扣头部位出现断丝时，应切弃断丝部分重新插扣，否则不得使用。

(19)钢丝绳的断丝聚集在小于$6d$的绳长范围内或集中在任一绳股里，即使断丝数量少于报废标准，亦应予以报废。

(20)在下列10种情况下，不得进行构件的起吊。

①超载或被吊物重量不明。

②无指挥或指挥信号不明。

③起重设备安全装置不符合要求。

④吊索系挂或附件捆绑不牢。

⑤被吊物上站人或吊臂、被吊物下站人。

⑥吊索与被吊物棱角或锋利的边缘处无衬垫、无防护措施。

⑦被吊物埋在地下或位于水下且情况不明。

⑧夜间工作场地无照明设施或能见度不良，无法看清场地或被吊物。

⑨越钩或斜拉。

⑩陆上风力≥6级、水上风、浪、流速等海况条件超过船舶作业性能。

二、构件安装

构件安装除应遵守“构件安装通用安全技术”规定外，还应根据构件的不同种类和施工工艺等,采取如下安全技术措施。

1. 混凝土梁、板、靠船构件安装

(1)构件装船后,应根据运输和安装水域的工况条件,对构件进行必要的封固。

(2)安装前,应根据构件的重量、种类和形状,选配适宜的起重设备、绳扣及吊装索具。构件上的杂物应清理干净。

(3)吊装前,应明确指挥人员,统一指挥信号或手势,并明确作业人员的分工。

(4)构件起吊后,起重设备在旋转、变幅、移船和升降钩时,应缓慢、平稳,吊安的构件不得随意碰撞其他物件。起重船的锚缆严禁兜曳基桩和已安构件。

(5)构件安装时,应使用控制绳控制其摇摆,待构件稳定且基本就位后,安装人员方可扶握和安装。

(6)受风、浪或水流影响的梁、板、靠船构件等安装后,应立即采取封固措施,以免坠落。

2. 护面块体安放

(1)吊运护面块体的自动脱钩,必须安全、可靠。

(2)护面块体起吊时,必须待钩绳受力、块体尚未离地、挂钩人员退至安全位置后,方可起钩吊运。

(3)护面块体起吊后,严禁碰撞船舶或其他物体,以免自动脱钩后砸伤人员。

(4)安放后的扭工字块、扭王字块和四角锥等异型块体上,不得站人,以防块体滚落。需调整块体位置时,必须采取可靠的安全防护措施。

3. 方块、半圆体及无底大圆筒吊安

(1)方块、半圆体及无底大圆筒装驳时,应按照装驳布置图由里向外、对称装船。运距较远、海况恶劣时,应对其进行封固。

(2)吊安方块、半圆体及无底大圆筒的马腿、卡钩、吊架、销轴、吊索及索具,均应计算确定。

(3)在高处系挂大圆筒吊装索具时,应在大圆筒系点的内外设置作业平台和上下人员的爬梯,并符合安全规定。

(4)吊安方块、半圆体及无底大圆筒的吊索,受力应均匀,严禁马腿、卡钩、销轴不正或吊架倾斜时吊运。

(5)吊安方块、半圆体的马腿、卡钩,宜采用锻造或铸造件。采用焊接件时,必须对焊口进行探伤检验,合格后方可使用。

(6)当方块、半圆体、大圆筒入水后,必须服从潜水员的指挥。信号不明,严禁移船或动钩。

(7)当方块、半圆体或大圆筒底面距基床顶面约0.2~0.5m且稳定后,潜水人员方可靠近。用木板、方木做缝时,严禁将手、臂伸入块体缝中。

(8)半圆体吊安完毕后,必须检查马腿、卡钩或销轴是否已与构件完全脱开,无误后,方可起钩、移船。

4. 大型混凝土套箱、箱梁安装

(1)大型混凝土套箱、箱梁安装前,应根据套箱或箱梁的结构、重量、海况条件等,选定运输和起重船舶,并制定吊装方案和临时加固措施。

(2)吊运套箱、箱梁的吊架或扁担梁以及吊点,必须进行受力计算并经技术负责人审核后,方可投入使用。

(3)套箱或箱梁的临时支撑点,应进行受力计算,布置应合理,满足承重要求且稳定、牢固。

(4)套箱或箱梁吊安时,控制套箱或箱梁摆动的控制绳,宜使用起重船上的绞缆机和缆绳。

(5)套箱或箱梁安装后,临时封固未完成前,不得降钩或移船。

5.沉箱安装

(1)半潜驳装运沉箱至下潜坑后,应检查、调整沉箱与半潜驳之间四根交叉控制缆绳的松紧度,以防沉箱漂浮状态后撞击半潜驳。

(2)半潜驳的下潜坑深度,必须满足其最大潜深的要求。

(3)沉箱浮出半潜驳前,必须制定浮出或助浮的专项施工方案及安全操作程序,并指定专人统一指挥。

(4)半潜驳下潜前,应按规定均匀地向沉箱各舱格灌注压载水,并满足浮游稳定或起重船助浮吊重的要求。

(5)半潜驳重载下潜、沉箱起浮时,风力、波高、流速等工况条件,必须符合半潜驳设计性能和沉箱起浮的安全要求。

(6)用起重船助浮安装沉箱时,必须待吊装绳扣与沉箱挂牢后,方可向舱格内灌水。起重船应根据灌水量的增加缓慢降钩,吊重不宜超过允许负荷80%。

(7)沉箱安装时,应根据施工水域的风力、波浪、流速大小以及施工工艺等研究确定。一般情况下,风力应≤6级,波高应≤0.8m,流速应≤1.0m/s。

(8)沉箱安装后,应及时在沉箱顶部,应设置高潮位时不得被水淹没的安全警示标志。

6.扶壁安装

(1)吊装扶壁的绳扣,应根据扶壁的外形尺寸、重心位置和重量合理配置。扶壁起吊后,不得发生偏斜。

(2)扶壁装驳时,肋板应平行于驳船的纵轴线,扶壁的重心应位于驳船的纵轴线上或与驳船的纵轴线平行且对称。

(3)扶壁安装后,应及时用型钢与已安装的扶壁连为一体或在扶壁的底板上抛填墙后填料等,以防扶壁在风、浪、水流作用下倾覆。

第四节　水下爆破作业

一、爆破作业的一般安全规定

(1)从事爆破工程的施工单位及爆破作业人员,必须具有相应的爆破资质证书、作业许可证及资格证书。爆破工程施工前,必须取得有关部门批准。

(2)爆破作业应符合现行国家标准《爆破安全规程》(GB 6722—2003)和现行行业标准《水运工程爆破技术规范》(JTS 204—2008)的有关规定。

(3)预裂爆破、光面爆破、水下拆除爆破、爆破排淤填石、水下爆破夯实、一次起爆总装药量大于或等于0.5t的水下钻孔爆破,大型土石方爆破,重要设施附近及其他环境复杂、技术要求高的水运工程爆破应编制爆破设计书;其他爆破可编制爆破说明书。

(4)施工单位应按批准的爆破设计书或爆破说明书编制施工组织设计。爆破时,应严格执行施工组织设计。

(5)爆破作业前必须发布爆破通告,其内容应包括爆破地点、每次爆破起爆时间、安全警戒范围、警戒标志和起爆信号等。爆破时必须设置警戒人员或警戒船。

(6)爆炸源与人员、其他保护对象的安全允许距离,应按地震波、冲击波和飞散物三种爆破效应分别计算,取其最大值。

二、水下爆破作业安全控制

(1)用船舶运送爆破器材和起爆药包时,应采用专用船。如采用普通船舶时,应采取防电、防振及隔热措施,并应避免剧烈的颠簸或碰撞。

(2)投药船的稳性应满足作业需要,工作舱内或甲板上不得有明显或尖锐的突出物。电力起爆时,工作舱内不得存放任何有电源的物品。

(3)在波浪、流速较大的水域进行水下裸露爆破时,投药船应由定位船进行固定。

(4)捆扎裸露药包和配重物时,应在平整的地面或木质的船甲板上进行,裸露药包和配重物捆扎应牢实。起爆器使用前,应将其引线进行短路。

(5)裸露药包临时存放时,应置于爆破危险区外远离建筑物、船舶和人群的专用船或陆地上,且应派专人看守。

(6)水下炸礁裸露药包的配重物,应具有足够的确保药包顺利自沉和稳定的重量,药包表面应包裹良好,不得与礁石、被爆破物等碰撞或摩擦。

(7)安放水底的裸露药包不得拖曳。药包出现漂浮或其他异常现象时,不得起爆。

(8)水下电爆网路的主线和连接线,应采用强度高、电阻小、防水和柔韧性好的绝缘胶线。在波浪、流速较大的水域中,爆破主线应呈松弛状态,并扎系在伸缩性小的导向绳上。

(9)投药船离开投放药包的地点前,潜水员必须严格检查船底、船舵、螺旋桨、缆绳和其他附属物等是否挂有药包、导线等。

(10)水下爆破引爆前,潜水员必须回到船上,警戒区内的所有船舶和人员必须移至安全地点,并按规定发出声、光等警示信号后方可起爆。

(11)水下钻孔爆破采用边钻孔边装药的施工方法时,必须采取可靠的隔绝电源和防止钻孔错位等安全措施。

(12)非抗水的散装炸药用金属或塑料筒加工成水下钻孔药筒时,应在筒口采取隔热措施后,方可用沥青或石蜡封口。

(13)钻孔装药时,应拉稳药包提绳,配合送药杆进行。在雷管和起爆药包放入之前发生卡塞时,应用长送药杆处理,装入起爆药包后,不得使用任何工具冲击和挤压。

(14)水下深孔分段装药时,各段均应装设起爆药包。各起爆药包的导线应标记清楚。

(15)在提升套管、护孔管或移船时,不得磨碰、损伤起爆导线。在水流和波浪较大的水域中,孔口段的导线应用耐磨材料包裹防护。

(16)在水下爆破施工中,必须经常对钻爆船的杂散电流进行监测。当爆破区的杂散电流大于30mA或爆破区在高压线射频电源影响范围内时,严禁采用普通电雷管起爆。

(17)采用钻孔爆破船施工时,临时存放的炸药和雷管必须分舱放置,严禁混放。

(18)水下安放爆炸挤淤的药包时,宜采取逆风或顺流向布药。水下药包布设后,必须采取固定措施,药包不得随水流或波浪摆动。起爆导线应采用双芯屏蔽电缆。

(19)爆炸挤淤后理坡时,应对爆填形成的"石舌"进行检测,并采取防止石体坍塌的措施。

(20)水下基础爆炸夯实,应符合现行行业标准《爆炸法处理水下地基和基础技术规程》(JTJ/T 258—98)的规定。

(21)在覆盖水厚度小于3倍药包半径的卵石河床上裸露爆破时,爆炸源与人员、其他保护对象之间的安全距离,应与地面裸露爆破时的计算相同,并取最大值。

(22)爆破后应检查是否有盲炮。发现盲炮后,应立即进行安全警戒,并及时报告处理。电力起爆发生盲炮时,应立即切断电源并将爆破网路短路。

(23)遇以下恶劣气候、水文情况时,应停止爆破作业,所有人员应立即撤到安全地点。

①热带风暴或台风即将来临时。

②雷电、暴雨雪来临时。

③雾天能见度不超过100m时。

④风力超过六级,浪高大于0.8m时。

⑤水位暴涨暴落时。

第五节　主要施工船舶安全操作技术

一、一般安全规定

(1)施工单位应严格执行国家和地方有关部门发布的有关船舶的安全管理规定。

(2)船舶航行时,应遵守《国际海上避碰规则》和《中华人民共和国内河避碰规则》等相关规定。

(3)施工船舶必须在核定航区或作业水域内施工。

(4)施工船舶应按规定配备有效的通信、消防、救生、堵漏设备,制定各项安全技术措施及应急预案,并定期进行演练。

(5)施工船舶的梯口、应急场所等,应设有醒目的安全警示标志或标识。楼梯、走廊、通道应保持畅通。

(6)施工船舶在作业、航行或停泊时,应按规定显示号灯或号型。

(7)施工船舶的各种设备、设施、安全装置及工索具等,应定期进行检查、维护、保养或更换。

(8)船舶甲板、通道和作业场所,应根据需要设有防滑装置。在大风浪中航行或冰冻天气作业时,应在甲板、通道和作业场所增设临时安全护绳。

(9)上下船舶时,应安设跳板、张挂安全网。使用软梯上下时,应设专人监护,并备有带安全绳的救生圈。

(10)施工船舶应根据施工水域的水底土质、水深、水流、风向等,选择合适的锚型及锚缆。

(11)抛锚时,应在专人指挥下进行,并应根据风向、潮流、水底土质等确定抛出锚缆长度和位置,并应避开水下电缆、管道、构筑物及禁止抛锚区。

(12)抛锚过程中,施工船舶的锚机操作者应视锚艇和本船移动的速度以及锚缆的松紧程度松放缆绳,不得突然刹车。

(13)施工船舶不得在未成型的码头、墩台或其他构筑物上系挂缆绳。

(14)在内河施工时,施工船舶位于或跨越航道的锚缆,应采用链式沉缆。

(15)在流速较大的河段作业时,施工船舶的纵轴线应与水流方向基本一致,不宜横流驻位。必须横流驻位时,应编制专项施工方案。

(16)施工船舶穿越桥孔或过江架空电网前,必须预先了解其净空高度、宽度、水深、流速等情况。

(17)在狭窄水道或来往船舶较多的水域施工时,应安排专人值守通信频道,并及时沟通避让方式。

(18)解系缆绳作业时,应符合下列规定。

①解系缆人员应按照指挥人员的命令进行作业,不得擅自操作。

②作业人员不得骑跨缆绳或站在缆绳圈内。向缆桩上带缆时,不得用手握在缆绳圈端部。

③绞缆时应根据缆绳的受力状态,适时调整绞缆机运转速度。危险部位有人时,应立即停机。

④船员在撇缆前,应观察周围情况,并向现场人员表明意图。

⑤移船绞缆时,应观察锚缆的状况,不得强行收绞缆绳,亦并不得兜曳其他物件。

⑥陆域带缆时,必须检查地锚的牢固性。缆绳通过的地段,必须悬挂安全警示标志,必要时设专人看护。

⑦施工船舶靠泊后,应根据水位变化及时调节系缆长度。

(19)舷外作业时,应符合下列规定。

①船上应悬挂慢车信号,作业现场应设置安全警示标志。

②作业现场应有监护人员,并备有救生设备。

③船舶在航行中或摇摆较大时,不得进行舷外作业。

④舷外作业应设置安全可靠的工作脚手架或吊篮。

(20)使用船电作业时,应符合下列规定。

①进行船舶电气检修时,应切断电源,并在启动箱或配电板处悬挂“禁止合闸”警示牌。

②配电板或电闸箱附近,应备放扑救电气火灾的灭火器材。

③需带电作业时,必须有专人监护,并采取可靠的防护、应急措施。

④不得私接电源线,禁止使用超过原设计容量的电器。

⑤船舶上使用的移动灯具的电压不得大于50V,电路应设有过载和短路保护。

⑥船舶接岸电,当岸电和船电系统为中性点接地的三相交流系统时,必须将岸电接地线与船体接地设施进行可靠连接。

⑦蓄电池工作间应通风良好,不得存放杂物,并应设置安全警示标志。

(21)进入船舶的封闭处所作业时,应符合下列规定。

①施工船舶均应制定进入封闭处所作业的安全规定。

②应配备必要的通风器材、防毒面具、急救医疗器材、氧气呼吸装置等应急防护设备或设施。

③作业人员进入封闭处所前,应对封闭处所进行通风,并测定封闭处所的空气质量。

④封闭处所外应有监护人员,并确保内外联系畅通。

⑤在封闭处所内动火作业前,必须对受到动火影响的舱室进行测氧、清舱、测爆。通风时,严禁输氧换气。作业时,必须将气瓶及电焊机放置在封闭处所外面。

⑥当封闭处所内存在接触性有毒物质时,作业人员应穿戴相应的防护用品。

(22)收放船舶舷梯时,应符合下列规定。

①收放舷梯时,应控制舷梯的升降速度,舷梯上严禁站人。

②舷梯、桥梯的踏步,应设置防滑装置。

③舷梯、桥梯下,应张挂安全网。

(23)救生艇上的设备及其物资应完好有效,并按规定进行救生艇的应急操作演练。

(24)施工船舶不得搭乘或留宿非作业人员。

二、自航船的安全操作技术

(1)拖轮作业时除应符合“一般安全规定”的有关规定外,还应符合下列规定。

①拖轮在拖航前,应制定拖带方案。

②拖缆施放前,应清理甲板作业区。放缆人员应理顺拖缆,并合理站位。

③起拖时,拖轮应待拖缆受力后方可逐渐加速。拖航中,拖缆附近不得站人或跨缆行走。需调整拖缆时,应控制航行速度。

④拖轮傍靠被拖船时,靠泊角度不宜过大,并应控制船速。傍拖时,各系缆受力应均衡有效。

⑤在拖船与被拖船间放置缓冲垫时,船员不得骑跨或站在舷墙上操作。

(2)锚艇作业时除应符合“自航和非自航船均应遵守的安全规定”的有关规定外,还应符合下列规定。

①抛、起、移锚过程中,应有专人指挥,正确使用车舵,控制船速。

②在风浪中起锚时,锚艇不得横浪驻位或强行起锚。

③打开脱钩装置抛锚时,操作人员应站在安全、易于避让的位置。

④连接缆绳的卡环通过导缆孔、带缆桩时,应缓慢收放缆绳,并设专人监护。

⑤在抛起锚作业时,施工船舶应与锚艇作业相协调。

(3)交通工作船的使用,应符合下列规定。

①应持有有关部门签发的与施工水域相适应的有效证书。

②船上配备的消防、救生及通信设施应完好、有效、适用,并按规定进行标识。

③应按核定人数载人,不得超员运行或客货混装。

④严禁装载或携带易燃易爆及危险有毒物品。

⑤航行中,乘船人员不得站、坐在无安全护栏的舷边。

⑥应清点和记录登船或下船的乘员人数。

⑦在靠泊施工船舶前，应预先与施工船舶取得联系，确定靠泊位置及登船方法。

⑧乘员在上下交通工作船时，应待船舶停稳后，按顺序上下。

三、非自航船的安全操作技术

(1)起重船除应符合“一般安全规定”的有关规定外，还应符合下列规定。

①作业前，作业人员应熟悉吊装方案，明确联系方式和指挥信号。

②根据吊装要求，应指导驳船选择锚位和系缆位置。

③吊装前，应确保吊钩升降、吊臂仰俯、刹车性能良好。安全装置应正常有效。

④吊装结束后，起重船应退离安装位置，并对起重吊钩进行封钩。

(2)打桩船除应符合“一般安全规定”的有关规定外，还应符合下列规定。

①吊桩、立桩、仰俯桩架和桩定位时，应服从打桩指挥人员的指挥。

②打桩架上的活动物件，应放稳、系牢。架上的工作平台应设有安全护栏和防滑装置。

③电梯笼必须设有防坠落安全装置。笼内必须装设升降控制开关。

④桩锤检修或加油时，严禁启动吊锤卷扬机。

⑤穿越桩群的前缆，应选择合适位置。绞缆时，应缓慢操作，缆绳两侧 10m 范围内，施工船舶或作业人员不得进入。

⑥桩架底部两侧悬臂跳板的强度和刚度，应满足作业要求。跳板的移动和封固装置应灵活、牢固、有效。

(3)铺排船除应符合“一般安全规定”的有关规定外，还应符合下列规定。

①锚泊时，应根据水文气象条件将铺排的滑板放至适宜的位置。

②装有滑板的侧舷，严禁靠泊船舶。

③在拖航时，应将滑板拉起，并与船体锁定。

(4)半潜驳除应符合“一般安全规定”的有关规定外，还应符合下列规定。

①施工前，应充分考虑下潜装载、航行、下潜卸载各个作业阶段和可能出现的工况条件的吃水、稳性、总体强度、甲板强度、局部承载力，装载物自身的强度和稳性等的安全性。当无资料和类似条件下施工的实例时，应进行验算。

②应根据水文气象条件抛锚驻位。下潜水域应满足下潜深度要求。

③下潜前，应认真检查并确保与下潜有关的设备和控制系统处于完好状态。甲板上面不得留有任何施工机具及材料，并应关闭半潜驳的水密装置。

④下潜或起浮时，应统一指挥，密切配合，协调一致。

⑤下潜时的风力、波高和流速等，不得超过该船的作业技术性能指标。

⑥下潜至起浮物即将处于漂浮状态时，应控制好起浮物的控制缆绳。

⑦起浮物移出半潜驳时，应根据风浪、水流及起浮物的牵引方式，缓慢放松控制缆绳，不得撞击半潜驳。

⑧在起浮或下潜过程中，甲板面即将露出或浸入水面时，半潜驳的纵、横倾角必须控制在允许范围内。

⑨半潜驳的浮力储备舱，必须保持水密，严禁放置任何物品。

第六节　疏浚和吹填施工

一、一般安全规定

(1)工程开工前,应了解施工水域的水文、气象、地质、水上水下设施资料和港航规章,并根据施工现场工况条件合理选择疏浚船舶。

(2)工程开工前,应在陆地吹填区域设置围挡和安全警示标志。

(3)在疏浚施工中挖到危险或不明物体,应及时报告有关部门,不得随意处置。

(4)疏浚船舶在库区、坝区下游和回水变动区施工时,应预先了解水库调度运行方式。

(5)在水上建筑物附近疏浚作业时,应根据设计要求制定专项施工方案。

二、主要疏浚船舶的安全操作技术

1. 耙吸式挖泥船

(1)作业时,应保持正规的瞭望,加强与过往船舶的联系,谨慎操作,安全会让。当情况紧急时,应主动采取有利于防止碰撞的措施。

(2)下放泥耙后,应使泥耙的吊索保持垂直状态,不得松弛。发现波浪补偿器跳动较大、耙头工作异常时,应立即起耙检查,并测出船位,准确记录。

(3)在疏浚过程中,不得急剧大角度转向。遇有横向强风、流压时,应使船舶航向与风、流向保持适当角度。

(4)在清除耙头杂物时,应 2 人以上携带通信工具作业。作业人员应正确站位,并使用专用工具清除。

(5)进入卸泥区,应控制船速,逐步开启泥门。在浅水区抛泥时,应留有适宜的富余水深。

(6)吹填作业时,应保持船舶平衡状态。靠泊码头吹填时,应根据潮水涨落及时调整船舶与码头间的缆绳长度。

(7)吹填作业过程中,遇有不良工况船身摇晃较大时,应立即停止作业,并拆除管线接口。

(8)泥浆浓度检测仪(伽玛仪)必须由专人负责使用和管理。检查或修理时,必须由有相应资质的厂家和专业人员进行。

2. 绞吸式挖泥船

(1)船舶抛锚定位后,方可沉放定位钢桩。双钢桩沉放状态下,严禁船舶横移或摆动。

(2)沉放或起升定位钢桩时,液压顶升装置和定位钢桩附近不得人员通过或停留。

(3)疏浚作业前,应检查排泥管线的出泥管口是否稳固、正常,并应在其附近设置安全警示标志。必要时,应设置围栏。

(4)启动泥泵前,排泥管线附近的所有船舶及人员应及时撤离。

(5)检查排泥管线时,应 2 人以上同时作业,并设专人监护。主机应预先减速或停车。

(6)清理绞刀或吸泥口障碍物时,应关闭绞刀动力源开关,锁定桥架保险销,排净回路水,2 人以上携带通信工具作业,并设专人监护。

(7)短距离移泊时,不得调整定位钢桩。长距离移泊或调遣时,应按船舶技术说明书对定位钢桩进行处置或将定位钢桩放倒封固。

(8)水上排泥管线应每间隔50m设置一个安全警示标志,夜间应设置白光环照灯。固定浮管的锚,应设置锚标。

(9)泥浆浓度检测仪的使用、管理、检查或修理应符合《水运工程施工安全防护技术规范》(JTS 205-1—2008)的有关规定。

(10)受风、浪影响停工时,必须下锚停泊,严禁沉放定位钢桩。

3. 链斗式挖泥船

(1)驻位时,应根据施工现场的工况条件,确定抛锚顺序及锚位。

(2)挖泥时,应密切观察斗链运转和斗桥动态,发现异常或遇有水下障碍物时,应停车检查、排除。发现塌方,应迅速松放主缆,移船躲避。

(3)泥驳靠泊挖泥船后,方可松放卸泥槽。泥驳解缆之前,应绞起卸泥槽。

(4)清除泥井中障碍物时,严禁斗链运转和斗桥移动。作业人员进入泥井前,必须清除泥井上方可能下坠的物体,作业时,必须设专人监护。

(5)在斗桥上作业时,应将通道及作业场所的污泥冲洗干净,并进行防滑处理。

(6)斗、链拆装前,挖泥船应显示减速信号,插牢链斗保险装置。启用吊车作业时,应指定专人统一指挥,明确指挥信号。

(7)启动链斗前,应检查有无障碍物,作业人员必须离开斗、链。启动链斗时,应慢车操作,缓慢空斗旋转。

4. 抓斗式挖泥船

(1)抓泥作业前,抓斗机操纵人员应预先发出警示信号,人员不得进入其作业半径范围内。

(2)抓斗吊移时不得碰撞泥驳或缆绳。装驳时,泥驳应根据干舷高度的变化及时调整系缆。

(3)抓斗下落时,不得突然刹车。开挖强风化岩时,应控制抓斗下放速度,不得强行合斗。

(4)作业时,应在抓斗机允许负荷量的范围内进行操作,不得超载。在抓到不明物体时,应立即停止作业并探明情况。

(5)抓斗的索链缠绕抓斗时,应立即停止作业,排除故障。作业人员不得攀爬或站在处于悬吊状态的抓斗上作业。

(6)检修吊臂或其他属具时,应将吊臂放于固定支架上,并停车、断电、悬挂“禁止启动”安全警示标志。

(7)检修、调换抓斗时,应将抓斗放于专用斗架上或将抓斗放稳并支撑牢固。

(8)拆装抓斗时,较重斗件应使用吊机或滑车组吊运。

5. 铲斗式挖泥船

(1)船舶抛锚定位后,方可沉放定位钢桩。双钢桩沉放状态下,严禁船舶横移或摆动。

(2)铲斗机操作应参照抓斗式挖泥船抓斗机操作的相关规定执行。

(3)在软土区域用钢桩进行抬船操作时,应均匀地对其施加压力。不得用单根钢桩抬船。

(4)拔出前钢桩时,应分级加荷,逐步拔出。

(5)铲斗式挖泥船前移时,后钢桩的倾斜角最大不得超过20°。

(6)在开挖风化岩或坚硬土质时,应采用隔斗挖掘法。

6. 吹泥船

(1)吹泥前，排泥管线附近的人员及船舶应撤离，并应与排泥区作业人员取得联系。

(2)清理沉石箱时，应在停车后开启沉石箱封闭门，并悬挂“禁止启动”安全警示标志。

(3)吸泥管堵塞后，应关闭泵机，并在操纵台上悬挂“禁止启动”安全警示标志。作业人员清除堵塞物时，应设专人进行安全监护。

(4)起吊吹泥管时，应控制起升速度和提升高度。

7. 泥驳

(1)泥驳作业不得超载，纵横倾角应处于允许范围内。

(2)卸泥时，泥驳不得在横浪或转向航行过程中卸泥。

(3)清除泥舱内较重杂物时，绳索、卡具及捆缚方式应安全可靠。提升前，舱下人员应撤离。用泥驳的绞缆机向外拖曳杂物时，绞缆人员应站在缆绳的侧面，其他人员不得靠近缆绳。

(4)装泥过程中，不得从泥驳舱内打捞杂物。确需打捞时，应停止装泥作业。

(5)泥驳的甲板工作场所及通道，应保持整洁、通畅，及时清理油渍、污泥等，不得堆放杂物。

三、排泥管线架设和拖运

1. 陆域排泥管线架设

(1)排泥管线对接时，操作人员应站在固定管线的一侧。

(2)调整管线对接螺栓孔的位置时，不得将手指伸入法兰孔内。紧固管线对接螺栓时，作业人员身体的各部位，不得进入排泥管下方。

(3)对于受潮水影响、斜坡段或坝顶上的管线，应进行固定。

(4)排泥口的管线架，应稳定牢固。斜撑、水平杆之间，应相互牵拉形成整体。

2. 水域排泥管线架设

(1)水上拼接管线时，应设专人指挥，并应由起锚艇配合，作业人员应 2 人以上。

(2)在风浪、流速较大的水域接拆排泥管时，作业人员应系牢保险绳。工作船上应配备带保险绳的救生圈，并设监护人员。管线晃动严重时，应停止接拆作业。

(3)在通航水域沉放水下排泥管线时，必须申请发布“航行通告”，并设置警戒船只。

(4)采用挖泥船自吹注水沉管时，管线的注水端应采用管线锚予以固定，且注水速度不得过快。

(5)采用空压机充气起浮水下管线时，充气管的耐压强度应满足要求，接口应绑扎连接牢固。

(6)采用锚艇起吊水下管线时，吊力及起吊索具应计算确定。起吊时，应缓慢施力。

(7)排泥管线需通过桥孔、桩群时，应将排泥管用锚缆、支架等措施进行固定。

3. 排泥管线拖运

(1)管线拖航前，应对浮筒进行漂浮试验。浮筒两侧链条及卡带应完好，卡带螺栓应拧紧，首尾管口应用堵板予以密封。

(2)拖航时管线两侧宜各系一根钢丝缆，连接各节浮筒，并应收紧、受力一致。

(3)被拖管线上应设置号灯、号型，其高度应高出管线 1.5m 以上。

(4)拖轮拖带浮筒、管线时,拖带的管线长度应根据拖轮的拖力、水文气象、航道条件等因素确定。拖轮的拖带能力应满足在静水中的拖航速度不小于5kn。拖带航行时,风力宜小于6级。

第七节　施工船舶调遣

一、调遣前的封舱加固

(1)被拖船上装载的机械设备及物件,应绘制摆放图,并对船舶稳性进行校核。

(2)拖船与被拖船的船龄较长或航程较远时,应对船体钢板进行必要的测厚检查。

(3)被拖船上装载的机械设备及物件封固后,必须按规定履行检查验收手续。

(4)起重、打桩、疏浚等施工船舶的吊臂、桩架、臂架以及活动物件,均应进行封固。离港后,除防风锚外,其他锚具应吊至甲板,收妥封固。

(5)打桩锤、替打等,应卸下平放于甲板上,并用枕木垫起,封焊牢固。海况良好、短途调遣时,宜将桩锤、替打降至桩架滑道下部进行封固,吊锤的钢索应收至受力状态。

(6)吊钩应放置在甲板上封固或在平台横梁上焊制专用吊点将其系锁牢固,吊钩钢索应收至受力。

(7)全回转起重船的吊臂,必须放在固定的托架上进行封固。封固时,严禁在吊臂上直接施焊。

(8)全回转起重船、铲斗或抓斗挖泥船的机身转动部分与甲板间应垫牢,并用紧张器将其张拉封固。

(9)具有定位钢桩的施工船舶,应将钢桩卸下,封固在甲板上或按使用说明书进行封固。伸出舷外的吊杆、跳板等,均应收进舷内固定。

(10)绞吸、链斗式挖泥船的绞刀桥架、斗桥,除用钢缆或保险杠固定外,还应用斜撑焊接牢固。

(11)铲斗挖泥船的铲斗、仰俯架或抓泥船的起重臂、抓斗等,均必须放在固定基座上,并用紧张器与基座张拉封固。

(12)有推进器的被拖船在封仓加固时,应将尾轴与主轴脱开。尾轴和舵亦应固定。

二、船舶调遣前的准备

(1)调遣前,船舶单位应制定调遣、拖航计划和应急救援预案。拖航计划包括拖航任务、航区、预航日期、转向点时间、气象海况、避风地点、拖带航行方法、通信联络方式和应急安全措施。

(2)拖轮的功率、拖力应根据沿途水域、被拖船类型经计算后确定。应急设备必须正常。

(3)拖船与被拖船应符合船舶法定检验规定的各项要求,并取得海事主管部门签发的适拖证书。

(4)必须掌握起航港和沿途数天的气象、海况信息,确定开航时间。起航前,必须具有未来72h的良好天气、海浪预报和中长期气象预报。

(5)拖船与被拖船甲板上的各种排水设施,均应符合《船舶与海上设施法定检验规则》的规定。流水口应保持畅通,排水活动挡板应启动灵活。

(6)拖船与被拖船的舱口、人孔、门、窗、通风筒、空气管及拖航中暂不使用的海底阀、舷外阀等,均应水密关闭。

(7)锚链孔应配备防水压板,锚链管应用防水物堵塞,并包扎严密,但不得影响紧急抛锚。

(8)被拖船的舱底泵、压载泵或其他各类的排水泵、管系及吸水口,均应保持完好状态。并应设置渗漏水警报装置或明显的干舷标志。

(9)被拖船的货舱、机舱和水密舱无排水设备时,应至少配备一台具有独立动力的移动式排水泵,并应配备适量的堵漏器材。

(10)有船员留守的被拖船上,各类通信、救生、消防、应急等设备或设施,均应符合船检部门的规定。

(11)被拖船油舱、水舱及压载水舱应根据装载规定和稳性需要装满或排净。影响船舶稳性的舱底水应清除。

三、船舶调遣拖航

(1)起航后,拖航主管部门应跟踪、记录船舶的航行动态,确保通信畅通,实施24h值班制度。

(2)拖轮船长应按拖航计划安排驾驶、机舱和甲板人员值班。全体船员应坚守岗位,谨慎操作,严格执行《国际海上避碰规则》及海事局发布的有关航行规定。

(3)拖航期间,船舶至少每隔12h收听一次气象、海浪预报,并记录风速、风向、波高、周期以及48h的天气趋势。

(4)拖航过程中,必须安排专人监视被拖船的航行灯、干舷标志及航行状态,并作好记录。被拖船有留守人员时,应与拖船保持联系。

(5)拖船应与岸上基地保持24h通信联络,并定时报告船位、气象、航速及航行情况。

(6)拖船的拖曳设备(包括:龙须拖缆、卸扣、三角拖板、拖索拱架、导缆孔和拖钩等)应确保正常,并应对拖缆的易磨损部位,采取保护措施。

(7)在调遣途中需避风锚泊时,拖船应及时向主管单位报告原因及预计续航时间,并应按避风港的港章、港规和指定地点进港停船或锚泊。

(8)拖航过程中遭遇恶劣天气或海况等紧急情况时,必须立即组织船员自救,并及时启动应急救援预案。

(9)拖船或被拖船上,严禁搭乘无关人员随航。

第八节 特殊条件下施工安全防护技术

一、雨季施工

(1)雨季,在地质灾害易发区内施工时,必须制定防洪、泥石流、滑坡和塌方等安全技术措施和防洪、抢险等应急预案。

(2)施工现场应对大型围堰、堤坝和高土石边坡等,采取加固、消坡和防坍塌措施。对易受水流冲刷的部位,应采取防冲或导流措施。

(3)施工现场的临时建筑,必须避开滑坡、泥石流、山洪或可能坍塌等危险地段。

(4)施工现场的变电站、电石库或遇水易发生安全事故场所,在雨季前,应对防雨设施进行检查和修复。

(5)对基坑、闸室、干施工滑道或地下构筑物的排水及挡水设施,必须进行检查、修复、完善和补充。

(6)在潮湿、多雨季节,应定期检测机电设备绝缘电阻,不符合规定的设备,必须停止使用。电气开关必须采取防雨、防潮和防触电的安全技术措施。

(7)雨季中,在施工现场的高处作业场所、船舶甲板上或交通船的登船部位,均应采取防滑措施。

(8)雷雨季节,必须检查施工现场的烟囱、水塔、高层脚手架、易燃易爆品仓库及高大船机设备上的避雷装置是否完好。

(9)在地震频发区施工,应制定相应的安全措施和应急救援预案。施工中,应及时收听地震预报,工地临时房屋宜采用轻型结构,并采取加固措施。

二、冬季施工

(1)冬季施工时,现场道路、高处平台、斜坡道和脚手板等,均应采取防滑措施。

(2)冬季,用煤炭炉取暖的办公、住宿或工作间,必须采取防火、防一氧化碳中毒的措施。并应加强用电管理,禁止使用明火电炉或碘钨灯取暖。

(3)作业前,应及时将工作平台、脚手架、斜坡道及船舶甲板上的冰雪清理干净。

(4)施工电梯在大雪、六级及以上大风或导轨架、电缆等结冰时,必须停止使用,并将梯笼降至底层,关闭电源。

(5)冬季施工时,施工人员不得攀爬结冰的登高爬梯、起重臂架等。不得在结冰的高处平台、水上墩台、桩帽和梁上作业。

(6)冬季使用的氧气或乙炔瓶阀、输气管等冻结后,严禁使用明火烘烤。

(7)船舶甲板上的泡沫灭火器、消防管路、救生艇的升降装置等,均应采取防冻措施。

(8)在冰冻期,不宜进行施工船舶的长途调遣拖航。

(9)在封冻河流上施工,必须制定专项安全技术措施。并应根据当地的气温、结冰期、冰层厚度、冰层质量、施工荷载和当地的施工经验等确定施工工艺,施工机械设备需在冰上作业时,必须经充分论证并进行载荷试验后,方可实施。并应同时满足下列冰层厚度和质量要求:

①人工作业的冰层厚度不得小于20cm。解冻前的冰层厚度不得小于50 cm。施工人员必须拉开间距,不得集中成群,间距应保持在1.5m以上。

②小型设备或载重4t以下的汽车在冰上行走时,冰层厚度不得小于50cm,解冻前的冰层厚度不得小于80cm。

③行走载重4t的重车时,冰层厚度不得小于70cm。解冻前的冰层厚度不得小于100cm。

④冰层质量必须具备下列条件:

—冰质应纯净、无大气泡或无成串的连续小气泡;

—冰层应与水面直接接触、无悬空、无立冰、无二茬冰;

—冰层下应无城市、工业排水和其他能加速冰层融化的污水流过。

(10)行车的冰面,必须平整、无凹形冰面、无冰坡、无裂缝、无厚雪掩盖。

(11)冰路必须远离未冻实的水域。行人冰路应远离100m,载重车的冰路应远离300m。

(12)在凿开的冰槽边缘,应用方木设置围挡,严防作业人员滑入冰槽内。严禁单人进行冰上作业。

(13)在冰上使用吊机作业时,必须在吊机下铺设钢木垫排,以增大冰面的受力面积。

(14)在施工过程中,必须设置冰面沉降观测点,施工中应随时进行观测。当冰面发生凹状变形或裂缝时,应立即停止冰上作业。

(15)在内河流冰期施工时,必须及时掌握水温、流量、流速变化及上游闸坝放水信息。流冰前,必须对水上在建构筑物、临时设施和施工船舶等采取防撞措施,并在施工现场的上游布设破冰防线。

三、高温季节施工

(1)应按时发放防暑降温物品、设置必要的防晒设施。远离基地的施工现场,还应设置防暑降温医疗救护点。

(2)应合理调配作业时间,避开高温时段。

(3)施工现场的氧气或乙炔气瓶使用或存放时,应采取防晒措施。

(4)施工船舶的密闭舱室应经常打开,进行通风、透气。

(5)必须在高温条件下作业的场所,应采取通风和降温措施。

四、无掩护水域施工

(1)施工单位应根据无掩护水域的工况条件选择船舶稳性、动力设备、抗风浪能力强的施工船舶,其作业性能应满足无掩护水域的工况条件。

(2)施工单位应根据船舶的抗风能力及无掩护水域的水深、风浪、水流及其变化,制定相应的应急预案。

(3)施工现场应根据非自航施工船舶的数量、大小和种类,配备适量适航的监护拖轮和救生设施。

(4)施工前,应选择相对较近、水文气象条件较好的避风锚地。

(5)施工期间,应向气象台站收集中长期天气及海浪预报,并每天按时收听当地的气象和海浪预报,加强对水文气象的分析。

(6)非自航施工船舶应配备防风锚,并应对锚机、锚缆采取适度加固、加长措施。

(7)施工船舶应储备充足的燃油、淡水、缆绳、索具、备件及生活物资和医药用品等。

(8)施工船舶的门窗、舱口、孔洞的水密设施应完好,排水系统应通畅,管系阀门等应灵活有效。必要时,应配备移动式抽水机。

(9)施工船舶停止作业后,应将起重钩、桩锤、抓斗、臂架及属具等进行封固。

五、热带气旋季节施工

1.热带气旋季节到来前

(1)施工单位必须建立、健全防抗热带气旋的组织领导机构、指挥系统和应急抢险队伍。

(2)根据施工现场情况,应制定以防为主,防抗结合的施工安全措施计划和应急预案,并落实施工人员的转移地点及船舶避风锚地。

(3)陆域施工机械和运输机械,应选择地势较高、避风条件较好的存放场地。大型固定机械应制定加固或快速拆卸方案。

(4)避风锚地应选择在具有掩护功能的港区或天然港湾,其水深、水域面积、泊稳条件、进出航道等,均应满足避风船舶的需要。

(5)施工现场应预先对工程结构、车间、仓库、临时建筑、生活和办公用房等进行防风加固。疏通排水沟渠,配备防抗热带气旋的材料及设施。

(6)施工单位必须根据非自航施工船舶的数量、大小和种类,配备适量适航的监护、调遣拖轮,并应备足相应的救生设备。

(7)施工船舶必须组织相关人员系统地对通信、导航、舵机、锚机、救生、消防和机电设备等,进行检查、修复或更换。

(8)施工船舶应适当储备燃料、缆绳、索具、粮食、淡水及医药等用品。

(9)施工船舶需拆检主机、辅机、舵机、锚机等,必须征得施工现场和船舶单位负责人同意,并确保修复期限。

(10)施工船舶的门窗、舱口、孔洞,均应保持水密设施良好。排水系统必须通畅,抽水机、管系阀等必须灵活、有效。

2. 在热带气旋季节中施工

(1)施工期间,施工单位必须向气象台站索取中长期天气及海浪预报,并应每天按时收听当地气象台站的相关预报。

(2)施工时,非自航施工船舶均应配备防风锚,并应对锚缆采取适度加长措施。风浪、流压较大时,应及时调整船位。

(3)对施工船舶上的桩架、起重臂、桥架、钩头、桩锤、抓斗或挖掘机、起重机等主要活动设备,均应备有封固装置。

(4)施工中,应加强对施工船舶起重臂、打桩架、定位桩、臂架和锚缆等设施的观察,当风浪可能对船舶或设备造成威胁时,应停止作业。

(5)停止作业后,必须将起重钩、桩锤、臂架、活动施工属具及驳船上的陆域施工机械等进行封固。

3. 发布台风警报后

(1)施工单位和施工船舶必须实施24h专人值班制度。按时收听气象预报和查阅有关台风信息,跟踪、掌握热带气旋动向。

(2)陆域机械设备、施工人员、贵重办公物品及图纸资料等,应按防台措施计划进行拆卸、封固、转移和妥善保存。

(3)装有物资的船舶应尽快卸载,来不及全部卸载的,应调整平衡后进行封固,并提前进入避风地点。

(4)施工船舶在发布热带气旋警报后,严禁拆检主机、辅机、舵机、锚机等。

(5)施工船舶的甲板、左右两舷及人行通道,应装设临时护绳或栏杆。

(6)施工现场应根据施工进展情况、被拖船数量和台风行进速度等,制定拖船航次、时间和编组。

(7)施工现场应及时配齐临时发电机组、值班专车、医务人员及必要的救护设备。

4. 防、抗台风期间

(1)项目经理部及各施工船舶在台风期间,必须建立并严格遵守甚高频(VHF)守听制度,及时收听、记录气象预报及台风警报。并在“台风位置标示图”上跟踪、标绘台风路径及未来走向。

(2)陆用机械设备和非自航船舶,在7级风圈半径到达施工现场前,应调遣至避风地点。自航施工船舶应根据应急预案和自身抗风浪能力,适时抵达避风锚地。

(3)在台风威胁中,项目经理部必须掌握施工船舶进入避风锚地的位置和锚泊情况,并与各船保持密切联系。

(4)在台风袭击中,项目经理部在施工现场和避风锚地必须有抗台风指挥人员,并掌握台风动向,及时向施工现场、各施工船舶发布台风最新消息和指令。

(5) 船舶抗台风时,系泊方式应根据地形、地貌、气象、水文条件、海底土质等自然条件确定,宜采用单锚系泊。

(6)船舶锚泊抗台风时,应与其他船只及障碍物保持足够的距离,并应加强值班,勤测锚位,备妥主机。

六、夜间施工

(1)施工现场或施工船舶,必须设置足够的照明设备,照度应满足施工要求。

(2)施工船舶在航行、作业或停泊时,必须按规定显示号灯、号型。

(3)施工现场的预留孔洞、上下道口、预留沟槽或平台、脚手架等处,均应设置照明设施。

(4)探照灯或其他照明设备的光束,不得直接照射施工船机设备的操驾和指挥人员。

(5)碍航的水上设施或未完工程,必须设置号灯、号型或警示照明标志。

七、能见度不良的天气施工

(1)施工船舶在能见度不良的天气起航前,必须掌握起止航区的水深、潮流和渔网区、养殖区、礁石及障碍物等的位置。

(2)自航施工船舶必须了解、掌握航标布设、通航密度、船舶活动规律和锚泊船只的分布及航道边缘以外水深等。

(3)航行中,应按规定开启雾灯或鸣放雾号。在航道的交叉地段,必须按规定的安全航速行驶,注视雷达信号,并派专人进行瞭望。

(4)雾天,海事局发布停航警告时,必须停止航行。

第六章　公路水运工程安全生产案例剖析

第一节　公路工程安全生产案例剖析

【案例 1】　高速公路路基边坡违章施工，山体滑坡致 25 人死亡

● 工程背景及事故经过

×年 2 月 21 日 16 时 15 分，×市××高速公路路基边坡山体滑坡，致使两辆汽车和两台推土机被埋没，25 人死亡。

2 月 17 日上午，一民工路过边坡顶端山体时，发现山体上出现 2 寸宽，6m 左右长的裂缝。2 月 18 日中午，推土机驾驶员李某向常某等三个负责人反映，“裂口很大，不能干了”。当时三个负责人认定不会有事，决定采用爆破的方法炸出个坡度来。

2 月 21 日上午，4 个承包人一齐到现场，准备放炮处理险情。当天共有 29 人上工，有推土的，打炮眼的，装沙子的。从开始时就有砂土往下滑落，滑量为 10min 一铲斗，李某问承包人陈某会不会塌，陈说“要塌也要到夜里才会塌”，于是各项工作仍然照常进行。中午在推土机平台上放了六炮。14 时在山顶挑盖土的工人看见道班房方向的山顶上开裂，推土机上方不断掉红土，持续了将近一个多小时，但未向任何人反映，也未发出警告。当将近 16 时，陈某发现边坡上部的砂土已在成块地往下掉，且越掉越大，于是指挥人员往安全地点转移。16 时 2 分，山体大滑坡事故发生了。滑坡量约为 120 万 m^3。此时，未来得及转移的车辆和人员被埋。

● 事故原因分析

1. 违章施工

虽然采用分台阶开挖，但台阶高度超过规定。埋下了安全隐患。滑体岩层为风化程度极强的石英砂岩，风化深度达 40～80m，岩石硫松，轻击即散。滑体岩层倾向又与山坡坡向一致，易致滑坡。

2. 不报险情

当发现情况后，不报险情，不停产撤人，而是边排除边冒险生产，加速了裂缝扩张和诱发山体下滑，导致人员伤亡和财产损失。承包人常某、陈某、张某、王某，在山体滑坡前 4d 就发现险情征兆，既不按有关规定停止作业，也不向上级报告，反而继续带领工人冒险排险和违章作业，致使本来在山体滑坡过程中可以避免的事故发生了。

• 预防对策

(1)高边坡开挖时要安排专职人员对上边坡进行监视,防止上部塌方和物体坠落。技术人员和安全人员要随时观察高边坡是否有滑动的可能并及时采取安全措施。

(2)施工中如发现山体有滑动、崩坍迹象危及施工安全时,应暂停施工,撤出人员和机具,并报告领导处理。

(3)公路施工过程,将改变岩土体的自然稳定状态,易于诱发崩塌、滑坡等重力地质灾害。各级交通行政主管部门要责成建设或项目法人单位,勘察、设计、施工、监理单位详细查明公路沿线的危岩、不稳定斜坡等地质灾害隐患点,及时制定防治措施,并应加强施工过程中的预加固、截排水等辅助施工措施和监测预警工作。

【案例2】　高速公路边坡黄土含水率增大,边坡失稳致人死亡

• 工程背景及事故经过

××路桥公司负责施工的××高速公路×合同段左侧上边坡发生坍塌,将8名正在施工的民工埋入土体中,造成7人死亡、1人受伤的重大事故。边坡坍塌事故发生后,××省政府立即组织事故调查组对事故情况进行调查,并妥善处理善后工作。××省交通厅按要求,对全线施工现场进行安全检查,×合同标段全面停工整顿,查找安全隐患,改进安全工作。

• 事故原因分析

调查组赴事故现场进行了调查。经调查分析,事故发生的直接原因是由于降雨导致边坡的黄土含水率增大,边坡失稳,造成坍塌。但导致事故发生的主要原因是安全生产管理问题,该合同段安全生产管理主要存在以下四个方面的问题。

(1)施工单位的安全意识淡薄,安全管理制度没有得到真正落实。施工单位特别是现场技术和管理人员,施工经验不足、安全意识不够,对近期频繁的降雨和边坡外漫水浇地对边坡稳定性的影响,没有引起足够重视。虽然施工单位建立了比较完整的安全管理体系,规章制度也比较健全,但安全管理制度没有得到真正的落实。

(2)劳务队违反规定擅自施工。按照规定,劳务队必须在施工单位的技术员、领工员和监理人员在场并履行有关手续后才能开始施工。负责该段护面墙施工的劳务队明显缺乏安全防范意识,在施工单位的技术员、领工员和监理人员还未到现场的情况下,就开始施工作业。施工单位对劳务人员也缺乏严格管理。

(3)监理单位的安全意识不够。驻地监理特别是现场监理安全意识不够,对频繁的降雨和坡上漫水浇地对边坡稳定产生的影响,未引起重视,也未能及时提醒施工单位注意施工安全。

• 经验教训

根据国家有关法律法规和规章,交通部对有关责任单位做出以下处理决定。

(1)施工单位安全意识淡薄,安全管理措施不落实,对劳务人员缺乏管理,对该事故负主要责任。根据《建设工程质量管理条例》第六十四条、《公路建设市场准入规定》第二十一条规定,对该单位给予限期整改的处理。在整改期间,不得参加公路工程施工投标活动。并建议建设部按照《建筑业企业资质管理规定》,依法降低其资质等级。

(2)监理单位对施工现场安全管理的监管不到位,未能完全履行监理职责,对该事故负监理责任。根据《公路水运工程监理单位资质管理暂行规定》第二十四条规定,对进行通报批评。

(3)项目法人单位对项目安全管理不力,对该事故负管理责任。根据《公路建设监督管理办法》第四十三条,进行通报批评。

【案例3】 高速公路施工项目经理部被山体滑坡掩埋,35人死亡

- 工程背景及事故经过

×年5月11日凌晨1时55分,××省××县×× 高速公路正在施工的××大桥3号墩附近发生山体滑坡,滑体总方量约20余万 m^3,其中右侧部分约3万 m^3 淹埋了××工程局三标段施工项目经理部一栋工棚(17间)及棚内35人。经全力抢险救灾,避免了灾害进一步扩大,但被淹埋的35人无一幸存。

- 事故原因分析

经国务院事故调查组认定,这次事故主要是山体滑坡自然灾害造成的,属于非责任事故。

- 预防对策

(1)加强公路建设前期工作。在自然条件恶劣,地形、地质条件复杂,新构造运动活跃,地震活动频繁地区修建公路,一定要慎之又慎。应采用航测、遥感、地质判释、GPS 等综合勘察设计手段,加强基础资料的收集和调查工作;在路线方案比选中要综合考虑生态环境保护、水土保持、地质灾害等影响因素,特别注意设计方案实施的可能性;新建公路工程应避免设计高陡边坡、深挖路堑,路堤高度 >20m 应采用高架桥,路堑深度 >30m 应采用隧道方案,对岩石破碎、易于发生石块崩落的路段,应及时封闭坡面并设置牢固的坡面防护系统,确保安全。

(2)地质灾害危险性评估有助于预防地质灾害。建设、设计、施工及监理等单位必须充分重视评估报告提出的防治建议,在公路基本建设各阶段,采取切实可行的防治地质灾害措施。设计文件上报时应附环境保护、水土保持、地质灾害危险性评估意见;招标文件应明确对环境保护、水土保持、地质灾害危险性评估意见的工程处置措施;工程监理应增加预防地质灾害记录。

(3)在自然环境恶劣,地质条件复杂的地区修建公路,项目法人和监理要监督施工单位按照安全生产的有关规定选择临时办公、居住地及设备安置场地,要特别注意避开易于发生崩塌、滑坡、泥石流、岩溶或洞穴坍陷等地质灾害的高陡边坡、不稳定斜坡和沟口低洼处,以避免地质灾害造成人员伤亡和经济财产损失。

【案例4】 高速公路边坡崩塌,救援不力致人死亡

- 工程背景及事故经过

×年6月18日早上6点多钟,某高速公路边坡崩塌,300多 m^3 的石块落下来,砸中停在边坡下的一辆货车,将两名工人埋住。事故发生后,工人们还可以听到从里面传出来微弱的呼救声,但工人们不敢靠近事故石场进行抢救,由于不知道该往哪里汇报事故情况,洪×只得打电话给附近一家农场负责人要挖掘机来挖落下的石块。这位农场负责人也没有马上把挖掘机开到现场,他赶到现场后也迟迟拿不出具体的抢救措施。结果一直拖到上午9点多钟,洪×才打电话向县公安部门和有关部门报告事故情况,请求援助。由此耽搁了2个多小时的宝贵抢救时间。

有关部门先后于18日上午11点多钟赶到事故现场,他们先叫来一台推土机在事故现场推石块,把压在石块下砸瘪的汽车拖了出来。然而当推土机向石堆层的里层推进时遇到了困难，因为两个人埋在里面，推土机推进极有可能伤及到埋在土里面的人。石崖顶部还在不时往下落石块，推土机在下作业，极有可能造成再一次崩塌，发生第二次事故。因此，抢救工作进行到 18 日下午 6 点多钟后停下来，人们决定第二天调派挖掘机来挖掘埋在石块里面的人。

直到 19 日下午 4 点多钟才有一台挖掘机被运到现场。工作人员对石崖顶部的危险石块进行清理后，把挖掘机开进了事故现场，经过 30 多分钟挖掘，终于找到了埋在石块里的两人，这时两人已经死亡。

• 事故原因分析

(1)违章开采。洪×在组织开采过程中，严重违章，特别是当上边坡出现裂缝，在有关部门勒令停工整顿后，不是积极采取措施，排除险情隐患，而是继续安排民工违章开挖，冒险作业，致使山坡坍塌，造成 2 人死亡的严重后果。

(2)救援组织不力，救援方案错误。事故发生后，洪×没有及时向当地有关部门报告，自己找朋友帮忙，由此耽搁了 2 个多小时的宝贵抢救时间；洪×向当地有关部门报告后，有关部门的相关人员到场后，没有采取有效的救援措施，而是采用调推土机推石块的方法；到下午 6 点多，又决定暂停救援工作，第二天调派挖掘机来挖掘埋在石块里面的人。

• 预防对策

(1)加强应急救援预案建设工作。《中华人民共和国安全生产法》明确规定："生产经营单位应当按照国家有关规定将本单位重大危险源及有关安全措施、应急措施报有关地方人民政府负责安全生产监督管理的部门和有关部门备案。"现实工作中，许多单位不重视应急救援预案建设工作。

(2)提高应急救援的能力。应急救援预案演练是锻炼应急救援能力和发现预案存在不足的有效途径。要通过应急救援预案演练、安全生产教育、建立专家库等途径，提高应急救援的能力。

【案例 5】　高速公路边坡滑坡成功预报，未造成人员伤亡

• 工程背景及事故经过

×年 6 月 10 日，发生在××省××县 的××高速公路边坡滑坡地质灾害，由于监测预警及时，当地部门迅速启动抢险应急预案，各方救援人员及时到位，避免了人员伤亡事故的发生。

据监测人员介绍，于 6 月 2 日开始发现地裂缝等变形迹象，7 日地裂缝变形加剧，8 日～10 日，斜坡出现小规模坍滑。10 日 15 时～11 日 10 时，发生了大规模的滑移，垂向及水平位移均达 200 多米，摧毁×××村二组×××等 6 户民房，滑坡物质堆积于××河出口长近 700m 河段，前缘形成高达 70 余米的鼓丘，并伴有 10m 多高的涌浪，××河堵塞段以上形成堰塞湖。11 日 10～11 时再次发生了三次较大规模的滑移。至 11 日 17 时，滑坡体北侧残余部分不同高程地表均具明显裂缝。

根据××地质灾害防治工作指挥部应急调查表明，××滑坡前缘至××河河谷，高程在 280～330m 左右，后缘目前最大高程约 650m。滑坡体积约 700 万 m^3。

据初步统计，滑坡损毁民房 16 栋 71 间，损毁农田 230 余亩，山林 1 000 余亩及死亡生猪和山羊近 200 只，直接经济损失约 300 万元。但未造成人员伤亡。

• 滑坡原因分析

(1)由于××高速公路地处江岸边，边坡岩层破碎，风化严重，且具有岩溶现象。边坡自

然坡度为30°~50°,坡体表层分布着厚10~30m的碎块石土,易饱水、变形,滑坡体所在的斜坡自身稳定性差,是发生大面积滑移的内在原因。

(2)滑坡所在区域曾有小规模的降雨,亦是加剧滑坡产生的因素之一。

• 成功预报的经验

(1)该滑坡的成功监测和预报,是实施地质灾害群测群防的成功案例。在滑坡大规模发生前,地方政府和业主、监理、施工、设计等单位及时成立了应急抢险指挥部,采取积极有效措施,转移疏散危险范围内的所有居民。同时,还组织有关部门加强监测,划定危险范围,设立警戒线。

(2)在江岸边修建高速公路应该采取事前防范措施,在设计阶段应该对地质灾害作出评估,避免类似的事故再次发生。

【案例6】 爆破员无证作业,安全距离不够致人死亡

• 工程背景及事故经过

郭×通过关系承包了一段工程,随后,郭×将其转包给张×,张×又将其分为三段,分别承包给于×、范×和林×。林×承包的路段由于开山架桥的地方较多,因此雇用了较多的施工人员。为了尽量减少开支,林×明知刘×之子刘甲、刘乙、刘丙无爆破员作业证书,仍以每天20元的报酬雇用,并要求刘甲既要完成其自己的爆破任务,还要管理好其两个弟弟的爆破作业和负责爆破现场的安全管理,为此,林×每天多给刘甲5元。由于刘甲等人均是当地农民,根本不了解爆破的安全操作规程,在爆破过程中仅仅根据常识进行判断。同时,林×也没有制定或要求刘甲制定安全措施。因此,爆破施工中,经常发生一些小事故。但林×对之不以为然,直至刘甲在一次爆破作业中因安全距离不够,造成2人死亡,多人重伤。

• 事故原因分析

这是一起由于作业人员缺乏安全作业资质以及作业人员违章作业等原因引起的生产事故。根据《中华人民共和国安全生产法》第三十五条的规定,生产经营单位进行爆破、吊装等危险作业,应当安排专门人员进行现场安全管理,确保操作规程的遵守和安全措施的落实。因此,生产经营单位应当安排专门人员进行现场安全管理。同时,生产经营单位还应当确保操作规程的遵守和安全措施的落实。在此前提下,有关作业人员应当了解作业场所存在的危险因素,掌握作业的基本安全规程,不得无证作业。

• 预防对策

在本案中,正是由于施工者没有加强作业现场的安全管理,作业人员不具备相关作业资质而违章作业,结果造成人员伤亡事故。实践表明,发生爆破危险事故的原因大多是因为没有遵守操作规程和落实安全措施,血的教训要求我们在进行危险作业时必须确保操作规程的遵守和安全措施的落实。此案中,林×应当派专人负责爆破现场的安全管理,但其为了减少开支,没有派专人负责安全管理,而是让刘甲兼任安全管理员。同时,《中华人民共和国安全生产法》还要求爆破现场必须采取必要的安全措施,确保爆破人员遵守操作规程。但是林某既没有做到这一点,也无视多次事故的发生,没有及时采取相应的安全措施防范重大生产安全事故隐患。不具备安全生产条件或者相应资质的单位或者个人,导致发生生产安全事故给他人造成损失的,与承包方、承租方承担连带赔偿责任。此案中,林×与郭×、张×、刘氏兄弟应当承担连带责任。

【案例7】　公路路基坍塌致1人死亡

• 工程背景及事故经过

×高速公路分四个阶段施工，其中软基段长达14km，该段软土地基处理采用清除鱼塘淤泥及田地杂物，回填河砂至地表，再铺设60cm厚的砂砾垫层，打塑料板间距1.2m，长度为11m，其上铺两层土工布，土工布之间是50cm砂，第二层土工布上仍是填砂。施工单位自×年3月底开始施工到×年10月底填砂已达到设计高程。路基填筑高度为4m左右，后因邻近的季华路立交桥高程提高，线路纵坡重新调整，12月底，路基填筑高度增加2.32～2.85m，施工单位接到变更设计图纸后继续施工，到×年12月底，路基填筑高度高达5.8m。次年元旦，该段路基产生了滑坍，路基平均下沉2m，工人C、X正在此段路填筑土，C及时跳离逃生，X则随路基滑下，后被救起，经医院抢救1h后死亡。

• 事故原因分析

1. *技术方面*

该段路基由于变更设计，路基高程平均提高2.5cm左右，使填土高达7m多，设计单位对此段路基，仍按打塑料板加铺土工布的排水固结方法处理，而未增设反压护道，这在设计上是不安全的。

施工单位在施工中，未能严格按照××高速公路技术规范关于软土地基段路基填筑时，路基竖向沉降每日不能超过1.5cm，坡角水平位移每日不能超过0.5cm的要求控制填土速率和进行沉降监测。

2. *管理方面*

(1)设计单位对设计方案考虑欠周全。

(2)施工方案未经严格审核，更没有按规范编制专项的工程安全施工组织设计。

(3)缺乏专门的管理人员进行现场指挥和监管。

• 预防对策

(1)在设计上，首先对软土地基进行详细的勘探。对软土地基，在勘察设计上钻探点要加密，设计上要精益求精，对不同情况的软土地基，要考虑不同的设计方案。

(2)在施工方面，软土路基填筑时，必须严格控制填土速率或进行沉降监测，避免盲目施工，使路基填筑时，在软土地基中产生的附加应力增长与软土地基的强度增长相适应。要达到这个目的，除设计上的考虑外，施工中路基的沉降及水平位移观测都是十分重要的。

【案例8】　大桥拱肋纵向失稳箱肋坍塌致19死亡人

• 工程背景及事故经过

某大桥是一座净跨100m，箱肋单波形混凝土拱桥，由××设计院设计，××桥梁公司负责施工，于×年×月开始建设。×年×月×日箱肋合拢。17日10时43分突然坍塌，造成死亡19人，10人重伤。

• 事故原因分析

大桥箱肋坍塌，其主要原因是拱肋纵向失稳。影响失稳的因素是多方面的。

(1)施工方面。在拼装过程中,未能严格按照设计要求和施工规范,未能加强观测,出现了拱轴线偏离。特别是9月15日拆除拉杆后,再次发现西岸比东岸高26.6cm,下游高14.2cm,下游东岸较设计高程低17.5cm,上游低20.8cm。4号接头上游西岸较设计高程高12.4cm,下游低14.6cm。在实测拱轴线明显偏离设计拱轴线情况下,既不报告请示,也未停工采取措施,相反在未浇筑接头混凝土之前,于16日、17日先后两次在东岸下游1、3段箱底处浇筑混凝土11t,这种单边非对称加载,使拱轴线的偏离加大,终于使箱肋纵向失稳、坍塌。

(2)设计方面。此桥原设计方案是参照×省公路设计院箱肋单波双曲线拱桥图纸,按荷载汽车—15级,挂车—80设计为5段拼装方案。在施工中,施工单位考虑5段单块构件过重,吊装困难,于6月10日向监理和业主提出将5段改为9段方案,并得到设计批复。大桥坍塌后,经技术人员对设计方案进行比较和验算的结果表明:9段拼装设计方案基本正确,但比较粗糙。如在9段设计中,对贝雷架在箱肋端部悬挂问题,对悬浇的工作拱度,对加载程序都没有向施工单位提出具体交代数据和规定,对起支撑作用的斜拉杆的拆除时间,标明在拱圈合拢后即可进行,实践证明是不妥的。同时,对重点拱肋的受力情况,施工和加载程序均未进行计算和规定。

(3)管理方面。业主单位未对变更设计组织有关专家进行严格审查,是极不严肃的科学态度,是十分错误的。在施工管理上,明知施工单位现场技术力量不足,对建造、工艺复杂、吊装要求高的大跨度拱桥有困难,也未能派出得力管理人员和有经验的工程师予以加强。这些也是酿成大桥坍塌事故的原因之一。

• 预防对策

(1)在设计上,要精益求精,设计方案要合理,计算要准确,设计技术交底要到位。

(2)施工方面,要严格按照设计与施工技术规范进行施工,要加强现场施工技术力量。尤其是当出现质量问题时,要及时报告,及时组织有关专家进行处理,不得盲目蛮干。

(3)管理方面,要作到严格按照程序进行管理,真正作到横向到边,纵向到底,消除安全隐患。

【案例9】 大桥支架垮塌造成8人死亡

• 工程背景及事故经过

××大桥位于×市至×县××公路K4+000处,全长172.08m,箱梁全长145m(45m+55m+45m),单箱双室变高截面预应力混凝土连续箱梁桥,顶板宽10m,梁高3.5~2m,桥墩高度52m左右。设计采用支架现浇,该大桥位于V字形河谷内,两岸地势陡峭,岩层为风化泥岩,承载力较低。当时正在浇筑顶板(箱梁底板和腹板的浇筑已经完成),顶板从第三跨开始浇筑,当施工到第二跨约1/3处时,突然发生垮塌。大桥支架垮塌首先是由第三跨开始的,继而导致到第二跨垮塌,最后第一跨也被拽出桥台,担在了山坡上。19名正在其上进行箱梁顶板浇筑的施工人员落入河谷,造成8人死亡,多人受伤。

• 事故原因分析

(1)陡坡处支架基础未按照设计方案进行处理。垮塌的支架中可以发现有较多的钢管锈蚀较严重,现场存放的钢管有的已经损坏变形或锈蚀严重。可见支架的质量存在严重的问题。也说明施工单位和监理单位的质量和安全意识淡薄。

(2)承担大桥超高支架安全监控的乙方(××科研设计院)没有按照合同要求报送现场监

控资料。

(3)设计不完善:设计单位对上部结构采用有支架施工法的“施工方案阐述过于简单”。

- 预防对策

(1)加强对支架施工的技术交底和采取强有力的监控措施。应先搭设好脚手架、作业平台、护栏及安全网等安全防护设施。

(2)在支架上浇筑混凝土应对支架进行预压试验,以检验支架的承载能力和稳定性,消除非弹性变形。

(3)施工中,应随时检查支架和模板,发现异常状况,应及时采取措施。

(4)建立安全生产责任制,落实各级管理人员和操作人员的安全职责,做到纵向到底,横向到边,各自做好本岗位的安全工作。

(5)项目管理中应增强合同管理的规范化,清晰界定相关单位的职责,应重视非国省道项目的施工安全,应重视常规工艺的施工安全;工程开工前应明确危险源,有条件的应进行风险评估,并落实防控措施和人员;对施工工艺的论证和对材料的检测一定要重视,严格按规范执行,对需要进行监控的项目严格按照合同和有关规范执行。

【案例10】　大桥模板支架加载预压垮塌造成6人死亡、20人受伤的重大事故

- 工程背景及事故经过

××高速公路××大桥为21m+34m+21m三跨预应力变截面连续空心板,柱式墩,钻孔灌注桩基础,桥宽19m。施工单位为××局,监理单位为××监理咨询有限责任公司。

×年7月,施工单位开始进行支架模板预压试验施工,采用袋装沙堆载试验法,分五段进行。9月23日开始进行第四段试验,加载应达1 065t。

×年9月25日早上6点45分,施工负责人指挥51名工人进行堆沙袋作业。9点10分,当堆到距模板约2.5m高,堆沙重量达700t时,支架模板突然发生整体垮塌,在模板上堆沙的作业人员随垮塌的支架模板上的沙包掉到10m深的壕沟,其中27名人员被支架模板、沙包埋压,造成6人死亡、20人受伤的重大事故。

- 事故原因分析

1. 直接原因

(1)施工过程擅自改变施工方案,支架体系存在严重隐患。

(2)堆沙不均匀造成支架体系失稳。

由于钢管立柱柱基不坚实,产生了一定的竖向和水平位移,桥梁施工支架支撑体系侧向约束薄弱,在堆荷过程的外力作用下,由于支撑体系的局部变形引发支撑体系整体失稳破坏,造成支架垮塌事故。从现场观察和资料查阅情况看,支架体系在实施中存在以下几个主要问题:

①原设计单位要求的施工方案为满堂式支架。为保持支架下市政道路的通车要求,施工单位将满堂式支架的大部分改为贝雷支架,且未办理相关的更改和报批手续。

②支撑体系的搭设存在比较明显的隐患和缺陷。

对加载过程中引起的支架变形没有跟踪观测,不能适时了解支架加荷过程中的变形情况,以便及时发现险情并采取有效措施确保安全,加载过程带有盲目性,施工中对支架进行加载时现场较乱,未能按一定的顺序加载。综上所述,施工单位在本项目支架施工过程中违反了《公路施工安全技术规程》(JTJ 076—95)中“地基承载能力应符合标准,否则应采取加固措施”以及“支立排架要按设计要求施工,应有足够的承载能力和稳定性”的规定。同时施工中还违反了《公路桥涵施工技术规范》(JTJ 041—2000)中设计应绘制支架总装图、细部构造图,以及支架的立柱应保持稳定,并用撑拉杆固定的要求。总而言之,这次事故是不完善的施工设计、不规范的施工作业,导致支架体系的失稳而垮塌。

2. 间接原因

(1)技术管理混乱,支架设计和预压试验方案未按规定程序审批。

(2)施工现场管理混乱,堆沙作业未按程序堆放。

(3)未对临时招用的堆沙人员进行必要的安全教育。

(4)工程监理不严,对施工设计方案未经审批,支架体系存在明显隐患,未采取有效措施予以制止并及时向上级反映。

(5)对监理单位的监理工作监督检查不力。

(6)施工安全监督管理不严。

• 经验教训

交通部经过认真调查研究后认为:施工单位在施工方案变更未得到监理批准的情况下擅自施工,不符合有关程序的规定;贝雷支架的搭设存在明显缺陷和隐患,整体稳定性差。如钢管立柱的底板与地面无固定连接,各榀贝雷梁之间缺少斜向支撑,特别是另增加的一排七根立柱直接顶在贝雷梁上,无水平连接,在加载的情况下,改变了受力结构,导致侧向失稳;现场技术力量薄弱,管理混乱。施工单位仅有一名技术人员,其余均为民工,施工单位未按要求对民工进行安全教育,堆沙作业程序不规范,产生不均匀荷载。也未按要求派人观测预压时支架的变形情况。因此,施工单位应对该事故负主要责任。

【案例 11】 大桥支架垮塌,造成 9 人死亡

• 工程背景及事故经过

×年×月×日 5 时 30 分左右,××高等级公路第×标段××大桥突然发生支架垮塌,横跨在 3 个桥墩上的两段正在浇注的桥面轰然坠下,桥面上施工的工人也同时跌落谷中。事故当场造成 9 人死亡, 15 人受伤。

• 事故原因分析

经事故调查,这起事故发生的原因是:

(1)大桥在施工中,支架搭设时基础施工不符合相关规范要求,部分支架钢管壁厚不够,部分支架主管与枕木之间缺垫板。

(2)支架预压时,预压范围不很充分,每跨有部分区域未压到。

(3)施工方项目经理对工程管理不到位,劳务工程以包代管,在支架搭设中大量使用未经培训的民工,在施工质量上存在一定问题。

(4)监理方、施工方在支架搭设过程及完工后的验收工作草率,且无文字记录。

(5)部分特种作业人员无特种作业资格证或资格证过期,部分安全管理人员未持《安全生产考核合格证》上岗。

• 预防对策

(1)建设、施工、监理单位应该组织相关人员学习《安全生产法》和《建设工程安全生产管理条例》等法规,提高自身的安全生产意识和自我防护能力。

(2)施工单位应建立健全安全技术管理制度,实施性施工组织设计应由公司一级审定批准后再由项目实施。地基处理时要做好地基的排水,防止雨水或混凝土浇注和养生过程中滴水对地基的影响。支架的布置根据梁截面大小并通过计算确定以确保强度、刚度、稳定性满足要求。支架应根据技术规范的要求进行预压,以收集支架、地基的变形数据。

(3)项目经理部应该组织对施工方案进行技术交底,并严格坚持签认负责制,切实履行安全技术交底手续。对生产工人进行技术与安全知识的教育与培训。

(4)《建设工程安全生产管理条例》第25条规定,垂直运输机械作业人员、安装拆卸工、爆破作业人员、起重信号工、登高架设作业人员等特种作业人员,必须按照国家有关规定经过专门的安全作业培训,并取得特种作业操作资格证书后,方可上岗作业。

(5)监理单位要认真履行对施工现场的安全监理职责。按照有关规定和合同约定,加强对现场监理人员的管理,并依法履行工程监理和施工现场安全生产监理职责,对隐患严重的,应下达停工令,要求施工单位暂停施工,消除事故隐患。

【案例12】 隧道瓦斯爆炸造成40人死亡,11人受伤

● 工程背景及事故经过

×年×月×日14:40,××隧道工程右线隧道发生特别重大瓦斯爆炸事故,造成40人死亡,11人受伤。

1. 隧道工程地质情况

根据地质勘察报告、设计文件和相关资料描述,该隧道地质条件复杂,隧道穿越地层为三叠系底层,穿越层位共16层,其中9层不同程度有炭质泥岩及薄煤层(厚度一般为0.1~0.3m),岩性主要为炭质泥岩、砂岩、泥岩砂岩互层、煤岩,此外,在砂岩段中零星分布冲刷煤屑或包体,有瓦斯设防段、涌水段和岩爆段,III、IV、V级围岩大致各占1/3,发生瓦斯爆炸地段的掌子面位于复式褶皱中,为挤压强烈、地应力相对集中地段。该地带节理裂隙发育、岩层十分破碎,构成瓦斯并存的空间。地质详勘报告指出,此段隧道穿越一组背斜,在其褶曲轴部地带中的炭质泥岩及薄煤层中并存有瓦斯等有害气体,有瓦斯聚集涌出的可能,施工中应按防瓦斯安全规程进行重点设防,加强通风及瓦斯的监测工作。

2. 隧道施工情况

该隧道左洞进口端于×年×月×日开工。该洞在施工过程中曾于×年×月×日在K12+272处处理洞顶塌方时发生瓦斯燃烧,使正在处理塌方的6名作业人员被烧伤,2名作业人员从高处跳下脚部扭伤。

右洞开挖至K14+872处时,施工单位发现K14+790~K14+872段初期支护变形超限,当即停止开挖。从10月17日开始,施工单位按照建设、设计、监理、施工四方会勘纪要对变形地段初期支护进行拆除。12月16日,初期支护钢拱架拆换至K14+860(距掌子面12m)处,随着围岩的剥落,K14+860~K14+865段逐渐形成大空腔(塌腔高度约0~4m),并伴有直径约5cm的股状水流出。12月19日下午,初期支护钢拱架拆换至K14+865处,原有初期支护背后围岩左前上方形成一漏斗状空腔,建设、设计、监理、施工四方有关人员再次对现场进行了会勘。12 月 20 日至 21 日，施工单位按照四方共同研究的处理方案对塌腔内进行了喷射混凝土支护，但塌方没有得到控制，空腔继续扩大，至 22 日零点班，塌腔已与掌子面连通，形成 4 ~ 5m 高、6 ~ 7m 宽、约 5m 长的空腔，空腔内时有掉块现象。

3. 事故经过及抢救情况

事故当日白班先后有 43 人进入右洞。这些人中，有 13 人于 14 时 30 分先后出洞。当班因接风筒于 10 时起停风 1 小时，11 时接好风筒，恢复供风，当时风筒出风口距掌子面约 30m，送风距离超过 1 400m。14 时 40 分，洞外人员突然听到从右洞传来巨大爆炸声，同时看到洞口一片昏暗，爆炸冲击波将停放在距右洞口 20m 重达 70t 的模板台车冲出 40 多米，洞口通风机错位、配电柜损坏，大幅宣传牌被掀飞，在洞外组装模板台车人员、门岗等有 10 人死亡、11 人受伤。

救护队到达事故现场后，立即进入右洞进行搜救，并迅速安装风筒，恢复右洞通风。经救护队多次进洞侦察搜索，洞内没有发现生还者，当时在右洞和 2 号横洞工作的人员全部遇难。此次事故共造成 40 人死亡（其中洞内死亡 30 人，洞外死亡 10 人）、11 人受伤，大量施工设备损坏。

- 事故原因分析

1. 直接原因

由于掌子面处塌方，瓦斯异常涌出，致使模板台车附近瓦斯浓度达到爆炸界限，模板台车配电箱附近悬挂的三芯插头短路产生火花引起瓦斯爆炸。

2. 间接原因

（1）××公司作为施工单位，违规将劳务分包给无资质的作业队伍。在施工过程中没有严格执行安全生产法规和有关规章制度，施工现场安全管理混乱，对农民工的安全知识和技能培训不到位，有部分瓦斯检察员无证上岗；通风管理不善，右洞掌子面拱顶瓦斯浓度经常超限；虽然在《××路×合同段××隧道实施性施工组织设计》中要求在开挖掌子面与二衬之间全部使用防爆电器和设备，但施工队在衬砌模板台车上使用非防爆配电箱并接普通插座；右洞仅有一台甲烷传感器，事故当天安装于隧道左侧距垮塌处 5m、离隧道底板 2m 高的地方，安装位置不符合要求，不能有效监控瓦斯；瓦斯检查员全部使用便携式瓦斯报警仪检查瓦斯，对高处一般将便携式瓦斯报警仪绑在一根 2 ~ 3m 的竹竿上举起进行检查，未达到规定检查高度，而且存在检查次数不符合规定等情况。

（2）××省交通厅公路规划勘察设计研究院作为设计单位，对涉及施工安全的瓦斯异常涌出认识不足，在施工现场技术服务中对瓦斯异常涌出的防范措施不到位，特别是在右洞施工处于预测的高瓦斯工区和发生塌方的情况下，没有充分考虑瓦斯异常涌出情况和瓦斯异常涌出后可能造成的危险，未能及时向有关单位提请修改设计，提高瓦斯设防等级。

- 预防对策

（1）施工单位要依法落实企业安全生产安全主体责任。一是要严格执行《安全生产法》、《建设工程安全生产管理条例》等法律、法规和有关标准，严禁违法分包、转包工程，加强对施工人员的安全培训教育，对瓦斯隧道特别是高瓦斯工区施工，应按有关规程规定使用防爆电器设备，配备足够的瓦斯监测检查装备和具有相应资格的瓦斯检查员等特种作业人员，严格执行瓦斯隧道施工的各项规定，切实落实施工现场安全生产责任制。二是要认真吸取此次事故在处理塌方时发生瓦斯爆炸的深刻教训，特别是对软弱、破碎围岩地段隧道施工，要采取严格的安全防范措施，避免和减少隧道发生塌方。一旦发生塌方，必须制定切实可行的瓦斯事故防范措施，加强通风和瓦斯监测，并及时治理。

(2)设计单位要加强对工程建设项目施工安全的技术设计指导和服务。有关工程设计单位应严格按照法律、法规和工程建设强制标准的要求，进行隧道工程设计，不得随意降低瓦斯隧道工程的瓦斯设防等级。对涉及瓦斯隧道施工安全的重点部位和环节要在设计文件中加以注明，提出防范瓦斯事故明确的技术指导意见。对施工过程中发现瓦斯变化异常的情况，应会同有关单位及时提请调整、修改原设计，并制定施工现场安全防范措施，预防事故发生。

【案例13】 隧道坍塌造成5人死亡

- 工程背景及事故经过

×年×月×日13:47，××隧道上行线进口，SK88+457~SK88+488段发生了较大规模的塌陷，造成5人死亡。

1. 塌陷情况

塌陷地段位于××隧道上行线进口，距离隧道暗挖进洞起点47~78m(桩号SK88+457~SK88+488)，塌陷段里端到达上台阶掌子面。

塌陷段为拱圈及上覆土体整体垂直下沉，地表形成了长约36m、宽约14m的矩形陷坑，长度方向与隧道轴线基本一致。该段拱顶覆盖层厚度10~12.7m。塌陷土体约7 000m^3。

隧道采用正台阶法施工，拱圈初期支护已经完成，靠近掌子面25.7m的拱圈整体下沉2.3~2.6m，拱圈结构基本完好。与未塌方段交界处(SK88+457~SK88+462.3)的5.3m段拱圈初期支护已破坏，洞顶土体塌入隧道封闭整个断面，塌通至地表。

2. 塌陷前的施工情况

隧道采用上下导坑环型开挖预留核心土法施工，上台阶开挖宽度约12.7m，最大高度约5.3m。截至×年2月22日，隧道上行线进口上台阶开挖和初期支护施工至K88+488处，距暗挖进洞起点78m，下台阶开挖里程SK88+457，据暗挖进洞起点47m。其中进口25m段初期支护已封闭成环，仰拱已施作，距洞口25m~45m处右侧边墙初期支护已完成，右半幅仰拱也已施作，左侧边墙马口尚未施工。目前未塌陷初期支护完好，没有开裂现象。

3. 塌陷段设计情况

××隧道位于××平原××江中游地带，为平原、微丘区，隧道所处地貌单元为岗阜状平原区，地面侵蚀较强，起伏较大，呈坡缓、顶平漫港式，局部V形冲沟发育，切割深度10~25m，塌陷区地表为耕地。隧道穿越地层为第四系堆积层，隧道围岩比较单一，主要为黏性土，局部见沙层。隧道塌陷段埋深10~12.7m，属于浅埋。围岩级别为VI级。隧道净宽12.12m、净高7.72m，净空面积76.78m^2。

隧道按新奥法原理设计，采用复合式衬砌，初期支护采用：C25钢纤维喷射混凝土28cm；锚杆为ϕ25mm自进式中空注浆锚杆，长4.0m、间距0.5m×1.0m；喷射混凝土内设有20a工字钢，间距0.5m；辅助施工措施为双层注浆小导管，长4.0m，环向间距0.4m；二次衬砌采用55cm厚C30钢筋混凝土。

- 事故原因分析

(1)由于××隧道塌陷区土层中存在洞穴、墓室、地面裂缝、沙层等复杂的地质条件，受大量降雪和迅速到来的百年不遇的暖冬气候所造成积雪短期内融化的特殊原因影响，产生地表水径流和渗流的浸入，使土体含水率迅速加大，其力学指标发生急剧衰减，围岩失稳、隧道所承受的竖向荷载也相应加大。渗流水沿隧道初期支护拱背汇集到拱脚，使拱脚基底亚黏土遇水软化，承载力急剧降低，导致了支护拱圈和上覆土体整体塌陷。

（2）××隧道是我国首次在严寒地区修建的浅埋大跨度土质公路隧道。受百年不遇的暖冬影响，加之大雪后气温骤升、冻融交替，对复杂地层特殊气候条件下隧道产生突发性塌陷认识不足，经验欠缺。

• 经验教训

（1）隧道塌方前没有明显征兆，突然发生，来不及采取相应措施阻止塌方发生，施工人员甚至来不及躲避事故危害。是一起非责任事故。

（2）从施工环境来看，显示了多处对事故不利的情况。

①该地区 2 月 13 日 ~14 日出现了罕见的强降雪，降雪量达 14.6mm，积雪厚度超过 12cm。2 月 21 日 ~22 日气温骤升至 4.6℃，较历史同期高出 7℃，积雪几乎迅速融化殆尽。

②在抢险地表卸载过程中发现了多处墓穴、洞穴，据调查，该区域曾经是墓地，说明地面土体曾经受到扰动。

③隧道塌陷区段地表存在地面冻缩裂缝。

④隧道塌陷时正值春节放假期间，2 月 14 日 ~20 日隧道内基本处于停工状态。

⑤隧道内生火取暖，洞内温度 10℃ 左右。

（3）××隧道是我国首次在严寒地区修建的浅埋大跨度土质公路隧道，缺乏经验，对围岩土体在气温变暖时的稳定性及承载能力迅速下降认识不足。

（4）由于塌陷体成梯形状整体下沉，系统锚杆对阻止塌陷没有贡献。

【案例 14】 某公路隧道塌方抢救及时，25 名工人成功脱险

• 工程背景及事故经过

×月×日上午 11 时 40 分，国道主干线××公路××隧道发生塌方，距开挖掌子面约 70m 的 ZK169 +870 ~ +890 段严重坍塌，瞬间将隧道净空完全堵塞，当时正有 25 名工人在掌子面上施工。塌方堵塞通道后，这些工人全部被困在洞中，与外界失去联系，局部塌方还在继续，25 名工人的生命岌岌可危。

在事故现场，经专家现场分析，拟定了 3 个事故处置方案：一是开挖侧壁导洞通过坍体救援，采用方木密排架箱支护，人工开挖高小导洞形成救援通道；二是在对应隧道地表处钻孔增加通风及食物和水的运送通道；三是从已贯通的右线隧道开挖横向导洞进行施救。3 个方案同时进行实施。此次救援共动用了 460 名一线抢险施救人员、20 余台机械设备、5 台救护车、1 台抢险工程车等，人员达 1 000 多人。25 名工人成功脱险。

• 事故原因分析

此次事故是由于施工单位施工时没有按照施工规范要求做好衬砌，使得已经开挖完成的地段的围岩岩石恶化而产生坍塌。监理单位和监测单位没有及时发现问题并且指出问题。

• 事故救援的经验

（1）事前做了良好的隧道施工的应急救援预案。

（2）事故发生后，及时成立临时抢险领导小组，细分各组工作，迅速展开救援工作。指挥有力。救援工作稳步推进。

(3)科学决策。专家们因时因地决策,科学的方案为救援工作赢得了时间。

(4)团结协作。在省政府的统一指挥下,省级有关部门,当地州、县政府,公安、交警、武警消防官兵和建设、施工单位以及所有参加救援的全体人员克服困难,充分发扬顾全大局、同心同德、众志成城的精神、通力合作,为救援工作营造了良好的气氛。

【案例15】　桥梁工地因焊钳漏电致1人死亡

● 工程背景及事故经过

××年9月18日下午18时,某桥梁工地分包单位的负责人施某安排电焊工宋某、李某以及辅助工张某加夜班焊接竖向钢筋。19时30分左右,辅助工张某在焊接作业时,因焊钳漏电,被电击后从2.7m的高空坠落到基坑内不省人事。事故发生后,项目部立即派人将张某送到医院抢救,因伤势过重,抢救无效死亡。

● 事故原因分析

1. 直接原因

设备附件有缺陷,焊钳破损漏电,作业人员在进行焊接作业时,因焊钳漏电遭电击后坠地身亡,是造成本次事故的直接原因。

2. 间接原因

(1)分包项目部,安全生产管理不严,电焊机未按规定配备二次侧空载保护器。

(2)分包单位对安全生产工作检查不细。

(3)施工现场安全防护措施不落实,作业区域未搭设操作平台,电焊工张某坐在排架钢管上操作,遭电击后,因无防护措施,从2.7m高处坠落到基坑内。

(4)总包单位项目部,施工现场安全生产管理不严,对分包单位安全生产监督不力。

● 预防措施

(1)加强机械设备管理,特别是电焊机要按照规定配备二次侧空载保护器,并经常检查电焊机运转情况、焊钳完好情况,发现破损要及时更换,防止漏电,严防事故重复发生。

(2)认真落实安全生产各项防护措施,加强施工现场临时用电管理,电器设备的配置、用电线路的设置要按规范要求实施,确保临时施工用电安全。

(3)分包单位进一步加强对职工进行安全第一的思想教育,提高全员安全意识,严禁违章指挥、违章作业、无证操作,并按规定配备好个人防护用品,满足安全需要。

(4)总包单位要强化施工现场安全生产管理,加强安全生产检查,发现问题要及时采取整改措施,把事故隐患消灭在萌芽状态,并要加强对分包单位安全生产的监督力度,确保施工生产顺利进行。

【案例16】　桥梁工程工地塔吊倒塌至人死伤

● 工程背景及事故经过

某桥梁工地塔吊安装工程,由武××负责具体安装指挥。×年×月×日上午,10号塔吊的前后臂和配重块以及主要部件已基本安装完毕。塔吊回转以上部分未与塔身连接,靠爬身套架支撑,塔吊处于顶升准备状态。为安装平台围栏接板,武××违反塔吊不准斜吊的规定,叫起重工王××指挥用配合安装的9号塔吊牵引10号塔吊前臂转动,致使10号塔吊套架处弯折,向南倒塌。拴在前臂上的9号塔吊钢丝绳被拉断。站在前臂端的起重工王××随前臂倒塌被砸死,平台上的电气技术员索××被摔死,塔基南面的起重工杜××被配重块压死,路过现场的职工方××被砸断腿,正在塔上安装的工人胡××等四人随塔吊倒下受轻伤,9号塔吊司机田××因钢丝绳被拉断而受伤,直接经济损失76万余元。

- 事故原因分析

(1)安装塔吊上部时,旋转台只安放在塔身标准节上端,没有把上下两端的销钉孔用销钉锁住固定,塔吊处于极不稳定状态,为事故埋下了隐患。

(2)塔吊前臂长29m,只伸出17.9m,臂重9.8t;塔吊后臂长7.5m,管重6t,加上配重22.5t,共28.5t。前后臂不平衡,产生了后倾力。

(3)塔吊处于准备顶升状态,上下部分没有用销钉连接紧,在这种情况下,塔吊只能承受压力,不能承受拉力,用9号塔吊(在上)拉10号塔吊前臂(在下),必然产生3个力:向上的拉力使之增加后倾;作用于塔身的推力;旋转力使后臂往外套架危险的开口处扭转。在这三个力的作用下,塔吊迅速向南弯折倒塌。这是由于安装的程序不对,改变了塔吊的受力状态而发生倒塌,而不是塔吊本身的质量不好而引起倒塌的。

- 预防对策

(1)加强安全检查,消除安全隐患。安全检查要经常化、制度化,及时发现安全隐患,及时整改。确保各类安全防护装置齐全有效、灵敏可靠。尤其是大型设备的防护装置更要重点关注,如塔式起重机的高度、力矩、重量限制器等。对机械的运动部件如旋转件等必须设置防护网,无法用罩网防护的部位应设置警示标志,防止人体触及。除施工电梯外,其余提升或起重设备严禁载人。

(2)塔吊等起重设备必须有限位保险装置,不准"带病"运转,不准超负荷作业,不准在运转中维修保养。

(3)加强安全教育和岗位技术培训,狠抓各项规章制度的落实。

【案例17】 违章操作导致搅拌机伤人

- 工程背景及事故经过

×年×月24日,在×局总包、×公司分包的×工程工地上,现场使用一台JGZ350型混凝土搅拌机用来拌制砂浆。上午9时30分左右,由于从搅拌机出料口到×工程西北侧现场施工点约有200m左右的距离,两台翻斗车进行水平运输,加上工人较多,造成砂浆供应不上,工人在现场停工待料。身为工长的文×某非常着急,到砂浆搅拌机边督促拌料。因文×本人安全意识不强,趁搅拌机操作工去备料而不在搅拌机旁的情况下,私自违章开启搅拌机,且在搅拌机运转过程中,将头伸进料口查看搅拌机内的情况,被正在爬升的料斗夹到其头部后,人跌落在料斗下,料斗下落后又压在文×的胸部,造成头部大量出血。事故发生后,现场负责人立即将文×急送医院,经抢救无效,于当日上午10时左右死亡。

- 事故原因分析

1. 直接原因

身为工长的文×,安全意识不强,在搅拌机操作工不在场的情况下,违章作业,擅自开启搅拌机,且在搅拌机运行过程中将头伸进料斗内,导致料斗夹到其头部,是造成本次事故的直接原因。

2. 间接原因

(1)总承包单位项目部对施工现场的安全管理不严,施工过程中的安全检查督促不力。

(2)分包单位对职工的安全教育不到位,安全技术交底未落到实处,导致文×擅自开启搅拌机。

(3)施工现场劳动组织不合理,仅安排一台搅拌机进行砂浆搅拌,造成施工人员在现场停工待料。

(4)搅拌机操作工为备料而不在搅拌机旁,给无操作证人员违章作业创造了条件。

(5)施工作业人员安全意识淡薄,缺乏施工现场的安全知识和自我保护意识。

• 预防对策

(1)工程施工必须建立各级安全管理责任,施工现场各级管理人员和从业人员都应按照各自职责严格执行规章制度,杜绝违章作业的情况发生。

(2)施工现场的安全教育和安全技术交底不能仅仅放在口头,而应落到实处,要让每个施工从业人员都知道施工现场的安全生产纪律和各自工种的安全操作规程。

(3)现场管理人员必须强化现场的安全检查力度,加强对施工危险源作业的监控,完善有关的安全防护设施。

(4)施工现场应合理组织劳动,根据现场实际工作量的情况配置和安排充足的人力和物力,保证施工的正常进行。

【案例 18】 无证操作挖掘机造成 1 死 1 伤的事故

• 工程背景及事故经过

某二级公路工程由某公路施工单位总承包,其中挖土工程分包给某挖土工程公司施工。×年×月×日下午 16 时 30 分,挖土工程公司安排张××进行挖掘机的操作,张在没有取得场内机动车驾驶操作证、且现场没有专人负责指挥,并在酒后情况下登机操作,在未确认作业区内无行人和障碍物的情况下,进行挖掘机倒行,把正在搬运材料的工人压倒,造成一死一伤的事故。

• 事故原因分析

(1)张××在没有取得场内机动车驾驶员操作证、现场没有专人负责指挥,并在酒后情况下登机操作,在未确认作业区内无行人和障碍物的情况下,进行挖掘机的倒行,以致压倒 2 人,造成一死一伤的事故,这是事故的直接原因。

(2)该挖土工程公司作为一个土石方工程施工企业,没有挖掘机的安全技术操作规章制度,在挖土作业中未派专职指挥人员(或现场监护人员)进行现场指挥(监护),又缺乏必要的警示标志,就安排无挖掘机操作证的人员从事土石机械的操作,这是事故的主要原因。

(3)某公路公司是该二级公路的总承包单位,虽与分包单位有施工协议,但分包未经有关管理单位鉴证,在工程立体交叉作业中,缺乏统一协调,在安全管理上不严格,特别是在特别狭小的作业场所进行挖土,检查、监督不到位,这是事故发生的重要原因。

• 预防对策

(1)特种工作人员必须持证上岗。

(2)工程立体交叉、多支队伍施工,现场项目部应有一个统一指挥、统一协调的安全管理网络,总分包之间严格按照安全职责,加强现场安全管理。

(3)对作业危险区要设立明显的安全警示牌,设有专人监护。

【案例19】 装载机制动油管意外断裂,制动失灵,造成3名民工死亡

- 工程背景及事故经过

××年7月8日,×工程公路项目部下属的路基结构层水泥稳定土工程施工队进行水泥稳定层摊铺作业。有3台装载机从距离拌和站料斗45m处的料场向拌和站料斗内添加石料,距离拌和站料斗15m处有一斜坡,装载机需开到斜坡顶后再向料斗内倾倒石料。施工进行到21时×分时,施×驾驶的一台徐工ZL40G轮式装载机在向拌和站料斗供料时,装载机铲斗将拌和站料斗撞翻。

据调查:在装载机接近料仓,装载机驾驶员开始踩制动踏板时,制动踏板已没有反应,控制不住装载机(事后检查发现装载机制动油管断裂,地面上漏有制动油),撞倒了料仓,3名当班民工被埋压在料斗下。事发后,现场人员拨打了120、110报警电话,并组织进行抢救,22时左右,3名民工被送往县医院,经抢救无效死亡。

- 事故原因分析

(1)装载机未及时检修和保养,装载机在施工中制动油管意外断裂,造成制动失灵。事故的直接原因是装载机在施工中制动油管意外断裂,造成制动失灵。导致装载机铲斗将拌和站料斗撞翻,3名当班民工死亡的严重后果。

(2)施工现场管理混乱,安全意识淡薄,在工程立体交叉作业中,缺乏统一协调,在安全管理上不严格,作业中未派专职指挥人员(或现场监护人员)进行现场指挥(监护),缺乏必要的警示标志,就安排装载机作业,这是事故的重要原因。

- 经验教训

(1)应严格执行安全技术措施制度、安全生产教育培训制度和安全生产检查制度,特种工作人员必须持证上岗和教育培训;

(2)应加强安全生产检查,施工机械设备应按期维修和保养;

(3)工程立体交叉、多支队伍施工,现场项目部应有一个统一指挥、统一协调的安全管理网络,加强现场安全管理;

(4)对作业危险区要设立明显的安全警示牌,设有专人监护。

第二节 水运工程安全生产案例剖析

【案例1】 销轴被弹出,致一人重伤

- 工程背景及事故经过

2001年12月21日,某单位进行打桩船倒架作业,后倾30°时,由4名架子工进行穿销轴工作。按顺序穿好上销轴后,进行穿下销轴作业,当穿至撑杆交会处,销轴受阻,难以穿入。组长带3名架子工去拿撬杠等属具。此时,只有架子工郑某某留在现场,站立在销轴正面约2.0m处。忽然打桩船晃动一下,紧接着240kg的销轴应声正面弹出,打中了站立在销轴对面的郑某某左胸。郑某某当即砸倒在地，继而销轴落下，砸在其左小腿上。致使郑某某左胸外表伤，左脚腓骨、胫骨开放性骨折，造成重伤事故。

● 事故原因分析

直接原因：作业人员安全意识不强，未能考虑船舶作业场所的特殊性（船舶晃动），缺少应对防范措施。工前准备工作不到位，属具准备不周全。

间接原因：设备本身存在缺陷，撑杆交会处设计不合理，造成穿销轴受阻。

● 预防对策

（1）作业前，必须做好工前准备，各类工属具、物料均应准备齐全。

（2）对同类设备进行一次清查，撑杆交会处的销轴孔，插入应顺畅。

（3）派人瞭望，注意来往船只的航行动态和本船的晃动情况。

【案例 2】　起锚时，锚机转动轴将手带进，造成骨折

● 工程背景及事故经过

2004 年 6 月 18 日 9 点 28 分左右，某驳船驾长陶某某与另一水手张某收起前锚后，张某留船首瞭望，陶某某至船尾起后锚。9:40 左右，陶某某将后锚机的离合器分离并启动锚机后，就走到锚机右边准备起锚，由于锚机小齿轮和绞缆车齿轮位置不对，无法合进，陶某某就合上离合器，使机动轴带动小齿轮轴转动，随即用右脚踩离合器，使其再分离。此时，陶某某立即用带着皮手套的左手抓转动惯性较大的小齿轮轴，企图将轴稳住。由于手套有油污，又抓得很紧，转动的齿轮轴把手带进被机械压伤，造成左手手臂中段尺骨和桡骨骨折。

● 事故原因分析

直接原因：陶某某违反操作规程，用手代替工具直接操作，导致左手被运转中的齿轮轴带进，发生人身伤害事故。

间接原因：船舶单位安全教育不到位，领导船员安全意识差；操作者存在侥幸心理。

● 预防对策

（1）对船舶安全活动学习情况进行一次检查，杜绝安全学习流于形式。

（2）加强全员安全意识教育，应再次进行安全操作规程的学习、教育。

【案例 3】　混凝土输送软管爆裂，砂浆打在船员脸部，造成高处坠落

● 工程背景及事故经过

2006 年 9 月 18 日，某混凝土拌和船船长刚上班就发现直径为 17cm 的输送软管有一个 2cm × 10cm 的裂口，立即安排船员用橡胶板和铁丝进行包扎。10:20 左右开始浇筑混凝土，当砂浆即将出口时，从裂口处高压喷出，刚包扎的橡胶板软管在原裂口处爆裂，喷出的砂浆打在船员朱某某脸部，使其从 5m 高处摔倒并坠落在小船上，双眼受伤，胸骨等部位骨折。

● 事故原因分析

直接原因：混凝土输送管爆裂，致使砂浆高压喷射，打在船员朱某某的脸部，使其发生高处坠落事故。

间接原因：

（1）前班工作结束时，未按操作规定清洗管道，混凝土拌和船管理混乱。在发现混凝土输送管破裂后，只进行了简单包扎，而未更换新的输送软管。在不能保证安全生产的情况下，就盲目投入使用。

（2）高处作业人员没有设置防坠落设施，致使作业人员从5m高处坠落。

• 预防对策

（1）高处作业应采取防坠落措施和配戴安全防护用品。

（2）应严格执行安全技术交底制度。工作前，对准备运行的设备应进行检查，及时消除安全隐患。

（3）对同类型船舶应进行设备检查，应注意混凝土输送软管的质量问题，特别是发现隐患后，应及时彻底解决，以避免发生人身伤害事故。

【案例4】 起重机失控，被吊物坠落，砸死一人

• 工程背景及事故经过

2007年10月8日，在某厂码头工地，某建筑工程总公司外租船舶的船员孙某，在码头前沿的船上配合安装码头的混凝土水平撑（规格50cm×50cm×650cm，重4.05t）的过程中，由于16t汽车吊的吊钩突然失控，导致悬吊在半空中（高度离船甲板约2.5m）的水平撑坠落，砸中在船右舷边的孙某头部，当即死亡。

• 事故原因分析

直接原因：对起重机缺乏检查，吊钩失控，是导致这起事故发生的直接原因，也是本起事故的主要原因。

间接原因：

（1）现场管理不到位，安全责任未落实。

（2）吊物下站人。

（3）对作业人员的安全教育缺乏，安全交底无针对性。

• 预防对策

（1）起重机使用前，应认真进行检查，确认机械处于良好状态后，方可使用。

（2）加强作业现场的安全监控，严格监督各项安全生产规章制度和操作规程的实施，杜绝违章现象。

（3）完善安全教育、安全交底等基础性工作。

【案例5】 违章按动水泥绞笼开关，一人右臂被绞断

• 工程背景及事故经过

2003年8月28日，在某电厂码头改建工程中，负责水上浇筑混凝土的拌和船2号机使用工李某某、陈某某、张某某等三人进行浇筑混凝土前的准备工作，李某某在准备抽水泥时，没想到张某某正在机舱内清理绞笼中的杂物，便按动了抽水泥绞的笼开关，接通了电源，致使绞笼运转，张某某右手前臂被绞断，造成重伤。

• 事故原因分析

直接原因：违章接通电源，按动水泥绞笼开关，是造成此次事故的直接原因，也是本起事故的主要原因。

间接原因：

(1)未进行工前安全技术交底。

(2)船上安全监督管理不到位。

● 预防对策

(1)对全体船员进行一次专项安全教育，重申安全生产规章制度的严肃性。

(2)认真做好工前安全技术交底工作。

(3)加强操作过程中的安全监督，随时提醒安全注意事项，及时制止违章行为。

(4)闸箱处应设置安全警示标志或指定专人看守。

【案例6】　驳船舱盖开启通风，船员从舱口坠落

● 工程背景及事故经过

2002年7月26日，某驳船与运桩驳船并排靠在工地，考虑到现场停泊用电问题，即在中午将大舱盖打开，取出油桶，想事先备足燃油。发现大舱常年未开，水汽较大，气味难闻，乘天气尚好，索性将大舱盖开启通风，待准备吃完晚饭后再盖上。但没有设置任何警戒标志和采取防护措施，当晚6:30左右，天刚变暗，船还未开启照明灯，并靠在旁边的运桩驳船的船员杨某某登上本驳船，途经舱口时，毫无察觉和戒备地从舱口坠落舱底，造成脊柱骨骨折。

● 事故原因分析

直接原因：舱口无防护设施、也未设置安全警戒标识。

间接原因：天刚变暗，尚未开启照明灯。非本船人员不熟悉该船环境，麻痹大意。

● 预防对策

(1)加强安全管理，坑、洞及敞开的舱口处，应设置防护和警示标志。

(2)船舶应尽量避免夜间、照明不良时作业。

【案例7】　某船大副王某登高时坠落，造成右腿骨折

● 工程背景及事故经过

2005年11月14日，某起重船在某国际集装箱码头施工结束，奉项目部命令进行倒架、封舱、加固工作。在准备加固主架保险绳时，大副王某某发现主架顶端卸扣有锈蚀。在未系安全带情况下，他带着一双油腻的手套登高检查。当由小钩架往上主架行走时，抓手一滑，从主架上(高2.6m)摔下，身体前冲、右脚触跪甲板，造成右腿膑骨粉碎性骨折。

● 事故原因分析

直接原因：王某某违反安全防护用品使用规定，高处作业未系安全带。

间接原因：安全管理制度宣传教育力度不够，作为船舶部门长的大副违反安全作业规定。

● 预防对策

(1)加强该船舶的安全教育，督促船舶按照公司规定严格执行安全活动日活动，避免安全教育流于形式。

(2)对所有船舶高处作业情况进行统计并检查，严格要求高处作业者佩带安全带。

【案例 8】 一木工从脚手架跨跃平台时,不慎坠落,导致死亡

- 工程背景及事故经过

2000 年 3 月 19 日,某建筑工地木工组白某欲到新建综合车间二层平台拆模板螺丝。脚手架与平台之间的水平距离约 1.0m,白某在未搭设跳板的情况下,便从脚手架上随意向二层平台跨跳,不慎从 6.2m 高的平台处坠落,造成脾脏破裂出血,导致死亡。

- 事故原因分析

直接原因:白某违章作业,安全意识差。

间接原因:现场危险部位安全防护设施不足。

- 预防对策

(1)登高作业严禁跨跳。相临建筑物之间必须搭设供操作人员行走的安全通道,并下挂安全网。

(2)登高作业必须戴好安全帽、系好安全带。

(3)高处作业前,应由项目负责人组织有关部门对安全防护措施设施进行验收,经验收合格后,方可作业。

(4)施工中对高处作业的安全技术措施,发现缺陷和隐患时,必须及时解决,危及人身安全时,必须停止作业。

(5)加强安全教育和施工现场的安全检查、监管。

【案例 9】 水上作业不穿救生衣,一工人溺水死亡

- 工程背景及事故经过

1999 年 6 月 25 日 20 时 30 分左右,在某水域墩台钢套箱水上拼装项目工地,某市设备安装公司新进厂职工薛某某在已搭设好的脚手板通道上继续搭设未完脚手板(板规格:长 500cm,宽 60 cm,厚 5 cm)过程中,不慎跌落河内沉没(落水高度约 20 m)。事故发生后,现场作业人员紧急组织救捞,于当晚 21:20 分左右把薛某某打捞出水,并送医院紧急救治,但终因溺水时间过长,经抢救无效死亡。

- 事故原因分析

直接原因:薛某某在高处和水上作业未系安全带、未穿救生衣是造成这起坠落、溺水死亡事故的直接原因,也是本起事故的主要原因。

间接原因:施工现场的安全管理和监督不到位;对新进工地工人未进行上岗前安全教育、培训,职工安全保护的意识差,对违章作业现象未进行劝阻。

- 预防对策

(1)认真吸取事故教训,加强职工三级安全教育,提高职工安全生产意识。

(2)完善高处、水上脚手架通道搭设方案,并做好安全技术交底,落实安全技术措施,搭设时应派员监护。

(3)加强对施工现场的安全监督、检查工作,及时制止违章作业行为。

【案例 10】 低压电工自行打开高压接线箱,被电击身亡

- 工程背景及事故经过

1999 年 9 月 20 日，在码头主体已竣工、进入设备调试阶段的某一工地，某建筑安装工程公司职工施某某（弱电电工），配合汪某某安装码头 29 ~ 30 排架处光缆端子。当汪某某带上工具，下至码头面下约 1.2m 深管线槽沟内安装光缆端子时，听到施某某在打开毗邻的一只 10kV 高压接线箱，稍后汪某某听到一声喊叫和乒乓声响，抬头发现红色火焰光，施某某已被电击，卧到在高压接线箱（长 118cm、宽 48cm，在码头面下 43cm 处）内。事故发生后，码头现场的施工人员紧急将施某某送至医院救治，经抢救无效死亡。

- 事故原因分析

直接原因：施某某持有弱电电工证书，自行打开与其工作内容不相关的 10kV 高压接线箱，是这起触电事故发生的直接原因，也是本起事故的主要原因。

间接原因：码头水电安装项目部对收尾工程放松管理。

- 预防对策

（1）在收尾工程的监管上落实各级人员的责任，做到按章办事，规范运作。

（2）按规定要求配足施工管理人员和安全监督人员，切实加强施工现场安全管理工作，及时制止违章现象。

（3）强化安全培训教育，努力提高施工作业人员的安全意识和遵章守纪的自觉性。

【案例 11】 交通艇碰撞机帆船

- 工程背景及事故经过

2000 年 9 月 10 日某时，交通艇载 20 多名船员打算离泊出档，之前未认真观察江面动态。当交通艇缆绳已解，只见 11 艘船舶一条龙顺风顺水（当时涨水）而来，急速迫近，拦截出路。交通艇见状立即停车，很快船体打横，并向上游一驳船扫去，为避免碰撞靠泊在码头上的两艘油船，只好采取掉头措施。掉头时，船首碰擦了第 5 艘机帆船致使其木驳顶篷全部倒塌。

- 事故原因分析

直接原因：船舶驾驶员违反操作规程，船舶离泊前未实施瞭望，贸然离泊出档。

间接原因：船舶驾驶员安全意识差，安全技能操作素质低；船舶安全管理松弛，安全技术措施落实不到位。

- 预防对策

（1）加强船舶驾驶员技能和安全培训，强调船舶航行瞭望必要性和重要性。

（2）检查并督促公司所有船舶安全技术措施的实施情况。

【案例 12】 被拖的船舶所装超长桩碰撞一民船致使该船一名船员落江失踪

- 工程背景及事故经过

2001 年 9 月 19 日傍晚，某拖轮按照调度计划，拟将停在码头龙门档内已装妥混凝土桩的一驳船拖至起重船外档。当时，龙门档口违章停有五艘民船，拖轮多次用高音喇叭要求他们离开，均未果。那天，拖轮船员到岗不足，派出一人既要带缆又要瞭望。当班船舶驾驶员操作不慎，被拖的船舶所装超长桩碰撞了违章停靠在预制厂码头的一民船，致使该船一名船员落江失踪。

- 事故原因分析

直接原因：船舶驾驶员操作不慎，瞭望人员未尽职责，致使碰撞民船，造成船员落江失踪事故。

间接原因：船舶违反最低安全配员规定，瞭望人员不足；民船违章停靠。

• 预防对策

（1）举一反三，对船舶执行最低安全配员情况进行检查，配备足够的船员。

（2）加强船舶航行瞭望规定的教育，督促船舶严格执行航行瞭望规定。

【案例 13】 油轮与运砂船碰撞致运砂船沉没

• 工程背景及事故经过

2003 年 10 月 8 日凌晨 2:25 时，一艘油轮满载 1 000t 柴油从某某港锚地返航回某某港。6:00 时过 31 号浮进入泥洲水道，靠航道右侧行驶，航速 10.5 节，涨潮，有薄雾，视程约 1 海里。该油轮航至 33 号浮时，发现前方约 1 海里处有许多民用挖砂船和运砂船，航道附近有一片灯光。此时，该油轮在航道右侧行驶。6:20 时，在距该油轮 0.8 海里处发现一运砂船相向而来。此时，该油轮一直保持航速航向。在两船相距 0.5 海里时，该油轮向会船发出一短声，然后向右转向 5 度，要求与会船各自向右会船通过，但运砂船没有应答。在两船相距约 370m 时，运砂船先向左转向后又向右转向。在相距 100m 时，该油轮采取停车、倒车、全速倒车。6:25 时，两船发生碰撞，造成运砂船沉没，船上人员被全部救起，幸无人员伤亡。

• 事故原因分析

直接原因：

（1）油轮在顺流、薄雾视线不良的情况下航速过快，并在发现前方距 0.8 海里处来船后，一直没有减速，在来船相距 0.5 海里时只发出一短声，并且在没有取得对方来船避让动态的情况下，擅自向右 5 度，待两船形成紧迫局面后才采取紧急停车倒车避让措施，此时为时已晚，造成两船发生碰撞导致运砂船沉没。

（2）运砂船瞭望不够，对油轮没有采取任何避让措施。

间接原因：

（1）油轮没有严格遵守避碰规则和港章港规，在狭窄水道内和能见度不良、顺流情况下航行时，没有使用安全航速。

（2）油轮没有严格遵守船舶会船联系的有关规定，在没有取得与对方来船联系的情况下，盲目地要求与会船各自向右通过。

（3）运砂船没有加强瞭望，盲目驾驶。

• 预防对策

（1）加强对船员雾航规则和避碰规则以及港章港规的学习。

（2）船舶在航道等狭窄水道航行遇到能见度不良或前方有船舶等障碍物时，应首先减速，加强瞭望，并与对方船舶联系。

（3）增强船员对安全航速意义的认识，特别在港内航行必须严格遵守和使用安全航速。

（4）提高船员会船安全意识，船舶会船时，应事先通过声号、高频等有效联系手段取得联系并确认后，方可采取避让措施。

【案例 14】 泥驳受强突风袭击断缆碰撞另一靠泊船

• 工程背景及事故经过

2000 年 11 月 10 日,在北方某港口工地,因前一天下午天气预报有强风,工地停工。一艘舱容为 1 000 方的自航泥驳也因防强风,于前一天晚上靠泊在该港口的码头上,同时还有另外一艘相同的泥驳靠在其外档。

当天早上 5:40 时,由于受强风影响形成突风,突风风向为码头吹开风。该泥驳受突风袭击影响,再加上同时受较大涌浪冲击后,系缆受力增大。该泥驳船艏 4 根系缆和船艉 2 根系缆共 6 根,先后在很短时间内被绷断,只剩一条艉缆系在码头上。此时,两艘泥驳应急备车,备好车后,两艘泥驳试图共同用车,解缆离开码头,但失败。靠其外档的泥驳只好解缆离开。该泥驳受突风袭击和浪涌冲击共同作用,船体向其艉部后面的一艘靠码头的集装箱外轮压去。该泥驳左舷艉部压到了外轮右舷艉部上。造成外轮右舷艉部水线以上舷板受压凹陷。

● 事故原因分析

(1)该泥驳对北方强风可能形成突风甚至强突风了解不足,误认为加缆可以防御,没有真正做好防突风袭击的充分准备。

(2)北方冬季容易受突风侵袭,该泥驳选择靠码头带缆防强风,并且同时外档还有另一艘船舶,加大了船舶受风的作用。

● 预防对策

(1)泥驳必须针对事故原因分析,对船员进行有关北方防强风的安全技能和意识教育,提高船员在北方防强风的能力。

(2)船舶冬季在北方工地防强风时,因为强风可能带来突风,甚至强突风的袭击,因此,应选择锚地锚泊的方法。

(3)船舶在北方防强风时,不宜带缆靠泊于他船防强风,被靠泊的船舶也应不让他船靠泊,建议他船择锚位锚泊防强风。

(4)船舶在北方工地锚泊防强风时,应充分考虑到可能有突风的袭击,选择底质抓力强的锚地,锚链适当放长,提高锚的抓力。

【案例 15】　测量船雾中航行撞沉一运砂船

● 工程背景及事故经过

2004 年 8 月 12 日某工地,一拖轮在进行航道疏浚浚深测量。该航道为 NNW/SSE 方向,NW 向为进港方向。航道以外两边水域宽阔,深度足够。船舶是横着航道来回行驶着进行测量的。该拖轮测量的方向是从港外向着港内进行。当时海上有东南风 3 ~4 级,偏南流约 1.8 节。约 9:47 时,拖轮航向 064°,值班大副在驾驶台看到左舷后方约 600m 处有一小砂船正在锚泊装砂。约 10:34 时,拖轮航向 065°,海上出现大雾,能见距离很小。此时船长上驾驶台,告诉大副因雾大,停止测量,择地锚泊,待雾过后再测量,然后离开了驾驶台。约 10:37 时,大副叫左满舵,当时车速前进二。拖轮向左掉头至航向 225°后把定,须水航行。约 10:48 时,大副发现正右前方约 100m 处有一装满砂的小船自右向左行驶。大副令停车,左满舵,倒车后退。但拖轮顺着水流继续向着小砂船前进,航向有所向左。约 10:51 时,拖轮艏右舷压到了小砂船的左舷中部。该小砂船被撞沉。船上的三名船员获救。

● 事故原因分析

(1)拖轮测量中遇大雾,船长只是上驾驶台告诉值班大副择锚地锚泊,没有在驾驶台上加强值班。

(2)大副离航道择锚地锚泊选择向左掉头离航道,在大雾能见度不良情况下顺水航行,遇到应急情况,拖轮不易控制。

(3)拖轮在大雾中航行瞭望不够,没有充分考虑到该小砂船装满砂后,甚至大雾也会起锚航行。

● 预防对策

(1)船舶在航行中遇到大雾袭来能见度不良等复杂情况时,首先值班驾驶员应及时报告船长,如自己认为没有把握,还应请船长上驾驶台,或者交班给船长操作。

(2)船长接到值班驾驶员报告或自己发现海上出现大雾能见度不良等复杂情况时,应立即上驾驶台,甚至认为必要时,接过值班驾驶员的工作亲自驾驶。

(3)大副离航道择锚地锚泊不应向左顺流而行,而宜向东北方向顶流航行离开艇道在航道右边以外水域择锚地锚泊。这样船舶在择锚航行过程中顶流容易控制。

(4)船舶在航行中任何时候都要加强瞭望,特别是处于能见度不良情况下。并且还应对当时船舶周围的海况和环境,如小船动态等要作出充分的估算。

附　　录

一、安全生产的法律法规一览表

附表

颁布单位	名　称	实施时间
全国人大	中华人民共和国海上交通安全法	1984.01
全国人大	中华人民共和国水污染防治法	1984.11
全国人大	中华人民共和国环境保护法	1989.12
全国人大	中华人民共和国水土保持法	1991.06
全国人大	中华人民共和国劳动法	1995.01
全国人大	中华人民共和国行政处罚法	1996.10
全国人大	中华人民共和国刑法	1997.10
全国人大	中华人民共和国防洪法	1998.01
全国人大	中华人民共和国公路法	1998.01
全国人大	中华人民共和国建筑法	1998.03
全国人大	中华人民共和国消防法	1998.09
全国人大	中华人民共和国行政复议法	1999.10
全国人大	中华人民共和国海洋环境保护法	2000.04
全国人大	中华人民共和国水法	2002.10
全国人大	中华人民共和国安全生产法	2002.11
全国人大	中华人民共和国环境影响评价法	2003.09
全国人大	中华人民共和国港口法	2004.01
全国人大	中华人民共和国固体废物污染环境防治法	2005.04
全国人大	中华人民共和国突发事件应对法	2007.11
全国人大	中华人民共和国劳动合同法	2008.01

续上表

颁布单位	名　　称	实施时间
国务院	民用爆炸物品安全管理条例	2006.09
国务院	中华人民共和国航道管理条例	1987.10
国务院	中华人民共和国内河交通安全管理条例	2002.08
国务院	特种设备安全监察条例	2003.06
国务院	安全生产许可证条例	2004.01
国务院	建设工程安全生产管理条例	2004.02
国务院	防治海洋工程建设项目污染损害海洋环境管理条例	2006.11
国务院	生产安全事故报告和调查处理条例	2007.06
交通部	中华人民共和国海上航行警告和航行通告管理规定	1993.02
交通部	中华人民共和国潜水员管理办法	1999.11
交通部	中华人民共和国船舶安全检查规则	1998.03
交通部	水上水下施工作业通航安全管理规定	2000.01
交通部	水上交通事故统计办法	2002.10
交通部	港口大型机械防阵风防台风管理规定	2003.06
交通部	港口安全评价管理办法	2004.10
交通部	公路建设市场管理办法	2005.03
交通部	公路建设监督管理办法	2006.08
交通部	中华人民共和国内河交通事故调查处理规定	2007.01
交通部	公路水运工程安全生产监督管理办法	2007.03
交通部	航道建设管理规定	2007.05
交通部	港口建设管理规定	2007.06
建设部	建设工程施工现场管理规定	1992.01
建设部	施工现场安全防护用具及机械设备使用监督管理规定	1998.10
建设部	实施工程建设强制性标准监督规定	2000.08
建设部	建筑工程施工许可管理办法(修正)	2001.07
建设部	建筑工程预防高处坠落事故若干规定、建筑工程预防坍塌事故若干规定	2003.04
建设部	建筑业企业资质管理规定	2007.09
建设部	建筑起重机械安全监督管理规定	2008.06
安监总局	安全生产违法行为行政处罚办法	2008.01

续上表

颁布单位	名　　称	实施时间
安监总局	劳动防护用品监督管理规定	2005.09
安监总局	特种劳动防护用品安全标志实施细则	2005.10
安监总局	安全生产培训管理办法	2005.02
安监总局	生产经营单位安全培训规定	2006.03
监察部、安监总局	安全生产领域违法违纪行为政纪处分暂行规定	2006.11
财政部、安监总局	高危行业企业安全生产费用财务管理暂行办法	2007.01
安监总局	安全生产行政复议规定	2007.11
公安部	仓库防火安全管理规则	1990.04
国际条约	1973 年国际防止船舶造成污染公约	1973
国际条约	1974 年国际海上人命安全公约	1974
国际条约	建筑业安全卫生公约(第 167 号公约)	2001.10
国际条约	国际船舶和港口设施保安规则(ISPS 规则及 SOLAS 公约 2002 年修正案)	2002

二、安全生产技术规范规程一览

1.《安全带》(GB 6095—1985)
2.《液压滑动模板施工安全技术规程》(JGJ 65—89)
3.《建筑施工高处作业安全技术规范》(JGJ 80—91)
4.《龙门架及井架物料提升机安全技术规范》(JGJ 88—92)
5.《高处作业吊篮安全规则》(JGJ 5027—1992)
6.《消防安全标志》(GB 13495—1992)
7.《船舶安全开航技术要求通信与导航》(GB/T 6551—1993)
8.《固定式工业防护栏杆安全技术条件》(GB 4053.3—1993)
9.《公路工程施工安全技术规程》(JTJ 076—1995)
10.《消防安全标志设置要求》(GB 15630—1995)
11.《安全警示标志》(GB 2894—1996)
12.《安全标志使用导则》(GB 16179—1996)
13.《施工升降机安全规则》(GB 10055—1996)
14.《安全网》(GB 5725—1997)
15.《密目式安全立网》(GB 16909—1997)
16.《道路作业交通安全标志》(GA 182—1998)
17.《道路交通标志和标线》(GB 5768—1999)

18.《建筑基坑支护技术规程》(JGJ 120—1999);
19.《建筑施工安全检查标准》(JGJ 59—1999);
20.《建筑物防雷设计规范》(2000 年版)(GB 50057—94)
21.《船舶消防管理和检查技术要求》(JT/T 440—2001)
22.《建筑机械使用安全技术规程》(JGJ 33—2001);
23.《建筑施工门式钢管脚手架安全技术规范》(JGJ 128—2000);
24.《建筑施工扣件式钢管脚手架安全技术规范》(JGJ 130—2001)
25.《施工企业安全生产评价标准》(JGJ/T 77—2003)
26.《爆破安全规程》(GB 6722—2003)
27.《建筑拆除工程安全技术规范》(JGJ 147—2004)
28.《建筑灭火器配置设计规范》(GB 50140—2005)
29.《施工现场临时用电安全技术规范》(JGJ 46—2005)
30.《人员密集场所消防安全管理》(GA 654—2006)
31.《塔式起重机安全规程》(GB 5144—2006)
32.《建筑设计防火规范》(GB 50016—2006)
33.《水运工程爆破技术规范》(JTS 204—2008)
34.《水运工程施工安全防护技术规范》(JTS 205-1—2008)

参 考 文 献

[1] 国家安全生产监督管理总局.国家安全生产信息化“十一五”专项规划,2007.
[2] 王端武.国家安全生产保障理论及其应用研究.阜新:辽宁工程技术大学,2006.
[3] 中华人民共和国交通行业标准.JTJ 042—94　公路隧道施工技术规范[S].北京:人民交通出版社,2005.
[4] 中华人民共和国交通行业标准.JTJ 070—2004　公路隧道设计规范[S].北京:人民交通出版社,2004.
[5] 中华人民共和国交通行业标准.JTJ 026.1—1999　隧道通风及照明设计规范[S],北京:人民交通出版社,2000.
[6] 黄成光.公路隧道施工[M].人民交通出版社,2006
[7] 吕康成,崔凌秋.隧道防排水工程指南[M].北京:人民交通出版社,2005.
[8] 中华人民共和国国家标准.JTJ 004—89　公路工程抗震设计规范[M].北京:人民交通出版社,2003.
[9] 张庆贺,朱合华.土木工程专业毕业设计指南——隧道及地下工程分册[M].北京:中国水利水电出版社,1999.
[10] 中华人民共和国国家标准.GB 50010—2002　混凝土结构设计规范[S].北京:中国建筑工业出版社,2002.
[11] 沈金安,李福普.SMA 路面设计及铺筑[M].北京:人民交通出版社,2003.
[12] 方大东 陈策.润扬大桥南汊悬索桥南锚基础冻结排桩法设计与施工//第五届全国交通运输领域青年学术会议论文集.北京:人民交通出版社,2003.
[13] 中华人民共和国国家标准.GB 50108—2001　地下工程防水设计规范[S].北京:中国计划出版社,2001.
[14] 中华人民共和国交通行业标准.JTJ 076—95　公路工程施工安全技术规程.北京:人民交通出版社.1995.
[15] 中华人民共和国交通行业标准.JTJ 041—2000　公路桥涵施工技术规范.北京:人民交通出版社.2000.
[16] 中华人民共和国交通行业标准.JTG F10—2006　公路路基施工技术规范.北京:人民交通出版社.2006.
[17] ISRM. Tunelling in difficult ground. WorkshopVolume of 8th ISRM, Tokyo, 1995-1-27.